『计算机实用技能丛书』

AutoCAD 从入门到精通 全新版

云飞 编著

中国商业出版社

图书在版编目（CIP）数据

AutoCAD从入门到精通 / 云飞编著． -- 北京：中国商业出版社，2021.1
（计算机实用技能丛书）
ISBN 978-7-5208-1374-7

Ⅰ．①A… Ⅱ．①云… Ⅲ．①AutoCAD软件 Ⅳ．①TP391.72

中国版本图书馆CIP数据核字(2020)第234235号

责任编辑：管明林

中国商业出版社出版发行

010-63180647　www.c-cbook.com

（100053　北京广安门内报国寺1号）

新华书店经销

三河市冀华印务有限公司印刷

*

710毫米×1000毫米　16开　17印张　340千字

2021年1月第1版　2021年1月第1次印刷

定价：69.80元

****

（如有印装质量问题可更换）

前 言

AutoCAD 是 Autodesk 公司于 1982 年开发的自动计算机辅助设计软件，用于二维绘图、详细绘制、设计文档和基本三维设计等方面，现已经成为国际上广为流行的绘图工具。AutoCAD 具有良好的用户界面，通过交互菜单或命令行方式便可以进行各种操作。它的多文档设计环境，让非计算机专业人员也能很快地学会使用。在不断实践的过程中更好地掌握它的各种应用和开发技巧，从而不断提高工作效率。AutoCAD 具有广泛的适应性，它可以在各种操作系统支持的微型计算机和工作站上运行。

对比之前的 AutoCAD 版本，AutoCAD 2020 新增了许多功能，其中就有针对特定行业的工具集，这在很大程度上方便了用户。

AutoCAD 2020 最大的特色就是只需将鼠标悬停在图纸上就可以在图纸中显示所有附近的测量值，另外可以在任何设备、桌面、Web 或移动设备上查看、编辑和创建 AutoCAD 中的图形，此外 AutoCAD 2020 还新增了"DWG 比较"功能，用户可以在模型空间中显示相同图形或不同图形的两个修订之间的差异。

AutoCAD 2020 还支持 CUI 定制，自定义用户界面以改善可访问性并减少频繁任务的步骤数。

本书特色

1. 从零开始、循序渐进

本书适合于 AutoCAD 2020 初学者，从最简单、最基础的计算机知识入手，由浅入深，以通俗易懂的讲解方式供您阅读。全书注重培养初学者的实际动手能力，并在完成实际操作任务的同时掌握相关知识点。全书内容充分考虑了初学者的阅读能力与实际需求，以"实用、够用"为目的，不讲繁杂的理论知识和入门级读者难以用到的知识，通过"Step by Step"的图解方式，详细地介绍了初学者必须掌握的基本知识、操作方法和使用步骤。

2. 内容全面

本书实例基本涵盖了 AutoCAD 2020 中文版的重要知识点与常用功能。

3. 独特的三级构造

本书章节结构安排为：基础讲解→训练提高→内容总结。基础知识与实例解释相结合，便于读者加深对基础知识的掌握；最后通过总结，以加深读者对该章知识的印象。

4. 版式设计精美

本书采用双色印刷，文字讲解与图片说明对应，以图析文，将所讲解的知识点清楚反映在对应的图片上，您只要一边阅读文字一边看图，就非常容易理解和掌握相关知识点。全书内容通俗易懂，图文对应清晰，相信初学者完全能够轻松地读懂相关知识点，逐步精通 AutoCAD 2020。

本书内容

本书科学合理地安排了各个章节的内容，结构如下：

第 1 章：讲解了 AutoCAD 2020 新增功能和特点，程序主界面，绘制、组织和保存图形，命令输入方式，获得帮助，视图控制，设置绘图环境等内容。

第 2 章：讲解了点、线、圆弧、正多边形、矩形、圆、椭圆、椭圆弧、圆环的绘制，Sketch 手绘图形，创建区域覆盖对象，绘制三角板等内容。

第 3 章：讲解了图形编辑的基础与高级命令、复制对象特性、图层的创建和管理、线型的编辑、颜色设置、芯杆的绘制等内容。

第 4 章：讲解了坐标系，捕捉、栅格与正交定位图形，对象捕捉，自动追踪和自动追踪的应用等内容。

第 5 章：讲解了创建与编辑文字样式，创建与编辑单行文字与多行文字，控制文本显示方式等内容。

第 6 章：讲解了标注的概念和元素、常用尺寸标注的创建与编辑方法、尺寸标注样式管理、尺寸标注命令、阶梯轴的尺寸标注等内容。

第 7 章：讲解了创建与编辑块、编辑与管理块属性、使用外部参照、插入台灯"块"的操作等内容。

第 8 章：讲解了创建面域、面域的布尔运算、从面域中提取数据、图案填充的创建与编辑、控制图案填充的可见性、木版画的绘制等内容。

第 9 章：讲解了三维绘图基础，三维对象、表面模型、实体模型的创建，通过布尔运算创建复合实体，绘制等轴测图，铁饼和轴零件的绘制等内容。

第 10 章：讲解了在三维坐标系中设置视点、编辑三维对象与三维实体，编辑实体的面与边、消隐与着色对象等内容。

第 11 章：讲解了渲染概述、渲染工具栏及菜单选项、位图文件概述、渲染操作及基本设置、设置渲染的环境和曝光、保存和观察图形等内容。

第 12 章：讲解了图形的输入输出、创建和管理布局、打印图形、CAD 与 Internet 链接等内容。

读者对象

（1）用 AutoCAD 进行辅助设计的广大从业人员。

（2）大中专院校、机械类、建筑类专业师生。

（3）社会 AutoCAD 培训班学员。

（4）CAD 绘图爱好者。

致谢

本书由北京九洲京典文化有限公司总策划，云飞等编著。在此向所有参与本书编创工作的人员表示由衷感谢，更要感谢购买本书的读者，您的支持是我们最大的动力，我们将不断努力，为您奉献更多、更优秀的作品！

云飞

目　录

第1章　AutoCAD 2020 操作基础

1.1 AutoCAD 2020 新增功能和特点 … 2
  1.1.1 AutoCAD 概述 … 2
  1.1.2 AutoCAD 2020 新特点 … 2
1.2 认识 AutoCAD 2020 界面 … 3
  1.2.1 应用程序菜单 … 4
  1.2.2 快速访问工具栏 … 4
  1.2.3 功能区 … 5
  1.2.4 标题栏 … 6
  1.2.5 菜单栏 … 6
  1.2.6 命令窗口 … 8
  1.2.7 绘图窗口 … 9
  1.2.8 状态栏 … 9
  1.2.9 关于【快捷菜单】… 10
1.3 绘制、组织和保存图形 … 10
  1.3.1 新建图形 … 10
  1.3.2 保存图形 … 11
  1.3.3 打开现有图形 … 12
  1.3.4 指定单位、角度和缩放比例 … 12
  1.3.5 组织图形和应用标准 … 14
1.4 CAD 命令输入方式 … 17
  1.4.1 键盘输入 … 17
  1.4.2 工具栏输入 … 17
  1.4.3 菜单栏 … 17
1.5 获得帮助 … 18
1.6 视图控制 … 18
  1.6.1 缩放 … 18
  1.6.2 视图移动 … 24
  1.6.3 调整视窗 … 25
  1.6.4 【重生成】命令 … 26
  1.6.5 【重画】命令 … 26
1.7 设置绘图环境 … 27
  1.7.1 设置参数选项 … 27
  1.7.2 自定义工具栏 … 28
  1.7.3 设置图形单位 … 29
  1.7.4 设置绘图图限 … 31
1.8 本章回顾 … 32

第2章　基本绘图

2.1 如何用 AutoCAD 2020 绘图 … 34
2.2 点的绘制 … 34
  2.2.1 绘制点 … 35
  2.2.2 【点样式】命令 … 35
  2.2.3 【定数等分】命令 … 35
  2.2.4 【定距等分】命令 … 38
2.3 线的绘制 … 40
  2.3.1 绘制直线 … 40
  2.3.2 绘制射线 … 40
  2.3.3 绘制构造线 … 41
  2.3.4 绘制多线 … 41
  2.3.5 绘制多段线 … 42
  2.3.6 绘制样条曲线 … 45
2.4 圆弧的绘制 … 46
  2.4.1 三点选项 … 46
  2.4.2 起点、圆心、端点选项 … 46
  2.4.3 起点、圆心、角度选项 … 47

2.4.4　起点、圆心、长度选项… 47
　　2.4.5　起点、端点、角度选项… 47
　　2.4.6　起点、端点、方向选项… 47
2.5　绘制正多边形和矩形 …………… 48
　　2.5.1　绘制矩形 ………………… 48
　　2.5.2　绘制正多边形 …………… 49
2.6　绘制圆 …………………………… 50
　　2.6.1　由圆心、半径确定圆 …… 50
　　2.6.2　由圆心、直径确定圆 …… 51
　　2.6.3　由两点确定圆 …………… 51
　　2.6.4　由三点确定圆 …………… 51
　　2.6.5　由半径和两个相切对象
　　　　　 确定圆 ………………… 52
　　2.6.6　由三个相切对象确定圆… 52
2.7　绘制椭圆和椭圆弧 ……………… 53
　　2.7.1　由中心点确定椭圆 ……… 53
　　2.7.2　由轴和端点确定椭圆 …… 54
　　2.7.3　由圆弧确定椭圆弧 ……… 54
2.8　绘制圆环 ………………………… 55
2.9　使用Sketch命令手绘图形 ……… 56
　　2.9.1　徒手绘制线 ……………… 56
　　2.9.2　绘制云彩对象 …………… 57
2.10　创建区域覆盖对象 ……………… 57
2.11　提高训练——绘制三角板 …… 58
2.12　本章回顾 ………………………… 59

第3章　编辑图形

3.1　图形编辑基础命令 ……………… 61
　　3.1.1　对象的选择 ……………… 61
　　3.1.2　对象的删除 ……………… 61
　　3.1.3　对象的移动 ……………… 62
　　3.1.4　对象的旋转 ……………… 62
　　3.1.5　对象的缩放 ……………… 63
　　3.1.6　对象的复制 ……………… 63
3.2　高级编辑命令 …………………… 64
　　3.2.1　对象的镜像 ……………… 64
　　3.2.2　对象的阵列 ……………… 65
　　3.2.3　对象的延伸 ……………… 65
　　3.2.4　对象的打断 ……………… 66
　　3.2.5　对象的修剪 ……………… 67
　　3.2.6　对象的倒角 ……………… 68
　　3.2.7　对象的圆角 ……………… 68
　　3.2.8　分解与对齐 ……………… 69
3.3　复制对象特性 …………………… 70
3.4　对象特性——图层的创建和
　　 管理 ……………………………… 70
　　3.4.1　图层的概念与特点 ……… 71
　　3.4.2　创建、打开与关闭图层… 71
　　3.4.3　设置图层特性 …………… 72
　　3.4.4　切换当前层 ……………… 73
　　3.4.5　保存与恢复图层状态 …… 73
　　3.4.6　转换图层 ………………… 74
　　3.4.7　改变对象所在图层 ……… 75
3.5　对象特性——线型的编辑 ……… 75
　　3.5.1　设置图层线型 …………… 75
　　3.5.2　加载线型 ………………… 76
　　3.5.3　管理线型 ………………… 77
　　3.5.4　设置图层的线宽 ………… 77
3.6　对象特性——颜色设置 ………… 78
3.7　提高训练——绘制芯杆 ………… 80
3.8　本章回顾 ………………………… 82

第4章　辅助绘图

4.1　使用坐标系 ……………………… 84

4.1.1 认识坐标系 ………… 84
4.1.2 点坐标的表示方法 …… 85
4.1.3 控制坐标的显示 ……… 85
4.1.4 创建与使用用户坐标系… 85
4.2 使用捕捉、栅格与正交定位
图形 …………………………… 88
4.2.1 设置栅格和捕捉 ……… 88
4.2.2 使用捕捉与栅格 ……… 89
4.2.3 使用正交模式 ………… 90
4.3 使用对象捕捉 ………………… 90
4.3.1 打开对象捕捉功能 …… 90
4.3.2 运行和覆盖捕捉模式 … 93
4.4 使用自动追踪 ………………… 93
4.4.1 极轴追踪与对象捕捉
追踪 …………………… 93
4.4.2 使用临时追踪点和捕捉
自功能 ………………… 94
4.4.3 使用自动追踪功能绘图… 94
4.5 提高训练——自动追踪的应用… 95
4.6 本章回顾 ……………………… 97

第 5 章　创建与编辑文字

5.1 创建与编辑文字样式 ………… 99
5.2 创建与编辑单行文字 ………… 100
5.2.1 创建单行文字 ………… 100
5.2.2 使用文字控制符 ……… 101
5.2.3 编辑单行文字 ………… 101
5.3 创建与编辑多行文字 ………… 102
5.3.1 创建多行文字 ………… 102
5.3.2 编辑多行文字 ………… 106
5.4 控制文本显示方式 …………… 106
5.5 提高训练 ……………………… 106

5.6 本章回顾 ……………………… 107

第 6 章　创建与编辑尺寸标注

6.1 标注的概念和元素 …………… 109
6.1.1 标注的概念 …………… 109
6.1.2 尺寸标注元素 ………… 109
6.1.3 尺寸标注的类型 ……… 110
6.2 创建常用的尺寸标注 ………… 112
6.2.1 标注操作概述 ………… 112
6.2.2 创建线性尺寸标注 …… 112
6.2.3 创建对齐标注 ………… 116
6.2.4 创建坐标标注 ………… 117
6.2.5 创建圆半径标注 ……… 118
6.2.6 创建直径标注 ………… 120
6.2.7 创建圆心标注 ………… 122
6.2.8 创建角度标注 ………… 122
6.2.9 基线尺寸标注 ………… 124
6.2.10 连续尺寸标注 ……… 126
6.2.11 创建引线标注 ……… 127
6.2.12 快速标注 …………… 131
6.2.13 公差标注 …………… 132
6.3 编辑尺寸标注 ………………… 135
6.3.1 使用【特性】面板编辑
尺寸标注 ……………… 135
6.3.2 【编辑标注文字】命令… 135
6.3.3 【编辑标注】 ………… 136
6.3.4 倾斜 …………………… 137
6.4 尺寸标注样式管理 …………… 137
6.4.1 【标注样式管理器】
对话框 ………………… 138
6.4.2 【修改标注样式】
对话框 ………………… 139

6.5 尺寸标注实用命令 …………… 144
 6.5.1 【替代】命令 …………… 144
 6.5.2 更新尺寸标注 …………… 144
6.6 提高训练——阶梯轴的尺寸标注 …………… 146
6.7 本章回顾 …………… 150

第 7 章 块和外部参照

7.1 创建与编辑块 …………… 152
 7.1.1 使用对话框 …………… 152
 7.1.2 以命令行 …………… 154
 7.1.3 插入块 …………… 154
 7.1.4 存储块 …………… 157
 7.1.5 基准点命令 …………… 159
 7.1.6 分解块 …………… 159
7.2 编辑与管理块属性 …………… 160
 7.2.1 定义属性 …………… 160
 7.2.2 4 个要素 …………… 161
 7.2.3 管理属性 …………… 161
 7.2.4 创建属性 …………… 162
 7.2.5 属性的显示 …………… 163
 7.2.6 编辑属性 …………… 163
7.3 使用外部参照 …………… 165
 7.3.1 附着外部参照 …………… 165
 7.3.2 剪裁外部参照 …………… 166
 7.3.3 绑定外部参照 …………… 167
7.4 提高训练——插入台灯"块" …………… 167
7.5 本章回顾 …………… 168

第 8 章 使用面域与图案填充

8.1 使用面域 …………… 170
 8.1.1 创建面域 …………… 170
 8.1.2 面域的布尔运算 …………… 170
 8.1.3 从面域中提取数据 …………… 171
8.2 使用图案填充 …………… 171
 8.2.1 图案填充的基本概念 …………… 171
 8.2.2 创建图案填充 …………… 172
 8.2.3 编辑图案填充 …………… 174
 8.2.4 控制图案填充的可见性 …………… 176
8.3 提高训练——绘制木板画 …………… 176
8.4 本章回顾 …………… 178

第 9 章 绘制三维图形

9.1 三维绘图基础 …………… 180
 9.1.1 三维分类 …………… 180
 9.1.2 三维坐标及三维图形 …………… 180
9.2 用户坐标系的设置 …………… 182
 9.2.1 建立用户坐标系 …………… 182
 9.2.2 管理已定义的 UCS …………… 183
9.3 创建三维对象 …………… 184
 9.3.1 设置高度和厚度 …………… 185
 9.3.2 创建三维多段线 …………… 186
 9.3.3 创建三维面 …………… 186
 9.3.4 控制三维面的边的可见性 …………… 188
9.4 创建表面模型 …………… 188
 9.4.1 创建自由多边形网格 …………… 189
 9.4.2 创建三维拓扑网格 …………… 190
 9.4.3 绘制直纹面 …………… 191
 9.4.4 创建平移网格 …………… 191
 9.4.5 创建旋转网格 …………… 192
 9.4.6 使用 4 个邻接的边创建表面 …………… 192

9.5 创建实体模型 ……………… 193
 9.5.1 创建长方体 …………… 193
 9.5.2 创建圆锥体 …………… 194
 9.5.3 创建圆柱体 …………… 195
 9.5.4 创建球体 ……………… 195
 9.5.5 创建圆环体 …………… 196
 9.5.6 创建楔形体 …………… 196
 9.5.7 从二维到三维 ………… 197
 9.5.8 创建旋转三维实体 …… 198
9.6 通过布尔运算创建复合实体 … 198
 9.6.1 "并"运算（UNION）… 199
 9.6.2 "差"运算（SUBTRACT）
   ………………………… 199
 9.6.3 "交"运算（INTERSECT）
   ………………………… 200
 9.6.4 通过干涉运算创建实体 … 200
9.7 通过其他方法创建三维实体 … 203
 9.7.1 通过剖切创建实体 …… 203
 9.7.2 通过截面创建实体 …… 205
9.8 绘制等轴测图 ……………… 205
 9.8.1 设置绘图环境 ………… 205
 9.8.2 图形的绘制 …………… 206
9.9 提高训练 …………………… 208
 9.9.1 绘制铁饼 ……………… 208
 9.9.2 绘制轴零件 …………… 209
9.10 本章回顾 …………………… 210

第 10 章   编辑与着色三维对象

10.1 在三维坐标系中设置视点 … 212
 10.1.1 认识三维坐标系 ……… 212
 10.1.2 设置视点 ……………… 212

10.2 编辑三维对象 ……………… 214
 10.2.1 三维阵列 ……………… 214
 10.2.2 三维镜像与旋转 ……… 214
 10.2.3 对齐位置 ……………… 215
10.3 编辑三维实体 ……………… 215
 10.3.1 分解实体 ……………… 215
 10.3.2 对实体修倒角和圆角 … 216
 10.3.3 剖切实体 ……………… 216
 10.3.4 创建截面 ……………… 216
10.4 编辑实体的面与边 ………… 217
 10.4.1 编辑实体面 …………… 217
 10.4.2 编辑实体边 …………… 219
 10.4.3 编辑实体的面与边的
   其他操作 ……………… 219
10.5 消隐与着色对象 …………… 220
10.6 本章回顾 …………………… 222

第 11 章   渲染三维实体

11.1 渲染 ………………………… 224
 11.1.1 渲染概述 ……………… 224
 11.1.2 渲染操作 ……………… 224
11.2 【渲染】工具栏及菜单选项 … 225
 11.2.1 【渲染】工具栏 ……… 225
 11.2.2 【渲染】菜单选项 …… 225
 11.2.3 建立三维模型的
   阴影图 ………………… 225
11.3 位图文件概述 ……………… 226
11.4 渲染操作及基本设置 ……… 226
 11.4.1 使用渲染预设管理器 … 226
 11.4.2 建立光源 ……………… 229
 11.4.3 创建和修改材质 ……… 231
 11.4.4 设置贴图 ……………… 235

11.5 设置渲染环境和曝光 ………… 236
11.6 保存和观察图形 …………… 237
    11.6.1 保存图形 ………… 237
    11.6.2 观察图形 ………… 238
11.7 提高训练——渲染实例 …………… 239
11.8 本章回顾 ……………………… 240

第 12 章 图形的输入输出打印与网络管理

12.1 图形的输入输出 …………… 242
    12.1.1 输入图形 ………… 242
    12.1.2 输入与输出 DXF 文件 … 242
    12.1.3 插入 OLE 对象 ………… 243
    12.1.4 输出图形 ………… 243
12.2 创建和管理布局 …………… 244
    12.2.1 设置打印环境 ………… 244
    12.2.2 保存和命名页面设置 … 245
    12.2.3 输入已保存的页面设置 ………… 245
    12.2.4 使用和保存布局样板 … 245
    12.2.5 使用布局向导创建布局 ………… 247
    12.2.6 管理布局 ………… 248
12.3 打印图形 ……………………… 249
    12.3.1 打印预览 ………… 249
    12.3.2 绘制输出 ………… 249
12.4 发布图纸 ……………………… 250
12.5 Internet 链接 ……………… 253
    12.5.1 启动 Internet 浏览器 … 253
    12.5.2 利用 Internet 打开和保存图形 ………… 254
    12.5.3 超级链接的应用 ……… 256
    12.5.4 网页图形格式 ………… 258
12.6 本章回顾 ……………………… 260

第 1 章
AutoCAD 2020 操作基础

本章主要内容与学习目的

本章主要向读者介绍 AutoCAD 2020 的新增功能和特点，熟悉 AutoCAD 的界面，AutoCAD 使用的基本常识。

1.1 AutoCAD 2020 新增功能和特点

1.1.1 AutoCAD 概述

AutoCAD 是 Autodesk 公司首次于 1982 年开发的自动计算机辅助设计软件，用于二维绘图、详细绘制、设计文档和基本三维设计，现已经成为国际上广为流行的绘图工具。AutoCAD 具有良好的用户界面，通过交互菜单或命令行方式便可以进行各种操作。它的多文档设计环境，让非计算机专业人员也能很快地学会使用，在不断实践的过程中更好地掌握它的各种应用和开发技巧，从而不断提高工作效率。

AutoCAD 具有广泛的适应性，它可以在各种操作系统支持的微型计算机和工作站上运行。

对比之前的 AutoCAD 版本，AutoCAD 2020 新增了许多功能，其中就有针对特定行业的工具集，这在很大程度上方便了用户。

AutoCAD 2020 最大的特点就是只需将鼠标悬停在图纸上就可以在图纸中显示所有附近的测量值，另外可以在任何设备、桌面、Web 或移动设备上查看、编辑和创建 AutoCAD 中的图形，此外 AutoCAD 2020 还新增了【DWG 比较】功能，用户可以在模型空间中显示相同图形或不同图形的两个修订之间的差异。

AutoCAD 2020 不仅拥有全新的用户界面，通过交互菜单或命令行方式即可进行各种操作，直观的多文档设计环境使非计算机专业人员也可以快速上手，AutoCAD 还支持 CUI 定制，通过自定义用户界面以改善可访问性并减少频繁任务的步骤数。

1.1.2 AutoCAD 2020 新特点

1. 潮流的暗色主题

AutoCAD 2020 带来了全新的暗色主题，它有着现代的深蓝色界面、扁平的外观、改进的对比度和优化的图标，提供更柔和的视觉和更清晰的视界。

2. 分秒必争

AutoCAD 2020 保存你的工作只需 0.5 秒——比上一版本整整快了 1 秒。此外，该软件在固态硬盘上的安装时间也大大缩短了 50%。

3.【快速测量】更快了

新的【快速测量】工具允许通过移动 / 悬停光标来动态显示对象的尺寸、距离和角度数据。

4. 新块调色板

该功能可以通过 BLOCKSPALETTE 命令来激活。新块调色板可以提高查找和插入多个块的效率——包括当前的、最近使用的和其他的块，以及添加了重复放置选项以节省步骤。

5. 更有条理的清理

重新设计的清理工具有了更一目了然的选项，通过简单的选择，便可以一次删除多个不需要的对象。还有【查找不可清除的项目】按钮以及【可能的原因】，以帮助了解无法清理某些项目的原因。

6. 在一个窗口中比较图纸的修订

DWG Compare 功能已经得到增强，可以在不离开当前窗口的情况下比较图形的两个版本，并将所需的更改实时导入到当前图形中。

7. 云存储应用程序集成

AutoCAD 2020 已经支持 Dropbox、OneDrive 和 Box 等多个云平台，这些选项在文件保存和打开的窗口中提供。这意味着你可以将图纸直接保存到云上并随时随地读取（AutoCAD Web 加持），有效提升了协作效率。

1.2 认识 AutoCAD 2020 界面

AutoCAD 2020 的主界面如图 1-1 所示。在本节中，将按照从上到下、从左到右的顺序介绍 AutoCAD 2020 主界面的几个组成部分：应用程序菜单、快速访问工具栏、菜单栏、标题栏、功能区、绘图窗口、命令窗口及状态栏。

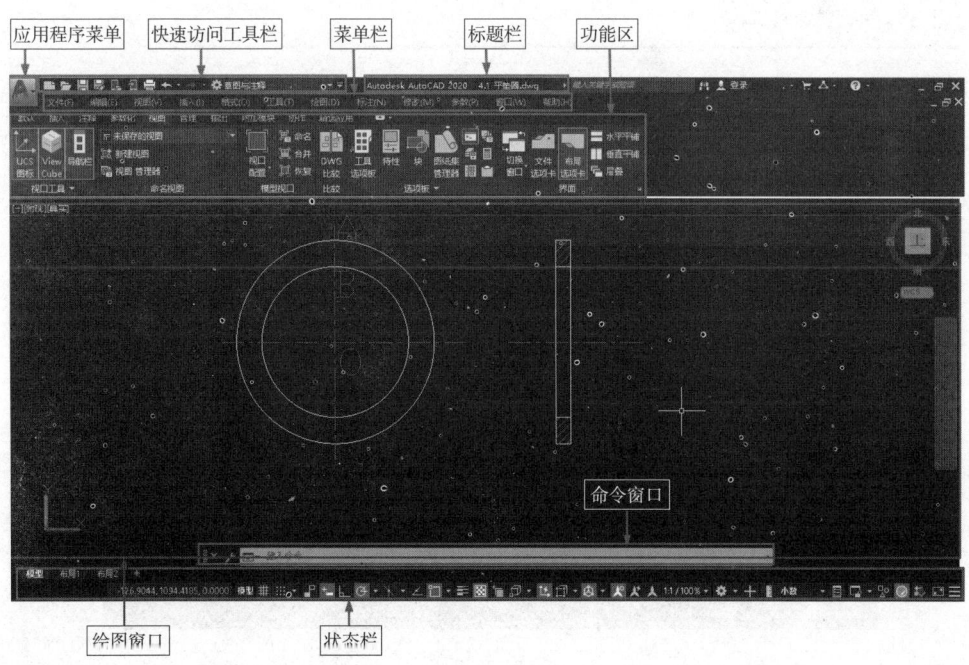

图 1-1

1.2.1 应用程序菜单

用于访问【应用程序】菜单中的常用工具以启动或发布文件，如图1-2所示。

单击【应用程序】按钮，以执行以下操作：
（1）创建、打开或保存文件。
（2）通过【图形使用工具命令】来核查、修复和清除文件。
（3）打印或发布文件。
（4）访问【选项】对话框。
（5）关闭应用程序。

> **注意：** 也可以通过单击工作区右上角也就是标题栏最右侧的关闭❌按钮来关闭应用程序。

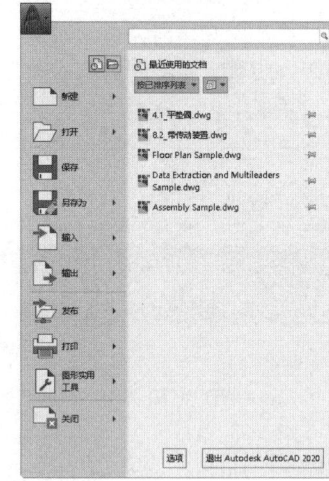

图1-2

1.2.2 快速访问工具栏

【快速访问】工具栏（图1-3）显示经常使用的工具。

图1-3

与大多数程序一样，【快速访问】工具栏会显示用于放弃和重做对工作所做更改的选项。要放弃或重做不是最新的修改，请单击【放弃】或【重做】按钮右侧的下拉按钮，如图1-4所示。

图1-4

通过单击图1-5所示的下拉按钮并单击下拉菜单中的选项，可轻松将常用工具添加到【快速访问】工具栏。

图1-5

> **注意：** 要快速将功能区按钮添加到【快速访问】工具栏，请在功能区的任何按钮上单击鼠标右键，然后单击【添加到快速访问工具栏】，如图1-6所示。

图1-6

1.2.3 功能区

功能区按逻辑分组来进行工具排序。功能区由多个功能选项卡组成，每单击一个选项卡，下方则会对应展示出一个功能面板，面板包括了创建和修改图形所需要的工具。

功能区由一系列选项卡组成，这些选项卡被组织到面板，其中包含很多工具栏中可用的工具和控件，如图1-7所示。

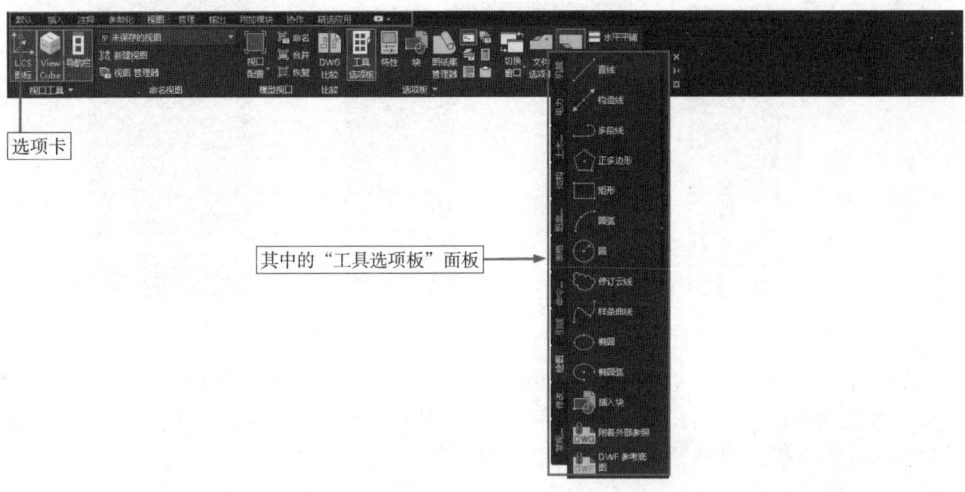

图 1-7

一些功能区面板提供了对与该面板相关的对话框的访问。要显示相关的对话框，请单击面板右下角处由箭头图标 表示的【显示】选项卡启动器，如图1-8所示。

图 1-8

> **注意**：可以控制显示哪些功能区选项卡和面板。方法为：在功能区上单击鼠标右键，然后单击以显示或隐藏快捷菜单上列出的选项卡或面板的名称。如图1-9和图1-10所示。

可以将面板从功能区选项卡中拉出，并放到绘图区域中或其他监视器上。浮动面板将一直处于打开状态（即使切换功能区选项卡），直到再次将其放回到功能区。如图1-11为从功能区拉出来的"工具选项"面板。

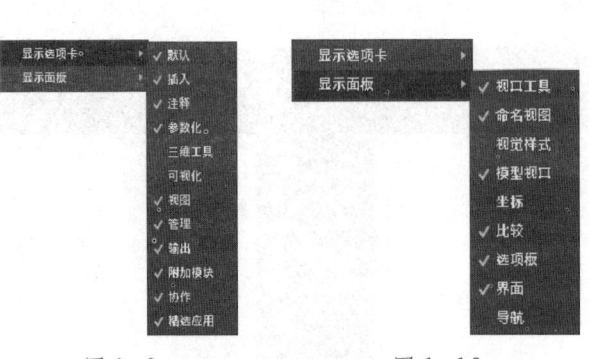
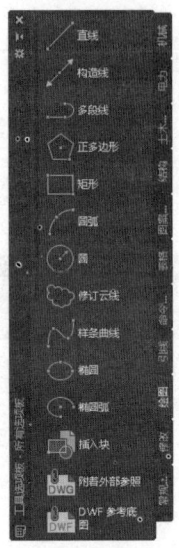

图 1-9　　　　　图 1-10　　　　　图 1-11

如果单击面板标题中间的箭头，面板将展开以显示其他工具和控件。默认情况下，当单击其他面板时，滑出式面板将自动关闭。要使面板保持展开状态，请单击滑出式面板左下角的图标，单击之后变成了图钉图标，如图 1-12 所示。

固定前　　　　　　　　固定后

图 1-12

1.2.4　标题栏

标题栏位于 AutoCAD 2020 工作界面的最上方，主要用于显示 AutoCAD 的程序图标以及当前正在编辑文件名称、最小化按钮、最大化和正常之间的切换按钮以及关闭按钮。

1.2.5　菜单栏

AutoCAD 2020 是一款非常专业的制图软件，很多用户表示自己不知道如何通过这款软件显示菜单栏，接下来就为读者介绍如何调出其菜单栏。

初次安装 AutoCAD 2020 后，启动进入工作界面时，其菜单栏并不是默认打开的，那么要显示出来，就需要做特别设置。

单击【快速访问工具栏】最右端的向下箭头按钮，在打开的下拉菜单中选择【显示菜单栏】选项，就可以正常显示菜单栏了，如图 1-13 所示。

第 1 章　AutoCAD 2020 操作基础

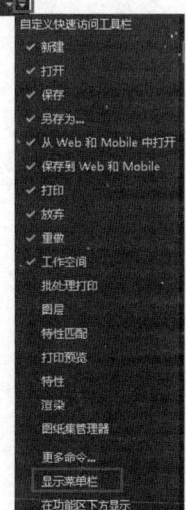

菜单栏包括文件、编辑、视图、插入、格式、工具、绘图、标注、修改、参数、窗口和帮助 12 个菜单项，如图 1-14 所示。

以 AutoCAD 2020 中的【视图】菜单为例，对菜单的命令类型进行简单介绍，以便用户能够更方便快捷地使用菜单命令，如图 1-15 所示。

图 1-13

图 1-14

- 开关命令：该类命令就是在命令执行后，命令的左边会加上【对号】的选择标记。该类命令出现在快捷菜单中。

- 对话框命令：该类命令是命令的名称后面带有一个省略号，单击该类命令则会打开一个对话框。如【视图】菜单中的【命令视图】菜单命令。

- 菜单命令：该类命令在菜单上没有任何特殊标记，单击该类命令将直接执行相应的功能。如【视图】菜单中的【重画】菜单命令。

- 子菜单命令：该类命令的名称后面带有一个向右的小三角箭头，当鼠标移动到该类命令上时，就会打开一个子菜单。如【视图】菜单中的【平移】菜单命令。

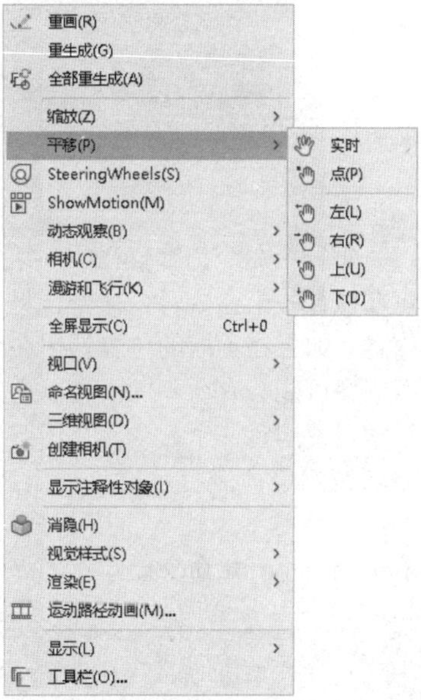

菜单栏的最右边也有 3 个控制按钮，单击菜单栏的最小化按钮■使它们缩小为一个图标，出现在舞台的左下角；单击最大化按钮■可使它们占满整个窗口；单击关闭按钮■可关闭当前活动的文件。这 3 个按钮与标题栏中的 3 个按钮的不同之处在于，菜单栏右边的 3 个控制按钮是对当前活动的动画文件进行控制，而标题栏上的 3 个控制按钮则是控制整个 AutoCAD 2020 软件。

图 1-15

1.2.6 命令窗口

程序的核心部分是【命令】窗口，它通常固定在应用程序窗口的底部。可以直接在【命令】窗口中输入命令，而不使用功能区、工具栏和菜单。许多长期用户更喜欢使用此方法。

命令窗口用于输入命令、显示AutoCAD命令提示及有关信息。命令窗口可以是浮动的，并带有标题栏和边框。可以将这个浮动的命令窗口移动到屏幕上的任何位置，并可以调整窗口的宽度和高度。命令窗口由两部分组成：

- 单行窗口用于输入各种AutoCAD命令，并观察提示信息，如图1-16所示。
- 它上面的命令历史区可以显示当前图形已执行过的命令。

点取命令历史区窗口顶部边界，并拖动边界，可以修改窗口的尺寸使命令历史区窗口变得像其他窗口一样大。在变大的命令历史窗口中拖动滚动条（图1-17）可以查看以前执行过的命令。

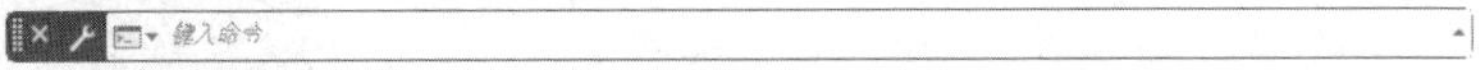

图 1-16

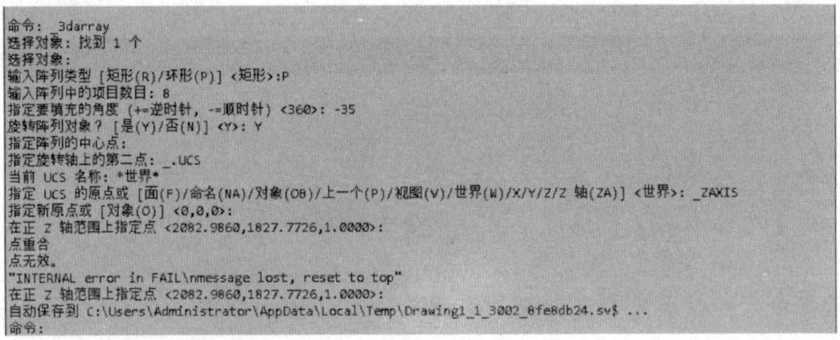

图 1-17

每一个命令都有自己的一组提示。当正在执行一个命令时，命令行将出现提示信息。如果在不同的位置调用命令，其提示顺序可能会有所不同。可以通过命令提示学习使用每一个命令。在用键盘输入命令名或响应命令提示时，一定要用Enter键或空格键结束输入。按下Enter键后，AutoCAD将开始命令操作。

可以用以下3种方法终止命令的执行：

- 全部执行完命令提示返回到【命令：】提示状态。
- 在全部执行完命令提示前，按下Esc键终止该命令继续执行。
- 调用菜单中的其他命令，任何正在执行的命令都会被自动终止。

> **注意：** 开始键入命令时，它会自动完成。当提供了多个可能的命令时（图1-18），您可以通过单击或使用箭头键并按Enter键或空格键来进行选择。

第1章 AutoCAD 2020 操作基础

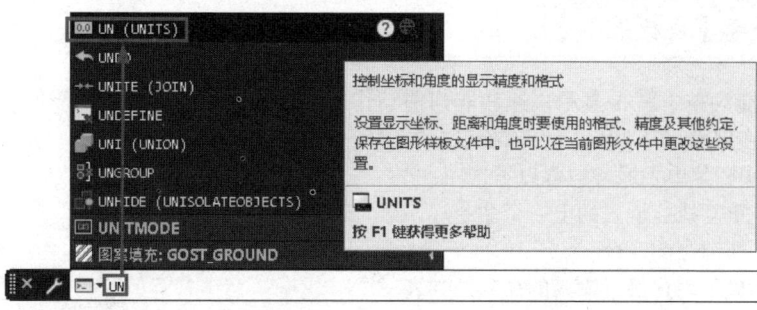

图 1-18

1.2.7 绘图窗口

【命令】窗口可显示提示、选项和消息。在绘图窗口中可以观察绘图过程中创建的所有对象。在这个区域中，AutoCAD通过光标指示当前工作点的位置。当AutoCAD提示选择一个点时，光标将变成十字交叉线形式。当要求选择屏幕上的对象时，光标将变成一个小的拾取靶。在不同的情况下，AutoCAD将组合显示十字交叉线、虚线矩形框、矩形框以快速构造选择集。

在使用 AutoCAD 2020 绘制图形对象的过程中，有时输入的坐标值可能会超出可见的区域。因此，建议在可见区域内绘制图形。

AutoCAD 2020 绘图窗口的底部左侧有【模型】标签和【布局】标签，如图1-19所示。通过这些标签，用户可以方便、迅速地在模型空间和绘图空间之间切换图形显示。通常，用户应该在模型空间进行设计，在图纸空间中创建布局以输出图形。

图 1-19

1.2.8 状态栏

状态栏位于绘图屏幕的底部，在状态栏中显示光标位置、绘图工具以及会影响绘图环境的工具。

状态栏提供对某些最常用的绘图工具的快速访问。我们可以切换设置（例如，夹点、捕捉、极轴追踪和对象捕捉），也可以通过单击某些工具的下拉箭头，来访问它们的其他设置，图1-20所示。

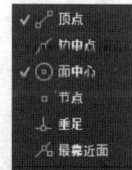

图 1-20

1.2.9 关于【快捷菜单】

【快捷菜单】就是显示快速获取当前动作有关命令的快捷菜单。在屏幕的不同区域内单击鼠标右键时，可以显示快捷菜单。快捷菜单上通常包含以下选项：

（1）重复执行输入的上一个命令。
（2）取消当前命令。
（3）显示用户最近输入的命令的列表。
（4）剪切、复制以及从剪贴板粘贴。
（5）选择其他命令选项。
（5）显示对话框，例如【选项】或【自定义】。
（6）放弃输入的上一个命令。

要显示快捷菜单，可通过在图形中的对象或区域、菜单中的按钮或功能区中单击鼠标右键来实现，如图1-21所示为在绘图窗口空白处显示的快捷菜单。

图 1-21

1.3 绘制、组织和保存图形

绘制图形时，可以指定要使用的单位类型和其他设置。也可以选择如何保存工作，包括保存备份文件。下面讲述如何新建和保存图形的方法。

1.3.1 新建图形

开始一幅新图的命令是【新建】。如同AutoCAD的其他许多命令一样，有几种执行【新建】命令的方法。在命令行，可以输入NEW命令。也可以使用快速访问工具栏中的【新建】工具按钮，或者执行【文件】【新建】命令，所有这些方法都会打开【选择样板】对话框，如图1-22所示。

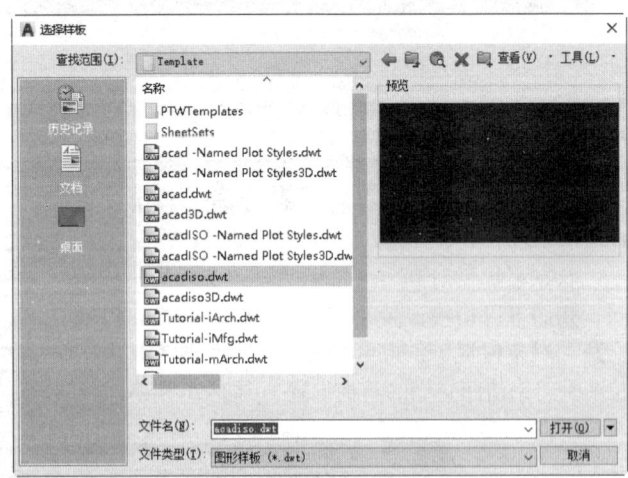

图 1-22

1.3.2 保存图形

图形文件的保存是指在绘图、编辑图形过程中将画面上的图形存入磁盘保存，但不退出工作状态。

AutoCAD 提供两种存储文件的方法：一是按进入绘图状态时的文件名存储；二是另取一个文件名存储。前一种方法比较简单，存盘速度快，但会破坏原文件中的图形。后一种需要重新输入文件名，存盘速度较慢，但不会破坏原文件中的图形。有时，原文件所在的磁盘已满，这就只能换一个驱动器另存。

1. 以原图形文件名存储

以原图形文件名存储文件使用 SAVE 命令。可通过下列方法之一执行【保存】（SAVE）命令：

（1）工具栏：从快速访问工具栏选择【保存】按钮。
（2）下拉菜单：执行【文件】|【保存】命令。
（3）在命令行中输入 SAVE 命令。

任何一个对图形的操作都是发生在计算机的缓冲器内，这只是暂时的。在工作中，要经常使用 SAVE 来保存图形，以免计算机断电或其他情况使所做的修改被遗失。

如果当前图形已被命名，则可以用 SAVE 保存图形；如果还未命名，当使用 SAVE 命令时系统将自动地转为图形文件另存的操作。

2. 图形文件的另存

图形文件的另存是指将当前屏幕上的图形换一个文件名存储或为 Drawing 文件取名并存储。

另存文件执行【文件】|【另存为】命令或在命令提示符后输入 SAVE AS 命令来进行。

当执行 SAVE AS 命令后，弹出【图形另存为】对话框，如图 1-23 所示。

在此对话框中，在【文件名：】栏中直接输入文件名并回车。输入方法与新建立图形文件相同。如果输入的文件名在磁盘上已存在，则系统会出现图 1-24 所示警告框。如果要覆盖原文件，选【是】按钮，否则选【否】按钮，并返回到【图形另存为】对话框。

图 1-23

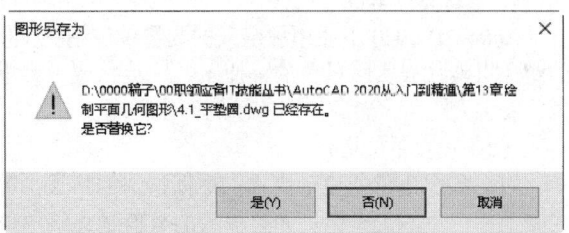

图 1-24

1.3.3 打开现有图形

如果要编辑一个已存在的图形文件，则需执行打开图形文件命令。打开图形文件用 OPEN 命令。

可通过下列方法之一执行 OPEN 命令：

（1）工具栏：选择快速访问工具栏的【打开】按钮 ；

（2）下拉菜单：执行【文件】|【打开】命令；

（3）在命令行中输入 OPEN 命令。

当执行【打开】命令后将激活【选择文件】对话框，如图 1-25 所示。这个对话框显示磁盘、路径和文件名，可以自己选择磁盘、路径、文件名。

图 1-25

1.3.4 指定单位、角度和缩放比例

在开始绘图时，必须指定要使用的测量单位、格式及其他惯例。

1. 设置测量单位

AutoCAD 2020 不使用预定义的测量单位系统（例如，米或英寸）。例如，一个单位的距离可能代表实际单位的一厘米、一英尺或一英里。开始绘图之前，需要决定一个单位代表多大距离，然后使用该惯例创建图形。

（1）设置单位格式

可以指定单位的显示格式。根据指定的格式，可以按十进制格式、分数格式、角度或其他标记法输入坐标。如果输入的数值是建筑单位制的英尺和英寸格式，英尺要用单引号（'）表示。例如，72'3，无须输入引号（"）表示英寸。

可以在【图形单位】对话框中设置单位类型和精度，如图 1-26 所示。这些设置可以控制 AutoCAD 2020 如何解释坐标、偏移和距离的输入以及如何显示坐标和距离。

三维坐标的输入格式可以与二维坐标的输入格式相同：科学、小数、工程、建筑或分数记法。

用于创建和列出对象、测量距离以及显示坐标位置的单位格式与用于创建标注值的标注单位设置是分开的。

（2）转换图形单位

如果开始时按某一度量衡系统（英制或公制）绘图，然后又转换为另一系统，要获得精确的标注需要按转换比例缩放图形。例如，要将英寸转换为厘米，需按 1∶2.54 的比例缩放图形。要将厘米转换为英寸，缩放比例是 1∶2.54（约为 0.3937）。

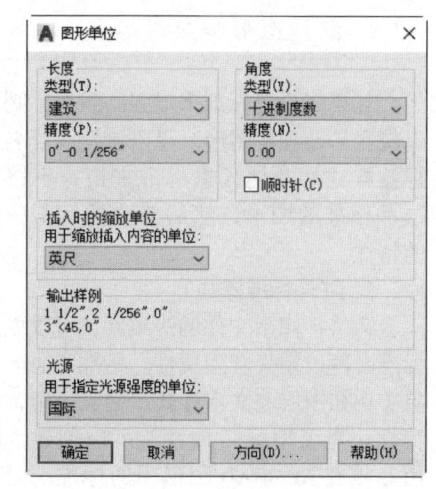

图 1-26

2. 设置角度惯例

可以指定角度的测量惯例以使正值以顺时针测量或逆时针测量，0°角可以设置为任意位置。可以百分度、弧度、勘测单位或度/分/秒的形式输入角度。

如果在指定极坐标时使用勘测角度，应指明勘测角度的方向是东、西、南还是北。例如，要相对于当前坐标绘制一条长度为 72 英尺 8 英寸、方位为北 45°、偏东 20′6″的直线，请输入如下命令：

@72′8″<n45d20′6″e

3. 按比例绘图

在图纸上绘图时，应在开始之前确定比例。此比例是绘制对象的尺寸与图形所表示的对象的实际尺寸之比值。例如，在建筑图形中每 1/4 英寸可能表示房间平面布置图的一英尺。所选比例必须使对象的图形布满图纸。

在 AutoCAD 中，此过程是相反的。可以使用指定的单位类型（建筑单位制、十进制等）或默认单位类型（十进制）绘图。屏幕上每个单位都可以表示所需的单位：英寸、毫米、千米。因此，如果绘制发动机部件，一个单位可能相当于一毫米。如果绘制地图，一个单位可能相当于一千米。

打印时，可以为图形的不同部分设置不同比例。打印图形之前无须考虑设置比例。

尽管打印前无须指定图形比例，但可以提前输入如下几个方面的缩放尺寸，以确保在最终的图形中得到它们的正确尺寸：

（1）文字（在模型空间中绘制）；

（2）标注（在模型空间中绘制）；

（3）非连续线型；

（4）填充图案；

（5）视图（仅在布局视口中）。

1.3.5 组织图形和应用标准

如果用设置标准来增强一致性,则可以较容易地理解图形。可以设置图层名、标注样式和其他元素标准来检查不符合这些标准的图形,然后修改任何不一致的特性。

1. CAD 标准概述

为维护图形文件的一致性,可以创建标准文件以定义常用属性。标准为命名对象(例如图层和文字样式)定义一组常用特性。为了增强一致性,可以创建、应用和核查 AutoCAD 图形中的标准。因为标准可以帮助其他人理解图形,所以在许多人创建同一个图形的协作环境下尤其有用。

1) 标准检查的命名对象

可以为下列命名对象创建标准:图层、文字样式、线型、表格和标注样式。

2) 标准文件

定义标准后,将它们保存为标准文件。然后,可以将标准文件中同一个或更多图形文件关联起来。将标准文件与图形相关联后,应该定期检查该图形,以确保它遵循标准。

3) 样例图形和关联的标准文件

AutoCAD 提供了样例图形和关联的标准文件。为了说明如何核查图形,该图形文件已被故意修改为包含多个非标准对象。样例文件 MKMPlan.dwg 和 MKMStd.dws 安装在 AutoCAD 的 Sample 文件夹中。

4) 标准核查如何工作

在检查图形是否符合标准时,将对照与图形相关联的标准文件,检查每个特定类型的命名对象。例如,对照标准文件中的图层,图形中的每个图层都受到了检查。

标准核查可以找出两种问题:

(1) 在检查的图形中出现带有非标准名称的对象。例如,名为 WALL 的图层出现在图形中,但并未出现在任何相关标准文件中。

(2) 图形中的命名对象可以与标准文件中的某一名称相匹配,但它们的特性并不相同。例如,图形中 WALL 图层为黄色,而标准文件将 WALL 图层指定为红色。

用非标准名称固定对象时,非标准对象将从图形中被清理掉。与非标准对象关联的任何图形对象都将传送给指定的替换标准对象。例如,可以固定非标准图层 WALL,并使用标准 ARCH-WALL 图层替换它。在这个例子中,选择【在检查标准中修复】对话框,将所有对象从图层 WALL 传送至图层 ARCH-WALL,然后从图形中清理掉图层 WALL。

5) 标准插入模块

核查过程使用标准插入模块,即定义检查过的单个命名对象的特性规则的应用软件。对照相应的插入模块,可以分别检查图层、标注样式、线型和文字样式。在检查图形是否与标准冲突时,可以指定使用的插入模块。Autodesk 或第三方开发商可能会提供标准插入模块,以检查其他图形特性。

所有的插入模块检查除图层插入模块之外每个命名对象的所有特性。在使用图层插入模块时,将检查以下图层特性:颜色、线型、线宽、打印样式模式和打印样式名称(当 PSTYLEMODE 系统变量设为 0 时)。图层插入模块不检查以下图层特性:开/关、冻结/解冻、锁定和打印/不打印。

6) 标准设置

在【CAD 标准设置】对话框中,可以进行若干对 CAD 管理器有用的设置,如图 1-27 所示。单击【检查标准】对话框和【配置标准】对话框(执行【工具】|【CAD 标准】|【配置】或【检查】命令打开)中

的【设置】按钮可以访问此对话框。

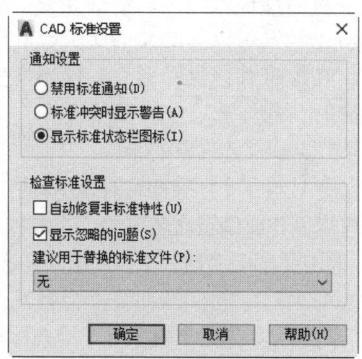

图 1-27

2. 定义标准

要设置标准,可以创建定义图层特性、标注样式、线型和文字样式的文件,然后将其保存为带有 .dws 文件扩展名的标准文件。

根据工程的组织方式,可以决定是否创建多个工程特定标准文件并将其与单个图形关联起来。核查图形文件时,标准文件中各设置之间可能会发生冲突。例如,某个标准文件指定图层 WALL 为黄色,而另一个标准文件指定图层为红色。发生冲突时,第一个与图形关联的标准文件具有优先权。如有必要,可以改变标准文件的顺序以改变优先级。

如果希望只使用指定的插入模块核查图形,可以在定义标准文件时指定插入模块。例如,如果最近只对图形进行了文字更改,那么我们可能希望只使用图层和文字样式插入模块核查图形,以节省时间。默认情况下,核查图形是否与标准冲突时将使用所有插入模块。

3. 检查图形是否与标准冲突

将标准文件与 AutoCAD 图形相关联后,应该定期检查该图形,以确保它遵循其标准。这在许多人同时更新一个图形文件时尤为重要。例如,在一个具有多个次承包人的项目中,某个次承包人可能创建了新的但不符合所定义的标准的图层。在这种情况下,需要能够识别出非标准的图层然后对其进行修复。

可以使用通知功能警告在操作图形文件时发生标准冲突。此功能允许在发生标准冲突后立即进行修改,从而使创建和维护遵从标准的图形更加容易。

1)检查单个图形

可以使用 CHECKSTANDARDS 命令查看当前图形中的所有标准冲突。【检查标准】对话框报告所有非标准对象并给出建议的修复方法。

可以选择修复或忽略报告的每个标准冲突。如果忽略所报告的冲突,将在图形中对其进行标记。可以关闭被忽略问题的显示,以便下次核查该图形时不再将它们作为冲突的情况而进行报告。

如果对当前的标准冲突未进行修复,那么在【替换】列表中将没有项目亮显,【修复】按钮也不可用。如果修复了当前显示在【检查标准】对话框中的标准冲突,那么除非单击【修复】或【下一个】按钮,否则此冲突不会从对话框中删除。

在整个图形核查完毕后,将显示【检查完成】消息。此消息总结在图形中发现的标准冲突,还显示自动修复的冲突、手动修复的冲突和被忽略的冲突。关闭此消息后,将显示【检查标准】对话框。

注意: 当显示两个独立的非标准图层的冲突时(一个是非标准图层名称冲突,另一个是非标准图层特性冲突),选择修复其中任意一个冲突即可将这两个冲突同时修复。这会导致在【检查完成】提示总结中出现矛盾:所发现的标准冲突将少于最初在【检查标准】对话框中所报告的标准冲突。

2）检查多个图形

可以使用标准批处理检查器分析多个图形，然后通过 HTML 格式的报告总结找到标准冲突。要运行批处理标准核查，首先必须创建标准检查（CHX）文件。CHX 文件是配置文件和报告文件，它包含图形文件和标准文件的列表，还包含由标准检查生成的报告。

默认情况下，系统将根据与其相关联的标准文件检查每个图形。可以忽略默认设置，选择其他可用的标准文件。

完成批处理标准核查后，可以查看带有核查详细说明的 HTML 报告。还可以创建包含在 HTML 报告中的注解。可以输出和打印此报告。在协作环境中，可以将该报告分发给起草者，以便他们修复各自编写章节中存在的问题。

3）处理图形时使用标准冲突通知

可以在【CAD 标准设置】对话框中设置通知选项，也可以使用 STANDARDSVIOLATION 系统变量设置通知选项。如果选择了对话框中的【标准冲突时显示警告】，那么在工作时如果发生冲突，将显示警告。如果选择了【显示标准状态栏图标】，那么在打开与标准文件相关联的文件以及在创建或修改非标准对象时，将显示图标。

默认情况下，如果关联的标准文件丢失，或者在工作时发生了冲突，那么在应用程序窗口的右下角（状态栏托盘）将显示弹出消息。

这时应在使用通知选项前利用【检查标准】对话框检查图形的标准冲突。这样可以防止触发由以前的会话所引起的通知警告。在检查并修复图形后，仅当发生新的冲突时，通知选项才触发警告。

4）显示命名对象的警告

如果选择了【标准冲突时显示警告】，那么仅当创建或编辑命名对象（线型、文字样式、图层和标注）时，才会发送冲突通知。不影响命名对象的标准冲突不会触发通知警告。此外，如果命名对象在【检查标准】对话框中被标记为忽略，那么即使此命名对象是非标准的，也不会再触发通知警告。更改非标准命名对象（例如，将非标准图层设为当前层）会触发通知警告。

显示警告后，可以选择修复或不修复此冲突。选择修复冲突将打开【检查标准】对话框。如果此对话框已经打开，那么它将修复刚刚发生的特定冲突。在对最近的标准冲突做出响应后，可以在【检查标准】对话框中恢复以前的工作。或者，在出现警告时如果不希望修复冲突，可以单击【不修复】关闭此警告。

如果打开了有一个或多个关联标准文件的图形，那么状态栏中会显示【关联标准文件】图标。如果缺少关联标准文件，状态栏中将显示【缺少标准文件】图标。如果双击【缺少标准文件】图标，然后解决或断开了缺少的标准文件，那么【缺少标准文件】图标将被【关联标准文件】图标代替。

> **注意：** 如果选择【检查标准】对话框中的【标准冲突时显示警告】，然后修复冲突，则可以从上次中断的地方继续执行修复操作。如果选择【显示标准状态栏】图标，并且单击此图标然后修改冲突，那么必须重新开始修复操作。

1.4　CAD 命令输入方式

1.4.1　键盘输入

AutoCAD 2020 所有的命令都可以通过键盘来输入。其实就是在屏幕下方的命令窗口中输入命令，如图 1-28 所示，在命令的提示下，在其右边的横线上输入想调用的命令，如果现在想画一条直线，就可以输入【LINE】，然后按下回车键就行了。

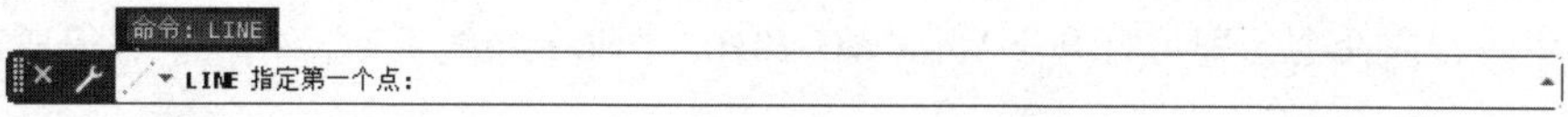

```
命令: LINE
LINE 指定第一个点:
```

图 1-28

同一命令的后面有很多选项，选项之间用【/】隔开，每个选取项后面有一个括号（），小括号里面会有一个大写的字母，只要在后面的命令行上输入这个字母就表示选择了这个选项。

> **说明**：很多命令除了完整的命令名之外，可以缩写，例如【LINE】的缩写就是【L】。熟悉缩写，对以后的作图有很大的帮助。

1.4.2　工具栏输入

工具栏是 AutoCAD 2020 调用偏偏最为容易和最为快捷的方法。若想提高绘图效率，就要学会灵活熟练地使用工具栏。

工具栏调用命令非常简单，只需单击工具栏上的图标，就相当于在命令行上输入了该图标所对应的命令，如要画一条直线，只需在绘图工具栏上单击直线图标，命令行上就会给出绘图的提示，只需按照上一节的做法，就可以完成直线的绘制了。

1.4.3　菜单栏

下面通过菜单栏调用直线命令来说明菜单栏的使用，其步骤如下：
（1）单击【绘图】|【直线】菜单项，命令行就会提示：
　　-LINE 指定第一点：
（2）使用光标在 AutoCAD 2020 的屏幕上单击，或者在命令行上输入点的坐标，按回车键，命令行就会提示：
　　指定下一点或［放弃（U）］：
（3）按照同样的方法，指定下一点，就可以画出一条直线了。但命令行还是会接着提示：

指定下一点或［闭合（C）/放弃（U）］：

（4）因为AutoCAD 2020的有些命令如果不主动关闭，会一直处于激活状态，要关闭命令的时候只需要按空格键或回车键就行了。

1.5 获得帮助

在使用AutoCAD的过程中，用户不可避免地会遇到一些问题，在这种情况下，AutoCAD提供的强大的帮助功能便可以发挥其作用。用户可以利用F1键或选择【帮助】菜单中的相应命令，即可打开【AutoCAD 2020-帮助】在线页面，并从中获得所需的信息。

要获得在线帮助，可执行如下操作：

·单击【帮助】|【帮助】菜单项。

·单击【标题栏】右端的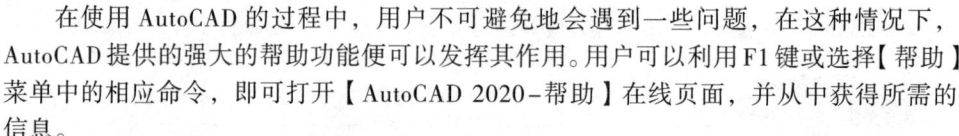帮助图标。

执行以上任一种操作之后，都会打开【AutoCAD 2020-帮助】在线页面，如图1-29所示，在这里我们可以选择需要了解的内容进行阅读。

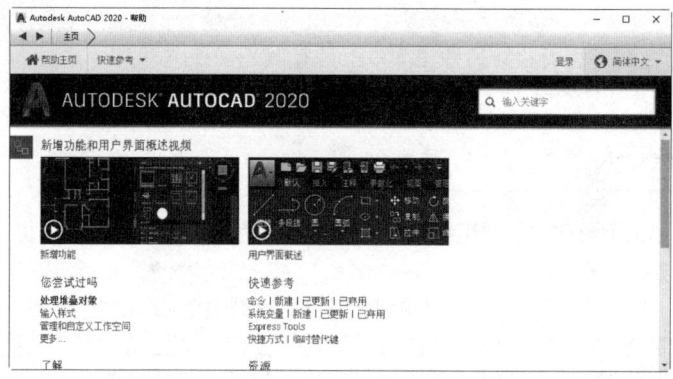

图1-29

要想获得帮助内容，必须使电脑处于Internet联网状态。

1.6 视图控制

1.6.1 缩放

在AutoCAD 2020中实现图形缩放可以有如下几种方式：

第1章 AutoCAD 2020操作基础

- 在命令行中输入 ZOOM。
- 单击菜单【视图】|【缩放】，如图 1-30 所示。

输入此命令后，命令行会提示：

指定窗口角点，输入比例因子（nX 或 nXP），或 [全部（A）/圆心（C）/动态（D）/范围（E）/上一个（P）/比例（S）/窗口（W）] <实时>：

用户可以参照提示选择不同的缩放操作。

- 工具按钮方式，在 AutoCAD 绘图窗口右侧有一组悬浮工具栏即导航栏，里面有一组缩放操作的按钮，如图 1-31 所示。

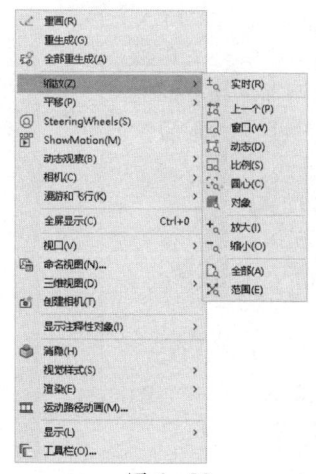

图 1-30

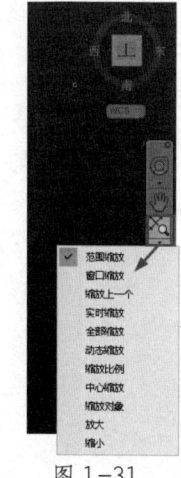

图 1-31

使用以上不同方式都可以完成图形缩放操作，用户可根据习惯选择。

1. 实时选项

使用实时缩放的操作，可以通过向上或向下移动鼠标按照个人意愿进行动态地缩放。该选项用于利用定点设备，在合适的范围内交互缩放。一旦调用【实时】选项，光标将会变成 的样子。

要调用【缩放】命令的【实时】选项，可以按下面方法之一：

- 在命令行中输入 ZOOM。
- 单击菜单【视图】|【缩放】|【实时】。
- 在导航栏中的缩放工具组下拉菜单中选择【实时缩放】选项。

激活【实时】选项后，AutoCAD 提示如下：

命令：ZOOM

指定窗口的角点，输入比例因子（nX 或 nXP），或者

[全部（A）/中心（C）/动态（D）/范围（E）/上一个（P）/比例（S）/窗口（W）/对象（O）] <实时>：实时

按 Esc 或 Enter 键退出，或单击右键显示快捷菜单。

> **注意：** 实际上，缩放操作只是将目标进行视觉上的放大，实体的真实大小数据并没有发生变化。

2. 全部（A）选项

【缩放】命令中的【全部（A）】选项用于在当前视窗中缩放显示整个图形。在平面视图中，AutoCAD 按图形界限或当前图形范围缩放，即哪个范围大，按哪个范围缩放，即使绘制的图形超出了图形界限也能显示在当前视窗中。

要调用【缩放】命令的【全部（A）】选项，可以按下面的方法之一：

·在命令行中输入ZOOM。

·在导航栏中的缩放工具组下拉菜单中选择【全部缩放】选项。

激活【全部】选项后，AutoCAD提示如下：

命令：ZOOM

指定窗口的角点，输入比例因子（nX 或 nXP），或者

［全部（A）/中心（C）/动态（D）/范围（E）/上一个（P）/比例（S）/窗口（W）/对象（O）］

<实时>：A

下面是利用［全部（A）］选项应用的前后效果，如图1-32和图1-33所示。

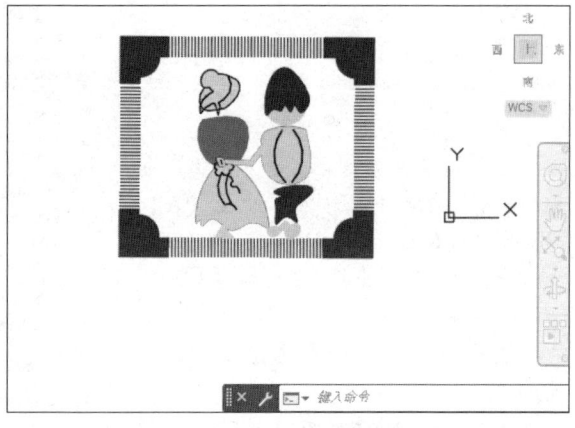

图1-32

说明：全部缩放的操作原则是在完整显示图面中所有对象实体的条件下最大显示绘图界限。具体说就是，如果用户绘制的实体超出了绘图极限，进行全部缩放操作后不会将这些实体留在视窗外，而是以最大比例显示所有实体。

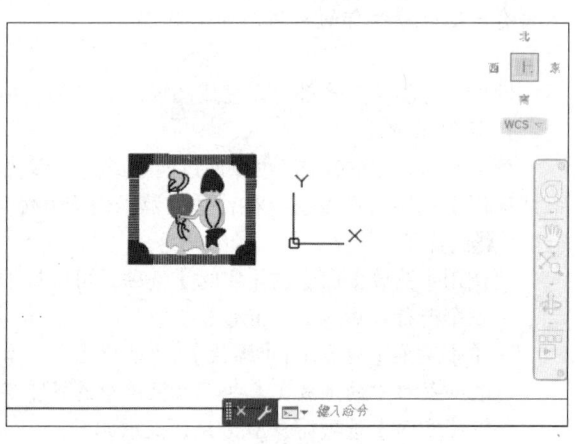

图1-33

3. 圆心（C）选项

【缩放】命令中的【圆心（C）】选项用于缩放显示由圆心和缩放比例或高度所定义的窗口。高度值较小时增大缩放比例，高度值较大时减小缩放比例。

要调用【缩放】命令的【圆心（C）】选项，可以按下面的方法之一：

·在命令行中输入ZOOM。

·单击菜单【视图】|【缩放】|【圆心】。

·在导航栏中的缩放工具组下拉菜单中选择【中心缩放】选项。

激活【圆心（C）】选项后，AutoCAD提示如下：

命令：ZOOM

指定窗口的角点，输入比例因子（nX 或 nXP），或者

［全部（A）/中心（C）/动态（D）/范围（E）/上一个（P）/比例（S）/窗口（W）/对象（O）］<实时>:C

指定圆心： //指定圆心

输入比例或高度＜当前值＞：100 // 指定缩放比例或高度值

4. 动态（D）选项

【缩放】命令中的【动态（D）】选项提供了移动图形视图的快速而简捷的方法。这是一种很有趣的缩放方式，就是使用视图框显示图形的已生成部分。视图框表示视窗即用以选择待缩放的部分，可以改变它的大小，或在图形中移动它的位置。移动视图框或调整它的大小，就能实现将其中的图像平移或缩放，以充满整个视窗。

要调用【缩放】命令中的【动态（D）】选项，可以按下面的方法之一：

· 在命令行中输入 ZOOM。

· 单击菜单【视图】|【缩放】|【动态】。

· 在导航栏中的缩放工具组下拉菜单中选择【动态缩放】选项。

激活【动态（D）】选项后，AutoCAD 提示如下：

命令：ZOOM

指定窗口的角点，输入比例因子（nX 或 nXP），或者

［全部（A）/中心（C）/动态（D）/范围（E）/上一个（P）/比例（S）/窗口（W）/对象（O）］＜实时＞: D

激活【动态】选项后，当前视窗将转而选择显示图形范围的视图，如图 1-34 所示。当显示选择视图时，可看到用白色或黑色框表示的图形界限。当前显示的视图用蓝色或紫色虚框表示，并出现与当前显示尺寸相同的新视图框。它的位置由鼠标的移动来控制，尺寸由拾取按钮与光标移动组合控制。

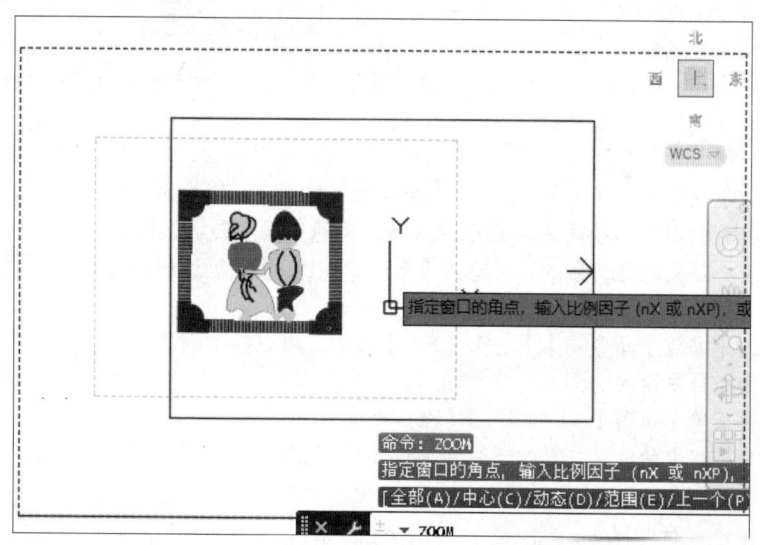

图 1-34

当新视图框的中心出现 X 标记时，视图框将随着光标的移动在图形中移动。按下定点设备的拾取按钮之后，X 标记将消失而在视图框的右边出现箭头，如图 1-35 所示，新视图框处于缩放模式中。当箭头位于框内时，向左移动光标减小视图框的尺寸；向右移动光标增大视图框的尺寸。

选择所需的尺寸后，再次按拾取按钮将平移视图框，按回车键将显示由新视图框的位置及尺寸所定义的视图，按Esc键取消动态缩放并返回到当前视图。

5.【范围(E)】选项

【缩放】命令中的【范围(E)】选项用于观察屏幕上的整个图形。与【全部(A)】选项不同的是，【范围(E)】选项只使用图形范围，而不使用图形界限。

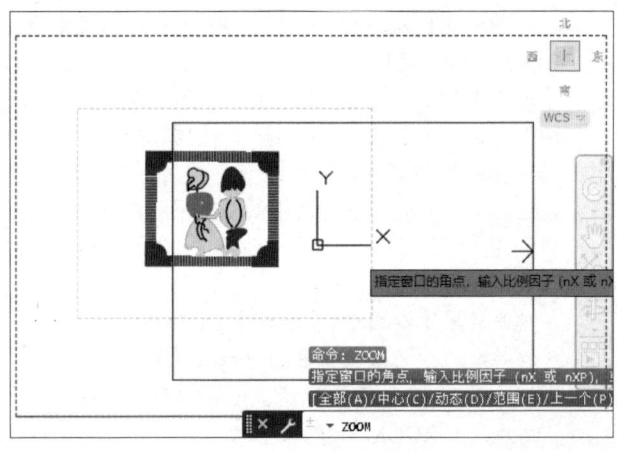

图 1-35

要调用【缩放】命令中的【范围(E)】选项，可以按下面的方法之一：

- 在命令行中输入 ZOOM。
- 单击菜单【视图】|【缩放】|【范围】。
- 在导航栏中的缩放工具组下拉菜单中选择【范围缩放】选项。

激活【范围(E)】选项后，AutoCAD 提示如下：

命令：ZOOM

指定窗口的角点，输入比例因子（nX 或 nXP），或者

[全部(A)/中心(C)/动态(D)/范围(E)/上一个(P)/比例(S)/窗口(W)/对象(O)] <实时>: E

6. 上一个(P)选项

【缩放】命令中的【上一个(P)】选项用于显示上一次显示过的视图。在编辑或创建图形时，有时可能需要先显示较小的区域，再返回显示较大的区域，然后再显示另一较小的区域。要实现这个目的，可输入【上一个(P)】选项返回到前面的视图，该选项可保存前10个视图。

要调用【缩放】命令的【上一个(P)】选项，可以按下面的方法之一：

- 在命令行中输入 ZOOM。
- 单击菜单【视图】|【缩放】|【上一个】。
- 在导航栏中的缩放工具组下拉菜单中选择【缩放上一个】选项。

激活【上一个(P)】选项后，AutoCAD 提示如下：

命令：ZOOM

指定窗口的角点，输入比例因子（nX 或 nXP），或者

[全部(A)/中心(C)/动态(D)/范围(E)/上一个(P)/比例(S)/窗口(W)/对象(O)] <实时>: P

7. 比例(S)选项

【缩放】命令中的【比例(S)】选项，用于以指定的比例因子缩放显示。比例因数，

当以数字形式输入时，比例因数将应用于绘图界限所包含的区域。

例如，如果输入比例值 5，每一个对象显示的大小是执行全部缩放命令后对象大小的 5 倍。比例因数为 1，将显示整个图形（全视图），由创建的图形界限确定。如果输入小于 1 的值，AutoCAD 将缩小整个图形。

从图 1-36 和图 1-37 中可以看出全部视图和缩小 1/5 后的差别。

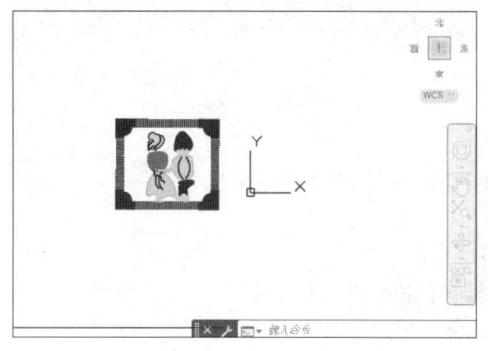
图 1-36

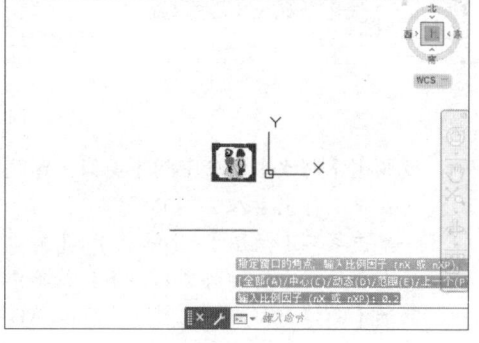
图 1-37

要调用【缩放】命令中的【比例（S）】选项，可以按下面的方法之一：

· 在命令行中输入 ZOOM。

· 单击菜单【视图】|【缩放】|【比例】。

· 在导航栏中的缩放工具组下拉菜单中选择【缩放比例】选项。

激活【比例（S）】选项后，AutoCAD 提示如下：

命令：ZOOM

指定窗口的角点，输入比例因子（nX 或 nXP），或者

［全部（A）/中心（C）/动态（D）/范围（E）/上一个（P）/比例（S）/窗口（W）/对象（O）］<实时>: S

输入比例因子（nX 或 nXP）：

如果在数字之后输入 x，AutoCAD 将根据当前视图确定缩放比例。例如，输入 2x 会使每一对象在屏幕上显示为其当前显示尺寸的 2 倍。比例因子【XP】选项与图形布局有关。

说明： 比例因子【XP】选项将在后面相关的内容中讲解，因为它与图纸和模型空间的单位有关系。

8. 窗口（W）选项

【缩放】命令中的【窗口（W）】选项用于指定当前正在显示的图形中一部分较小的区域，并将此区域充满到整个绘图区域。这个操作通过指定矩形窗口的两个对角点来实现。选择的区域中心成为新的显示区域的中心，窗口内的区域，将尽可能地放大以充满整个绘图区域。还可以利用坐标或定点设备输入两个对角点来指定缩放的区域，如图 1-38 所示，缩放结果如图 1-39 所示。

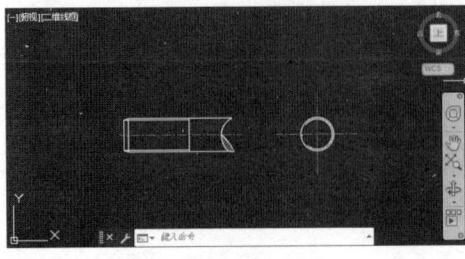
图 1-38

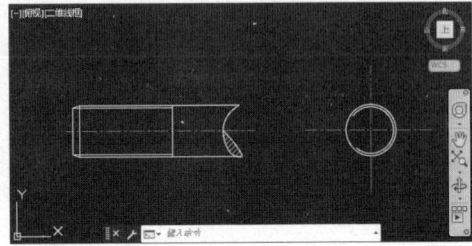
图 1-39

要调用【缩放】命令中的【窗口（W）】选项，可以按下面的方法之一：

- 在命令行中输入 ZOOM。
- 单击菜单【视图】|【缩放】|【窗口】。
- 在导航栏中的缩放工具组下拉菜单中选择【窗口缩放】选项。

激活【窗口（W）】选项后，AutoCAD 提示如下：

命令：ZOOM

指定窗口的角点，输入比例因子（nX 或 nXP），或者

[全部(A)/中心(C)/动态(D)/范围(E)/上一个(P)/比例(S)/窗口(W)/对象(O)] <实时>: W

指定第一个角点: 指定对角点

1.6.2 视图移动

1. 点平移

所谓点平移就是指定两点以确定一个有向线段，使视图按照这个有向线段平移。

操作步骤如下：

（1）单击菜单【视图】|【平移】|【点】菜单项，激活定点平移命令。用户也可以输入命令 –PAN 进入定点平移状态。

（2）命令行：指定基点或位移：

在视图上用鼠标取点指定第一点，也可以输入点的坐标。

（3）命令行：指定第二点：

用户同样可以用鼠标取点或者键盘输入坐标值的方式指定第二点，视图就会立即平移到指定位置，完成视图的定点平移操作。

2. 实时平移

若用户不想对视图进行缩放，只想看一看图纸上的其他对象时，可以使用视图平移的操作。操作步骤如下：

（1）单击菜单【视图】|【平移】|【实时】菜单项，也可以点击导航工具栏中的 工具按钮激活平移操作。在平移状态下，鼠标指针成为图 1-40 所示的手状，用户可以按下鼠标左键将视图平移到另外的位置以显示隐藏的部分或调整对象的位置。

（2）结束平移状态，用户可以按 Esc 或 Enter 键，也可以从图 1-41 所示的右键菜单中选择【退出】菜单项。

3. 定向平移

单击菜单【视图】|【平移】|【左】或【右】或【上】或【下】菜单项可以向指定方向平移，如图 1-42 所示。由于这种方法在操作上不是很方便，所以用得并不多。

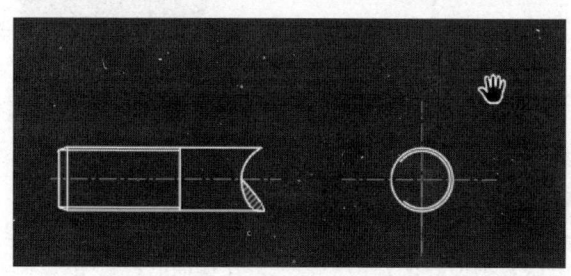 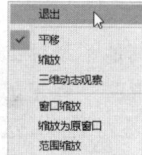 

图 1-40　　　　　　　　　　　图 1-41　　　　图 1-42

4. 视图平移和对象移动

视图平移操作（PAN）和对象移动操作（MOVE）有时候看起来很相似，其实是完全不同的：

- 视图平移针对的是图纸在用户视线中的位置，对象移动针对选择对象在图纸上的位置。
- 视图平移是一种视图改变，对象移动是一种图形编辑。
- 视图平移不改变对象的坐标，对象移动改变了被移动物体的坐标。

1.6.3　调整视窗

1. 创建平铺视窗

在 AutoCAD 中可以使用【视口】命令将模型空间划分为许多个视窗，每一个视窗都可以显示不同视图。但是同一时间内只能有一个活动视窗，活动视窗显示有十字光标。当用户将十字光标移动到非活动视窗时，十字光标会以箭头图案表示。

激活【视口】命令，可以使用以下任意一种方法：

- 在命令行中输入 VPORTS。
- 单击菜单【视图】|【视口】|【命名视口】。

使用【视图】|【视口】|【新建视口】命令，可以创建 1~4 个视窗，如图 1-43 所示为创建的 3 个视窗。

2. 改变平铺视口配置

如果在【命令：】提示下，输入【VPORTS】，然后按空格键或回车键，则会弹出一个【视口】对话框，

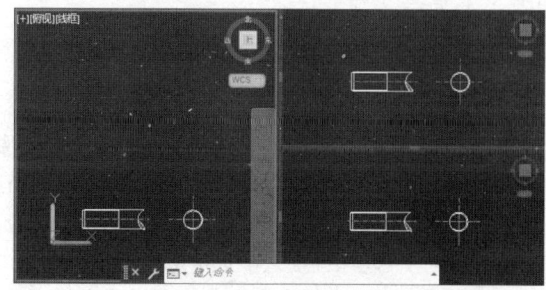

图 1-43

如图1-44所示。

AutoCAD在预览窗口中显示相应的视窗配置。如果需要，单击切换到【新建视口】选项卡，可将所选择的视窗配置命名并保存在【新名称】文本框中，从【应用于】下拉菜单中选择【显示】选项，并且从【设置】下拉菜单中选择【二维】用于二维视窗设置，选择【三维】用于三维视窗设置。最后单击【确定】按钮，将创建所选择的视窗配置。

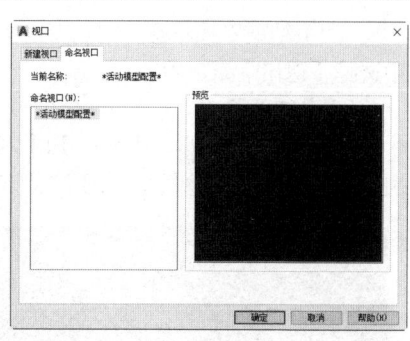

图1-44

如果需要创建其他不是标准的视窗配置，则可以细分所选定的视窗。首先选择需要细分的视窗，然后调用【视口】对话框，选择所需的视窗配置，再从【应用于】下拉菜单中选择【当前视口】选项。命名视窗选项列出了所有被保存的视窗配置。可在任何时候恢复一个被保存的视窗配置。

1.6.4 【重生成】命令

【重生成】命令用于重生成屏幕上的图形数据。【重生成】命令不仅刷新显示，而且更新图形数据库中所有图形对象的屏幕坐标，并提供尽可能精确的图形。在AutoCAD中，除非将【自动重生成】设置为【关】，有些命令执行完成后将自动重新生成整个图形，并且重新计算所有对象的屏幕坐标。激活【重生成】命令，可以使用以下任意一种方法：

- 在命令行中输入REGEN。
- 单击【视图】|【重生成】。

激活【重生成】命令后，AutoCAD提示如下：

命令：REGEN

说明：【重生成】命令没有任何选项。

1.6.5 【重画】命令

【重画】命令用于刷新屏幕显示。无论何时，只要看到图形中有标识指定点的点标记或临时标记，都可以调用此命令刷新屏幕显示。如果在同一位置绘制了两条直线，并且删除了其中的一条直线，但是，有时看起来好像两条直线都被删除了。此时，可以使用【重画】命令删除屏幕上的标记点。重画只刷新屏幕显示，这与数据的重生成不同。

激活【重画】命令，可以使用以下任意一种方法：

- 选择【视图】|【重画】命令。
- 在【命令：】提示下，输入REDRAW，然后按空格键或回车键。

激活【重画】命令后,AutoCAD 提示如下:
命令:REDRAWALL

说明:【重画】命令没有任何选项。

1.7 设置绘图环境

在进行绘图操作时,如果要对绘图环境中的某些参数进行设置,如设置绘图区域的背景色等,则可以通过系统设置来实现。

1.7.1 设置参数选项

执行【工具】|【选项】命令,或执行 OPTIONS 命令,可打开【选项】对话框。在该对话框中包含【文件】【显示】【打开和保存】【打印和发布】【系统】【用户系统配置】【绘图】【三维建模】【选择集】和【配置】10 个选项卡,如图 1-45 所示。

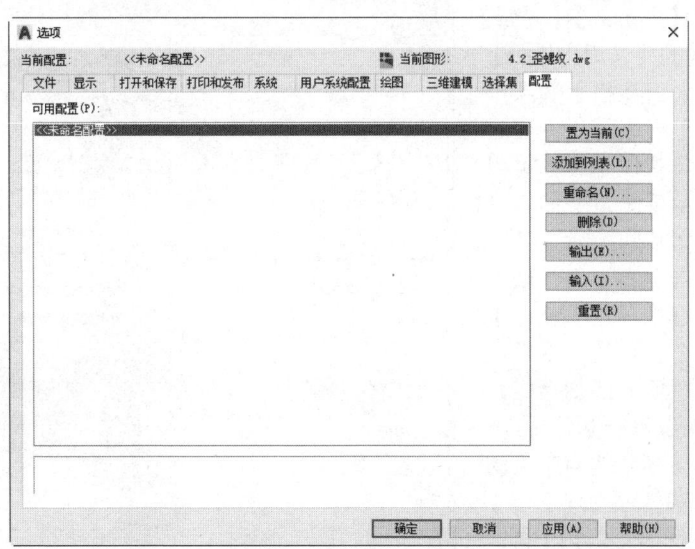

图 1-45

文件:用于确定 AutoCAD 搜索文件、驱动程序文件、菜单文件和其他文件时的路径以及自定义的一些设置。

显示:用于设置窗口元素、布局元素、显示精度、显示性能、十字光标大小和参照编辑的褪色度等时显示属性。

打开和保存：用于设置是否自动保存文件，以及自动保存文件时的时间间隔，是否保持日志，以及是否加载外部参照等。

打印和发布：用于设置 AutoCAD 的输出设置。默认情况下，输出设置为 Windows 打印机。但在很多情况下，为了输出较大幅面的图形，也需要使用专门的绘图仪。

系统：用于设置当前三维图形的显示特性，设置定点设备、是否显示 OLE 特性对话框、是否显示所有警告信息、是否检查网络连接、是否显示启动对话框、是否允许长符号名等。

用户系统配置：用于设置是否使用快捷菜单和对象的排序方式。

绘图：用于设置自动捕捉、自动追踪、自动捕捉标记大小、靶框大小等参数。

三维建模：用于设置三维十字光标、显示 UCS 图标、动态输入、三维对象和三维导航。

选择集：用于设置选择集模式、拾取框大小以及夹点大小等。

配置：用于实现新建系统配置文件、重命名系统配置文件以及删除系统配置文件等操作。

【选项】对话框的 10 个选项卡包括了 AutoCAD 2020 几乎所有的系统设置，在此我们不过多地介绍每一个选项卡中的具体内容，以后使用时再具体介绍。

1.7.2 自定义工具栏

在 AutoCAD 中，也可以根据需要自定义工具栏。这时可执行【工具】|【自定义】|【界面】命令，打开【自定义用户界面】对话框，在【工具栏】选项卡的【工具栏】列表框中，通过选中某个工具栏复选框，可以在窗口中显示系统定义的工具栏，如图 1-46 所示。

如果要自定义工具，则在自定义对话框中单击【新建】按钮创建一个工具栏，然后使用【命令】选项卡添加命令，下面通过一个练习来说明。

如图 1-46 所示为自定义的工具栏。该设置步骤如下：

（1）执行【工具】|【自定义】|【界面】命令，打开【自定义用户界面】对话框。

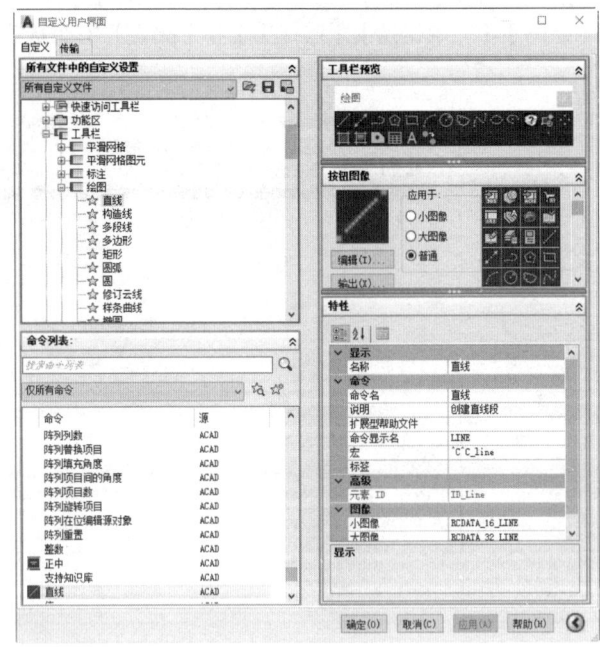

图 1-46

（2）在【工具栏】选项卡上右击，从弹出菜单中选择【新建工具栏】按钮，如图 1-47 所示。然后在【工具栏 1】文本框中输入自定义工具栏名称，例如【我的工具栏】，如图 1-48 所示。

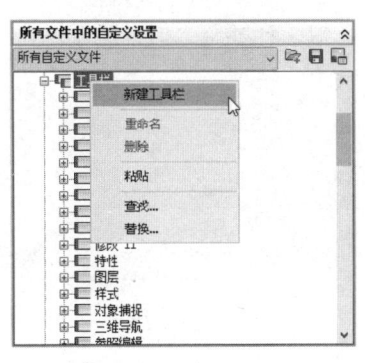

图 1-47　　　　　　　　　　图 1-48

（3）在【命令列表】中选择自己需要的命令进行复制，并将其粘贴到前面创建的【我的工具栏】中，这时将在该工具栏中添加了第 1 个工具按钮。

（4）重复步骤（3），使用同样的方法添加其他命令按钮。图 1-49 所示为创建的一个新的工具栏示例。

新创建的工具栏将会自动出现在绘图窗口左上角，如图 1-50 所示。

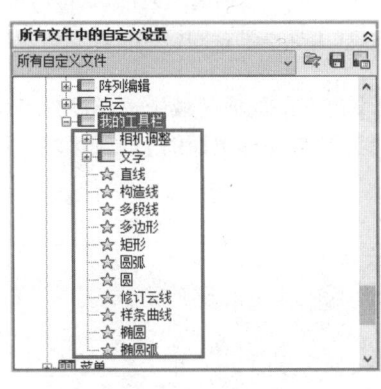
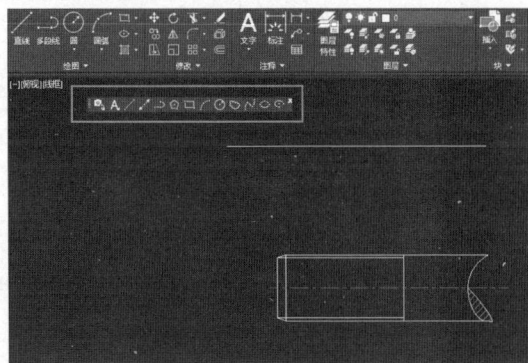

图 1-49　　　　　　　　　　图 1-50

1.7.3　设置图形单位

在传统的绘图中，图形有一定的比例，但在 AutoCAD 中，则可以采用 1∶1 的比例因子绘图，所有的直线、圆和其他对象都要以真实大小绘制。例如，如果一个零件长 200 毫米，那么它也可以按 200 毫米的真实大小来绘制，在需要打印出图时，再将图形按图纸大小进行缩放。

在 AutoCAD 2020 中，可以执行【格式】|【单位】命令，通过打开的【图形单位】对话框设置绘图使用的长度单位、角度单位，以及单位的显示格式和精度等，如图 1-51 所示。

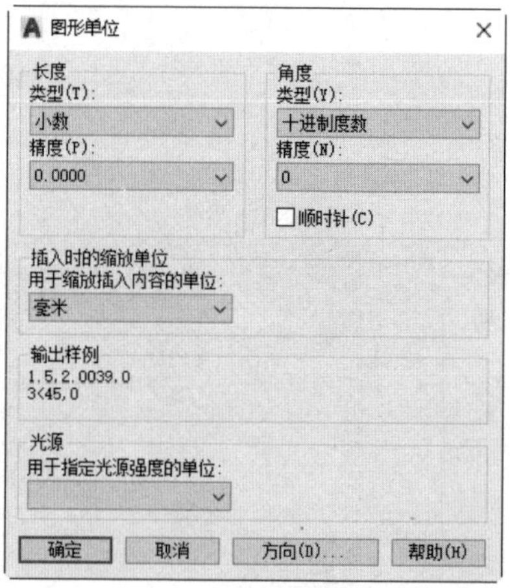

1. 长度

在【图形单位】对话框中的【长度】选项区域中，可以改变长度类型和精度。从【类型】下拉列表框中选择一个适当的长度类型，如【小数】，然后在【精度】下拉列表框中选择长度单位的显示精度。默认情况下，长度类型为【小数】，【精度】是小数点后 4 位。

【类型】下拉列表中的【工程】和【建筑】类型是以英尺和英寸显示的，每一图形单位代表 1 英寸。其他类型，如【科学】和【分数】没有这样的假定，每个图形单位都要以代表任何真实的单位为准。

图 1-51

2. 角度

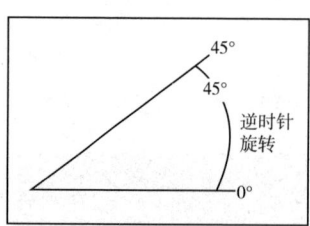

图 1-52

在【角度】选项区域中，可以设置图形的角度类型和精度。从【类型】下拉列表框中选择一个适当的角度类型，如【十进制度数】，然后在【精度】下拉列表框中选择角度单位的显示精度。

默认情况下，角度以逆时针方向为正方向，如图 1-52 所示。如果选中【顺时针】复选框，则以顺时针方向为正方向。

当在【长度】或【角度】选项区域中选择设置了长度或角度的类型与精度后，在【输出样例】选项区域中将显示它们对应的样例。

3. 缩放单位

在【插入时的缩放单位】选项区域的【用于缩放插入内容的单位】下拉列表框中，可以选择设计中心块的图形单位，默认为【毫米】。

4. 方向

在【图形单位】对话框中，单击【方向】按钮，可以利用打开的【方向控制】对话框设置基准角度（即起始角度）（0°角）的方向，如图 1-53 所示。

默认情况下，角度的 0°方向是指向右（即正东方或 3 点钟）的方向，如图 1-54 所示。逆时针方向为角度增加的正方向。

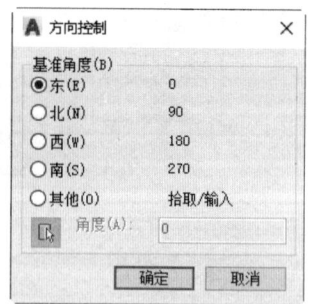

图 1-53

在【基准角度】选项区域中，可以通过选择5个单选按钮来改变角度测量的起始位置。当选择【其他】单选按钮时，可以单击【拾取角度】按钮，切换到图形窗口中，通过拾取两个点来确定基准角度的0°方向。

在【图形单位】对话框中完成所有的图形单位设置后，单击【确定】按钮，将设置的单位应用到当前图表，并关闭该对话框。

此外，在 AutoCAD 2020 中，也可以在命令提示行中输入【-UNITS】命令来设置图形单位。这时按 F2 键将自动激活文本窗口，如图 1-55 所示。

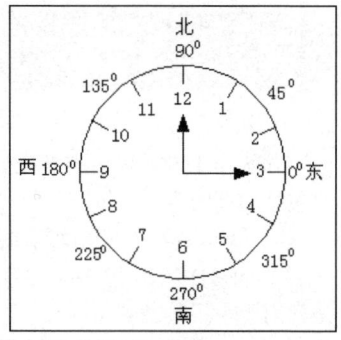

图 1-54

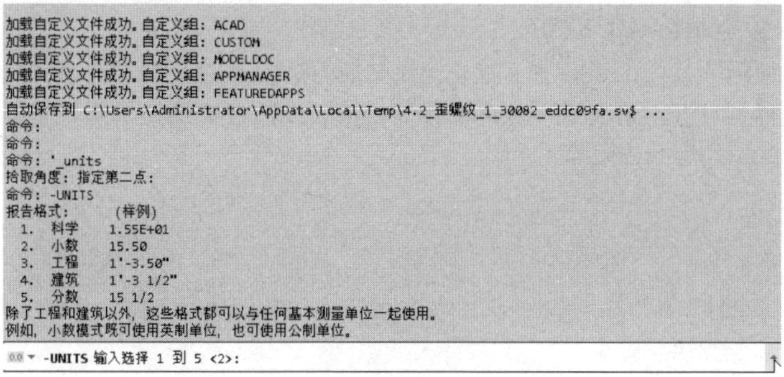

图 1-55

1.7.4 设置绘图图限

在 AutoCAD 2020 中，使用 LIMITS 命令可以在模型空间中设置一个想象的矩形绘图区域，也称为图限。它确定的区域是可见栅格指示的区域，也是执行【视图】|【缩放】|【全部】命令时，所能够决定显示多大图形的一个重要参数。

在世界坐标系下，界限由一对二维点确定，即左下角点和右上角点。在发出 LIMITS 命令时，在命令提示行将显示如下提示信息：

指定左下角点或［开（ON）/关（OFF）］< 0.0000, 0.0000>：

通过选择【开（ON）】或【关（OFF）】选项可以决定能否在图限之外指定一点。如果选择【开（ON）】选项，那么将打开界限检查，不能在图限之外结束一个对象，也不能使用【移动】或【复制】命令将图形移到图限之外，但可以指定两个点（中心和圆周上的点）来画圆，圆的一部分可能在界限之外；如果选择【关（OFF）】选项时，AutoCAD 禁止界限检查，可以在图限之外画对象或指定点。

界限检查只是帮助用户避免将图画在假想的矩形区域之外。打开界限检查对于避免在图形界限之外指定点是一种安全检查机制，但是，如果需要指定这样的点，则界限检查是个障碍。

1.8 本章回顾

作为本书的开篇，本章主要介绍了一些学习 AutoCAD 2020 的准备"热身"知识，主要包括如下内容：

1. AutoCAD 2020 新增功能和特性

AutoCAD 2020 与 AutoCAD 的先前版本有着很好的兼容性，当然，还有很多新的功能是先前版本不具备的。

2. AutoCAD 2020 的工作界面

在这一部分，介绍了关于 AutoCAD 2020 的应用程序菜单、快速访问工具栏、菜单栏、标题栏、功能区、绘图窗口、命令窗口及状态栏这 8 个组成界面的功能。

3. 开始使用 AutoCAD 2020

第一次使用 AutoCAD 的用户，首先应该掌握的是 AutoCAD 2020 环境下的文件操作，包括新建文件、打开已有文件、保存文件等。一项绘图任务的开始首先应该进行的是绘图环境的配置，如绘图界限等。

第 2 章
基本绘图

本章主要内容与学习目的

本章将为读者讲解点、线、圆弧、正多边形、矩形、圆、椭圆、椭圆弧、圆环的绘制,以及 Sketch 手绘图形,创建擦除对象,绘制三角板等操作方法与技巧。

2.1 如何用 AutoCAD 2020 绘图

使用 AutoCAD 2020 绘图，有以下几种办法：

（1）利用下拉菜单绘图：AutoCAD 2020 含有【绘图】下拉菜单，如图 2-1 所示。利用此菜单可完成大部分绘图功能。

（2）利用工具栏绘图：默认状态下工具栏是关闭的。执行【工具】菜单下的【工具栏】|【AutoCAD】|【绘图】命令，绘图窗口的左侧就出现绘图工具栏，如图 2-2 所示。

图 2-1

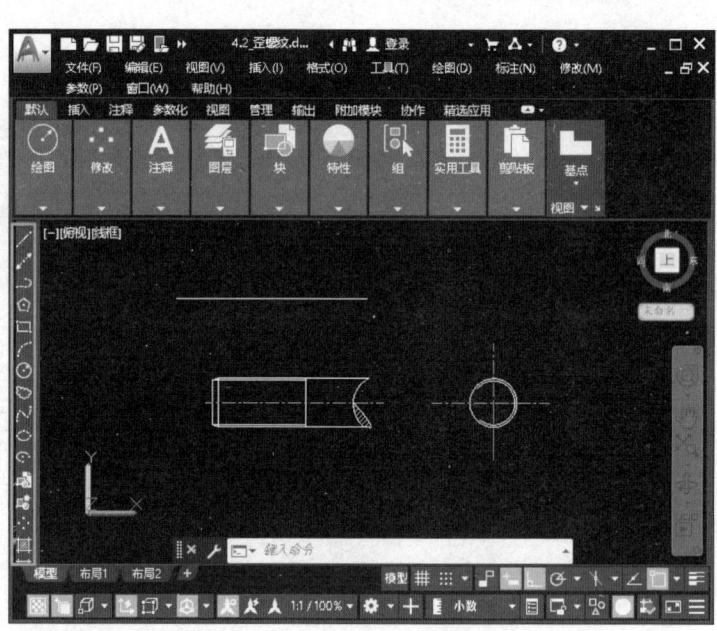

图 2-2

（3）命令行：在【命令】窗口输入绘图命令是最原始的绘图方法。

（4）工具选项板。

采用上述任何一种方法均需观察命令行的提示信息，其中包含了下一步的操作和选项。

2.2 点的绘制

点是组成图形的最基本的实体对象。点的绘制方法有多种，用户可以自己选择喜欢的方式来绘制。

2.2.1 绘制点

在 AutoCAD 2020 中，使用【点】命令在图形中画点。在绘图中通常需要输入这样的点作为对象捕捉的参考点。可以使用坐标值或鼠标来输入点，用 Osnap 命令的 Node 选项捕捉到一个点上。当图形完成后，只需要简单擦去它们或冻结它们所在的层。

激活【点】命令，可以使用以下任意一种方法：

- 单击【绘图】|【点】菜单项。
- 在工具栏上单击【点】图标。该方法可以连续绘制多个点。
- 在【命令】提示符下输入【POINT】（可简写为 Po），然后按空格键或回车键。该方法可以用鼠标在屏幕上选取或输入坐标值确定一个点。

2.2.2 【点样式】命令

一般计算机默认的点是一个很小的实心圆点，很难识别。因此在 AutoCAD 中，提供了一个设置点格式的命令【DDPTYPE】。设置点样式的方法如下：

（1）单击【格式】|【点样式】菜单项。弹出图 2-3 所示的对话框。

（2）选择一个点的样式，单击【确定】按钮。

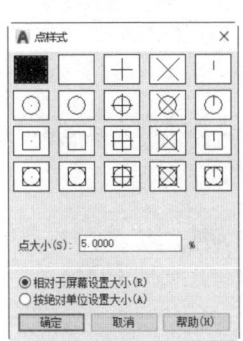

图 2-3

> **说明**：点的图形下面有一个选择框【点大小（S）】。点图形的大小是由它来确定的，计算机中默认的值为 5%，根据需要可以用两种方法设置。一种是设置相对而言于屏幕尺寸，即【相对于屏幕设置大小】；另一种是设置点的绝对尺寸，即【按绝对单位设置大小】。常用的是第一种设置方法，因为这时不管在什么比例下，点在屏幕上的大小都是一样的。

2.2.3 【定数等分】命令

【定数等分】命令用来等分实体或沿一物体的边长或膨长将其等分。它的输入方法如下：

命令：DIVIDE

选择要定数等分的对象：

输入线段数目或 [块（B）]：

两个选项的含义分别为：

【输入线段数目】：输入线段数目，按照所给的数目将选定物体等分。

【块】：以指定的图块将选定物体进行等分。

> **说明**：若选择【块】选项，则首先需要定义块对象，等分的时候以此块为标记等分实体。块对象的定义将在以后的章节中详细介绍。

1. 制作分、时、四分时刻度

在这里讲解利用【直线】命令和【矩形】命令制作分、时、四分时刻度的方法。
步骤如下：

命令：_LINE
指定第一点：
指定下一点或 [放弃（U）]：@0，5   //绘制分刻度线；
指定下一点或 [放弃（U）]：   //回车退出

命令：_LINE
指定第一点：
指定下一点或 [放弃（U）]：@0，15   //绘制小时刻度线；
指定下一点或 [放弃（U）]：   //直接回车退出

命令：_RECTANG   //绘制四分时刻度；
指定第一个角点或 [倒角（C）/标高（E）/圆角（F）/厚度（T）/宽度（W）]：   //指定矩形的第一个角点；
指定另一个角点或 [尺寸（D）]：   //指定第二个角点。

结果如图 2-4 所示。

图 2-4

2. 创建四分时刻度块

（1）单击【绘图】|【块】|【创建】菜单项，将自动弹出图 2-5 所示的【块定义】对话框。

（2）在【名称】文本框中输入【圆】作为块的名称。

（3）单击【拾取点】按钮，返回绘图窗口，选取圆的圆心作为插入点。

（4）单击【选择对象】按钮，返回绘图窗口，选中圆并回车，返回到【块定义】对话框，如图 2-6 所示。

图 2-5

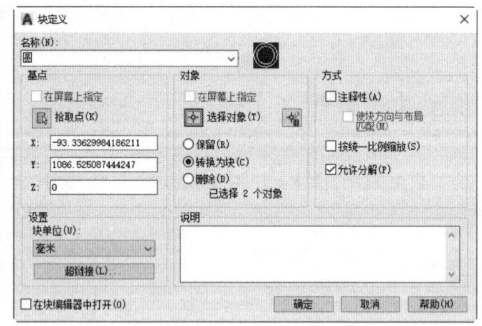

图 2-6

（5）创建分刻度块。重复上述操作，设定块名称为 minute，块的插入点为线段下端点。

（6）创建时刻度块。重复上述操作，设定块名称为 hour，块的插入点为线段的下端点。

（7）利用【圆】命令绘制表盘内外框。命令如下：

命令：_CIRCLE
指定圆的圆心或 [三点（3P）/两点（2P）/相切、相切、半径（T）]：   //指定圆心；

指定圆的半径或 [直径（D）]<222.0360>：80 // 指定半径为 80；

命令：CIRCLE

指定圆的圆心或 [三点（3P）/ 两点（2P）/ 相切、相切、半径（T）]： // 拾取外框的圆心作为其圆心；

指定圆的半径或 [直径（D）]<211.9831>：65 // 指定半径为 65。

结果如图 2-7 所示。

（8）利用【定数等分】命令插入分刻度。命令如下：

命令：DIVIDE

选择要定数等分的对象： // 选择表盘内框；

选择线段数目或 [块（B）]：b // 选择【块】方式；

输入要插入的块名：MINUTE // 输入块名；

输入要插入的块和对象？[是（Y）/ 否（N）]<Y>：

输入线段数目：60 // 输入等分数目为 60。

结果如图 2-8 所示。

（9）利用【定数等分】命令插入小时刻度。命令如下：

命令：DIVIDE

选择要定数等分的对象；

输入线段数目或 [块（B）]：b // 选择【块】方式；

输入要插入的块名：HOUR

是否对齐块和对象？[是（Y）/ 否（N）]<Y>：

输入线段数目：12

结果如图 2-9 所示。

（10）利用【定数等分】命令插入四分时刻度。命令如下：

命令：DIVIDE

选择要定数等分的对象：

输入线段数目或 [块（B）]：b // 选择【块】方式；

输入要插入的块名：QUARTER

是否对齐块和对象？[是（Y）/ 否（N）]<Y>：

输入线段数目：4

结果如图 2-10 所示。

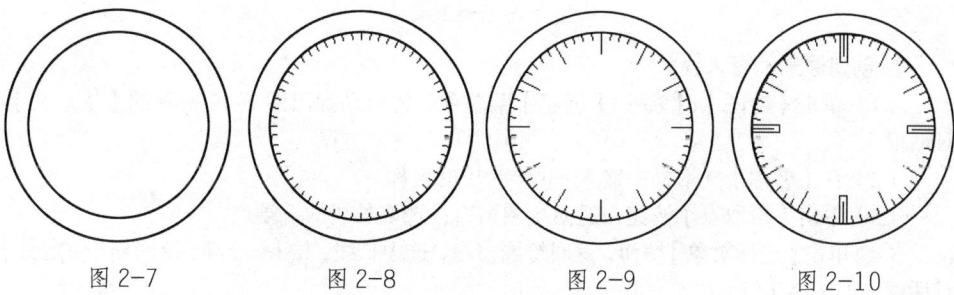

图 2-7   图 2-8   图 2-9   图 2-10

2.2.4 【定距等分】命令

【定距等分】命令用来在指定物体上以设定的距离放置点或块。单击【绘图】|【点】|【定距等分】。【定距等分】命令的执行过程如下：

命令：MEASURE

选择要定距等分的对象：

指定线段长度或[块（B）]：

两个选项的含义分别为：

- 【指定等分的长度】：输入等分的长度，按照所给的长度将选定物体等分。
- 【块】：以指定的图块将选定物体进行等分。

1. 制作米尺

利用【直线】命令和【矩形】命令制作出厘米刻度线、毫米刻度线和一个方形尺子效果。命令如下：

命令：_LINE

指定第一点：

指定下一点或[放弃（U）]：@0, 0.3 // 毫米刻度线

指定下一点或[放弃（U）]： // 回车退出

命令：_LINE

指定第一点：

指定下一点或[放弃（U）]：@0, 0.6 // 绘制厘米刻度线；

指定下一点或[放弃（U）]： // 直接回车退出

命令：_RECTANG // 绘制方形尺子

指定第一个角点或[倒角（C）/标高（E）/圆角（F）/厚度（T）/宽度（W）]： // 指定矩形的第一个角点；

指定另一个角点或[尺寸（D）]：@10, 2

结果如图 2-11 所示。

图 2-11

2. 创建厘米、毫米块

（1）单击【绘图】|【块】|【创建】菜单项，将自动弹出图 2-12 所示的【块定义】对话框。

（2）在【名称】文本框中输入 cm 作为块的名称。

（3）单击【拾取点】按钮，返回绘图窗口，选取长线的下端点。

（4）单击【选择对象】按钮，返回绘图窗口，选中长线，按 Enter 键，返回到【块定义】对话框，如图 2-13 所示。

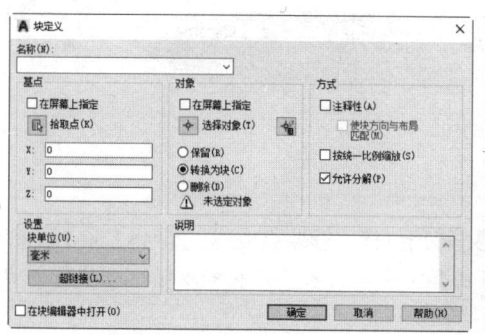

图 2-12

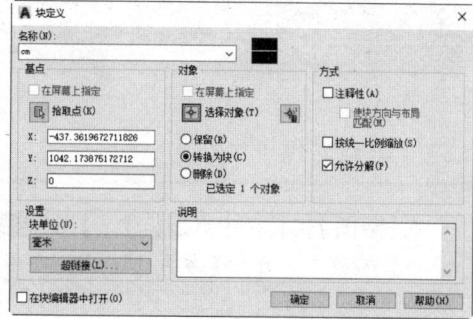

图 2-13

（5）创建毫米块。重复上述操作，设定块名称为 mm，块的插入点为线段下端点。

（6）选择刚绘制的方形尺子，利用【修改】|【分解】命令，将其分解。

3. 利用【定距等分】制作米尺

  命令：MEASURE

  选择要定距等分的对象： // 选择方形尺子的下面一条边

  指定线段长度或 [块（B）]：b

  输入要插入的块名：cm

  是否对齐块和对象？[是（Y）/否（N）]<Y>： // 回车

  指定线段长度：1

完成效果如图 2-14 所示。

  命令：MEASURE

  选择要定距等分的对象： // 选择方形尺子的下面一条边

  指定线段长度或 [块（B）]：b

  输入要插入的块名：mm

  是否对齐块和对象？[是（Y）/否（N）]<Y>： // 回车

  指定线段长度：0.1

完成米尺的创建，最终效果如图 2-15 所示。

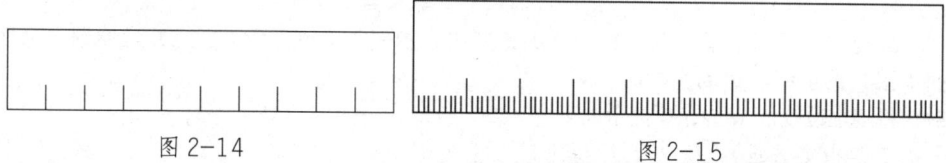

图 2-14   图 2-15

说明： 由于实体的长度已经给出，所以执行此命令时不一定能够完全按照所给的间距等分，一般最后一段的长度小于给定的长度。

2.3 线的绘制

2.3.1 绘制直线

在【绘图】工具栏中点击【直线】图标 ╱，可用鼠标连续取点成线，直到【ESC】结束。

　　指定下一点或 [放弃（U）]：//用鼠标在屏幕上拾取或在命令输入框中输入点的坐标；

　　指定第二点或 [放弃（U）]：若要连续画线，不要回车，命令输入框中就会反复提示指定第二点。

（1）下面是利用线绘制的一个实例，操作步骤如下：

　　命令：LINE

　　指定第一点：//在屏幕上单击一个点

　　指定下一点 [放弃（U）]：@200<0

　　指定下一点 [放弃（U）]：@200<-144

　　指定下一点 [闭合（C）/放弃（U）]：@200<72

　　指定下一点 [闭合（C）/放弃（U）]：@200<-72

　　指定下一点 [闭合（C）/放弃（U）]：c

（2）回车结束，绘制结果如图 2-16 所示。

图 2-16

> **说明：** 在画直线过程中，若打开屏幕下面的正交模式，则直线都是水平或垂直线。

2.3.2 绘制射线

AutoCAD 2020 有一种方法绘制射线，即指定射线的起点，并指定射线的方向，即可绘制一条射线。要创建一条射线，具体步骤如下：

　　指定起点：　//鼠标指定射线的起点或输入点的坐标

此时，一旦指定了一点，AutoCAD 2020 将显示一条由该点作为起点并延伸到光标处的无限长的射线。移动光标时，对齐的射线将随之改变。AutoCAD 提示如下：

　　指定通过点：　//鼠标指定射线将要通过的点或输入点的坐标

一旦指定了射线的方向，AutoCAD 2020 将绘制该射线，并重复前面的提示，以便创建其他的射线。随后绘制的每条射线都从同一个起点开始。

如图 2-17 所示，是射线的实例图。

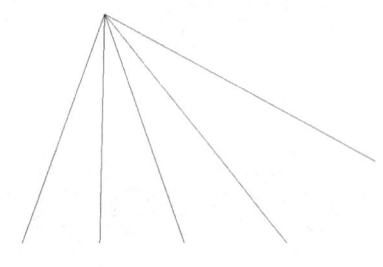

图 2-17

2.3.3 绘制构造线

单击标准工具栏上的构造线图标，命令行显示如下：

命令：_XLINE 指定点或 [水平（H）/垂直（V）/角度（A）/二等分（B）/偏移（O）]：
各选项的含义分别为：

- 指定点：确定构造线的第一点。
- 水平：用来绘制一条或多条水平构造线。
- 垂直：用来绘制一条或多条垂直构造线。
- 角度：用来绘制与指定参照线成一定角度的构造线。
- 二等分：用来绘制一条平分已知角的构造线。
- 偏移：用来绘制与已存在直线偏移一定距离的构造线。

说明：构造线和射线常用来作为绘图时的辅助线。

2.3.4 绘制多线

多线是一种特殊类型的直线，它由多条平行直线组成。不管有多少条线条，多线在图形中是作为一个实体出现的。多线在建筑绘图中十分有用。它的输入方法如下：

命令：_MLINE
当前设置：对正 = 上，比例 =1.00，样式 =STANDARD
指定起点或 [对正（J）/ 比例（S）/ 样式（ST）]：

各选项的含义如下：

- 【指定起点】选项：该选项是系统默认的选项，指定多线的起点，称之为原点。
- 【对正（J）】选项：该选项决定了多线元素与用户通过选取点而指定的直线之间的关系。
- 【比例（S）】选项：该选项用于确定多线与已定义的多线的相对比例。
- 【样式（ST）】选项：该选项用来确定绘制多线的线形样式。

在该提示下输入线形样式名，或输入【?】列表显示系统中已装载的线形样式，然后再从中选择。

【多线样式】命令用于创建一个不受多线数量限制的样式。所有定义的多线样式都将保存在当前图形中。也可以将多线样式保存到独立的多线样式库文件中，以便在其他图形中加载并使用这些多线样式。

激活【多线样式】命令后，则会弹出【多线样式】对话框，如图 2-18 所示。

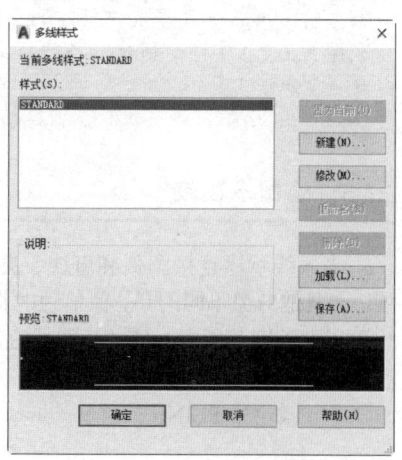

图 2-18

下面对该对话框中的各个选项进行说明。

- 【样式】列表框：列出了当前图形装载的可用样式，用户可以从中选择一种多线样式。从列表中选择一个多线样式的名称，然后单击【确定】按钮，就可以将所选择的样式设置为当前多线样式。
- 【当前多线样式】：显示已加载到图形中的多线样式列表。多线样式列表可包括存在于外部参照图形（xref）中的多线样式。外部参照的多线样式名称使用与其他外部依赖非图形对象所使用语法相同。
- 【说明】：显示选定多线样式的说明。也可用于添加对多线样式的描述，其中的描述文本包括空格在内不能超过 255 个字符。
- 【置为当前】：设置用于后续创建的多线的当前多线样式。

注意： 不能将外部参照中的多线样式设定为当前样式。

- 【新建】：显示【创建新的多线样式】对话框，从中可以创建新的多线样式。
- 【修改】：显示【修改多线样式】对话框，从中可以修改选定的多线样式。

注意： 不能编辑图形中正在使用的任何多线样式的元素和多线特性。要编辑现有多线样式，必须在使用该样式绘制任何多线之前进行。

- 【重命名】：重命名当前选定的多线样式。不能重命名 STANDARD 多线样式。
- 【加载】：显示【加载多线样式】对话框，从中可以从指定的 MLN 文件加载多线样式。
- 【删除】：从【样式】列表中删除当前选定的多线样式。此操作并不会删除 MLN 文件中的样式。不能删除 STANDARD 多线样式、当前多线样式或正在使用的多线样式。
- 【保存】：将多线样式保存或复制到多线库（MLN）文件。如果指定了一个已存在的 MLN 文件，新样式定义将添加到此文件中，并且不会删除其中已有的定义。

说明： 如果需要使创建的多线样式成为当前多线样式，可单击【加载】按钮，这样 AutoCAD 将新创建的多线样式名显示在【当前】下拉列表框中，并使其成为当前的多线样式。

2.3.5 绘制多段线

多段线顺序连接圆弧和直线，并被看作是单一对象。可以用任何线型样式绘制多段线。与其他对象不同的是，像单独的直线、圆弧和圆，多段线既可以具有固定不变的宽度，也可以在长度范围内，使任意线段逐渐变细。

绘制多线段的步骤如下：

命令：PLINE
指定起点：
指定下一点或 [圆弧（A）/闭合（C）/半宽（H）/长度（L）/放弃（U）/宽度（W）]：

起初，AutoCAD 假定将要用当前的宽度绘制一个直线段。通过指定线段的端点（就像绘制直线时一样）可以绘制一直线段多段线，或可以选择多段线的其他选项。如果选择了一个端点，AutoCAD 绘制一个多段线线段，并提示指定另一个端点，以及显示所有的其他选项。要结束该命令，按回车键。

1. 直线段多段线

绘制一直线段多段线时，AutoCAD 提示指定当前多段线线段的端点，并呈现下列命令选项：

· 圆弧：将多段线转换成圆弧模式，可以绘制圆弧多段线线段。该命令呈现一个不同系列的选项，与 ARC 命令相似。

· 闭合：通过绘制一个从当前点到所绘制的第一个多段线线段起点的直线线段来封闭多段线。

· 半宽：通过提示指定从多段线中心线到一个边界的距离（宽度的一半）来指定下一个多段线线段的宽度。可以分别设置起点和端点宽度，用于创建一个逐渐变细的多段线线段。

> **说明**：AutoCAD 随后绘制的多段线线段，都将使用上一个线段的端点宽度，除非再次修改宽度值。

· 长度：绘制一个指定长度的多段线线段，用与上个线段相同的角度继续绘制多段线。

· 放弃：删除上一个绘制的多段线线段。

· 宽度：指定下一个多段线线段的整个宽度。可以分别设置起点和端点宽度，用于创建一个逐渐变细的多段线线段。AutoCAD 随后绘制的多段线，都将使用上一个线段的端点宽度，除非再次修改宽度值。

要创建一个多段线直线线段，其具体步骤如下：

在【绘图】工具栏中，单击【多段线】图标，AutoCAD 提示如下：

指定起点： //指定多段线起点

当前线宽为 0.0000

指定下一点或 [圆弧（A）/闭合（C）/半宽（H）/长度（L）/放弃（U）/宽度（W）]： //指定多段线线段的端点

指定了端点后，AutoCAD 绘制一多段线线段，并重复上一个提示。可以从中选择一个选项，或绘制另一个多段线线段。

要结束命令，可以按回车键；或者是如果绘制了两个以上的线段，键入C，并按回车键，可以封闭该多段线，并结束命令。

2. 多段线圆弧

在转换为圆弧模式后，AutoCAD 提示指定当前圆弧线段的端点，并呈现一个不同系列的提示：

指定圆弧的端点或 [角度（A）/圆心（CE）/闭合（CL）/方向（D）/半宽（H）/直线（L）/半径（R）/第二点（S）/放弃（U）/宽度（W）]：

· 角度（A）：指定一个包含角，还是圆弧角度间距。一个正数指定一个逆时针角度。

一个负数指定一个顺时针角度。然后指定圆弧的圆心、半径或圆弧的端点。

・圆心（CE）：指定圆弧线段的圆心点。然后指定圆弧的角度、长度或圆弧的端点。

・闭合（CL）：通过绘制一个从当前点相切于上一个多段线线段的到第一个多段线线段起点的圆弧多段线封闭整个多段线。

・方向（D）：指定一个相切于上一个线段的圆弧线段的起始方向。然后指定端点。

・半宽（H）：指定一个半宽，它与直线模式中的半宽选项相同。

・直线（L）：将多段线转换为直线模式，可以绘制直线多段线线段。

・半径（R）：指定圆弧多段线线段的半径。然后，既可以指定端点（默认方式），也可以指定圆弧的转向角度。所绘制的圆弧相切于上一个多段线线段。

・第二点（S）：指定另外的两个圆弧将要通过的点。

・放弃（U）：删除上一个绘制的多段线线段。

・宽度（W）：下一个多段线线段的整个宽度。它与直线模式中的宽度选项相同。

说明： 如果指定当前圆弧线段的端点（默认选项），该圆弧线段将与上一个多段线线段相切。

要绘制一个圆弧多段线线段，其具体步骤如下：

（1）在【绘图】工具栏中，单击【多段线】AutoCAD 提示如下：

  指定起点：　　// 指定起点

  当前线宽为 0.0000

  指定下一点或 [圆弧（A）/闭合（C）/半宽（H）/长度（L）/放弃（U）/宽度（W）]：a

（2）一条橡皮筋圆弧线段将从起点延伸到光标位置处，并随着光标的移动而改变。AutoCAD 提示如下：

  指定圆弧的端点或 [角度（A）/圆心（CE）/闭合（CL）/方向（D）/半宽（H）/直线（L）/半径（R）/第二点（S）/放弃（U）/宽度（W）]：　　// 指定圆弧多段线的端点

（3）指定了端点后，AutoCAD 绘制一个多段线线段，并重复上一个提示。可以从中选择一个选项或绘制另一条多段线线段。

（4）结束命令，可按回车键，或是键入 C，并按回车（或从快捷菜单中选择【封闭】选项），封闭多段线，并结束命令。

3. 一个绘制多段线的实例

下面给出一个实例，使用 PLINE 命令绘制多段线，具体执行过程如下：

  命令：PLINE，AutoCAD 提示：

  指定起点：　　// 指定一个点

  当前线宽为 0.0000

  指定下一个点或 [圆弧（A）/半宽（H）/长度（L）/放弃（U）/宽度（W）]：

  @200,0

  指定下一点或[圆弧（A）/闭合（C）/半宽（H）/长度（L）/放弃（U）/宽度（W）]：a

  指定圆弧的端点或 [角度（A）/圆心（CE）/闭合（CL）/方向（D）/半席（H）/

半径（R）/第二个点（S）放弃（U）/宽度（W）]： //单击指定圆弧的端点
　　　指定圆弧的端点或 [角度（A）/圆心（CE）/闭合（CL）/方向（D）/半席（H）/
半径（R）/第二个点（S）放弃（U）/宽度（W）]：l
　　　指定下一点或 [圆弧（A）/闭合（C）/半宽（H）/长度（L）/放弃（U）/宽度（W）]：
@-200, 0
　　　指定下一点或 [圆弧（A）/闭合（C）/半宽（H）/长度（L）/放弃（U）/宽度（W）]：a
　　　指定圆弧的端点或 [角度（A）/圆心（CE）/闭合（CL）/方向（D）/半席（H）/
半径（R）/第二个点（S）放弃（U）/宽度（W）]： //在起点处单击
　　　指定圆弧的端点或 [角度（A）/圆心（CE）/闭合（CL）/
方向（D）/半席（H）/半径（R）/第二个点（S）放弃（U）/
宽度（W）]： //回车结束
最后得到结果如图 2-19 所示。

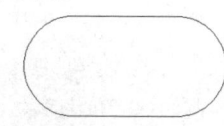

图 2-19

2.3.6 绘制样条曲线

样条曲线是通过或者接近一组给定点的光滑曲线。AutoCAD 使用的特殊样条曲线类型称为非均匀有理 B 样条曲线（NURBS）。NURBS 曲线可在控制点之间生成光滑曲线。样条曲线非常适合于创建非规则形状的曲线。

> **注意：** 可以使用 PEDIT 命令通过光滑的一条多段线创建近似真实的样条曲线。如果需要，可以使用 SPLINE 命令将这些光滑的多段线转换为真实的样条曲线。

1. 绘制样条曲线的一般步骤

在【绘图】工具栏中，单击【样条曲线】，AutoCAD 提示如下：
　　　指定第一个点或 [对象（O）]： //指定第一个控制点
　　　指定下一点： //指定第二个控制点
在指定第二个控制点后，AutoCAD 将绘制一段样条曲线，并从第二控制点到当前光标位置延伸出一条橡皮筋线，AutoCAD 提示：
　　　指定下一点或 [闭合（C）/拟合公差（F）]<起点切向>： //指定下一个控制点
AutoCAD 将重复上一个提示，此时可以继续指定任意多个控制点。
在指定了所有的控制点后，按回车键。注意，此时将从第一个控制点到当前光标位置延伸出一条橡皮筋线。样条曲线在起点处的切线方向将随着光标的移动而修改，AutoCAD 提示：
　　　指定起点切向： //鼠标选定
指定样条曲线起点的切线方向后，将从最后一个控制条延伸出一条相似的橡皮筋线，并且 AutoCAD 提示：
　　　指定端点切向： //指定样条曲线终点的切线方向
指定方向后，AutoCAD 将绘制出一条样条曲线，并且命令结束。

2. SPLINE 命令介绍

在创建闭合的样条曲线时，第一个控制点，也是最后一个控制点，并且两个点的切线方向相同。

命令：SPLINE，AutoCAD 提示：
指定第一个点或 [对象（O）]：   //指定后回车
指定下一点：   //指定后回车
指定下一点或 [闭合（C）/拟合公差（F）] <起点切向>：c
指定切向：   //指定后回车结束

在指定了两个或多个控制点后，可以修改当前的样条曲线的拟合公差，AutoCAD 提示：
指定拟合公差 <0.0000>：

说明： 样条曲线将根据公差值重新定义。值为 0，表示样条曲线通过所有的控制点。值大于 0，将导致样条曲线通过位于指定的公差值之内的拟合点。

2.4 圆弧的绘制

绘制圆弧的基本命令是 ARC。使用如下方法可启动画圆弧命令，在【绘图】工具栏中选择【圆弧】图标。

2.4.1 三点选项

经过已知三点画圆弧。选择该项后，命令输入框中提示：
    指定圆弧的起点或 [圆心（C）]：
    指定圆弧的第二个点或 [圆心（C）/端点（E）]：//鼠标指定第二点后回车
    指定圆弧的端点：   //鼠标指定端点后回车
    用户在绘制过程中可以决定顺时针还是逆时针的圆弧，用鼠标拉动橡皮筋来控制
下面是三点选项绘制圆弧的示例，如图 2-20 所示。

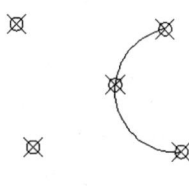

图 2-20

2.4.2 起点、圆心、端点选项

选择该项后，命令输入框中提示：
    指定圆弧的起点或 [圆心（C）]：   //鼠标指定起点后回车
    指定圆弧的第二个点或 [圆心（C）/端点（E）]：_c 指定圆弧的圆心： //鼠标指定圆心后回车
    指定圆弧的端点或 [角度（A）/弦长（L）]： //鼠标指定端点后回车
下面是起点、圆心、端点选项绘制圆弧的示例，如图 2-21 所示。

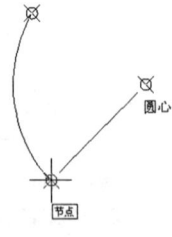

图 2-21

2.4.3 起点、圆心、角度选项

选择该项后,命令输入框中提示:

指定圆弧的起点或[圆心(C)]://鼠标指定起点后回车

指定圆弧的第二个点或[圆心(C)/端点(E)]:_c 指定圆弧的圆心://鼠标指定圆心后回车

指定圆弧的端点或[角度(A)/弦长(L)]:_a 指定包含角://输入角度数回车,圆弧方向默认为逆时针方向。当指定一个负角度时,圆弧方向为顺时针方向

下面是起点、圆心、角度选项绘制的圆弧效果,如图2-22所示。

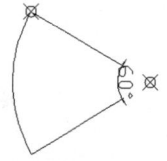

图2-22

2.4.4 起点、圆心、长度选项

选择该项后,命令输入框中提示:

指定圆弧的起点或[圆心(C)]://鼠标指定起点后回车

指定圆弧的第二个点或[圆心(C)/端点(E)]:_c 指定圆弧的圆心://鼠标指定圆心后回车

指定圆弧的端点或[角度(A)/弦长(L)]:_l 指定弦长://可在命令输入框中输入弦长大小或用鼠标拉动橡皮筋拉到一定长度。若输入的弦长为正值,则绘制劣弧,若输入的弦长为负值,则绘制优弧

下面是起点、圆心、长度选项画弧效果,如图2-23所示。

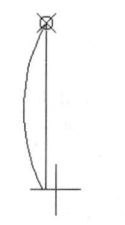

图2-23

2.4.5 起点、端点、角度选项

选择该项后,命令输入框中提示:

指定圆弧的起点或[圆心(C)]://鼠标指定起点后回车

指定圆弧的第二个点或[圆心(C)/端点(E)]:_e //鼠标指定端点后回车

指定圆弧的圆心或[角度(A)/方向(D)/半径(R)]:_a 指定包含角://输入角度大小后回车或用鼠标拖动橡皮筋到一定角度

下面是利用起点、端点、角度选项画弧效果,如图2-24所示。

图2-24

2.4.6 起点、端点、方向选项

选择该项后,命令输入框中提示:

指定圆弧的起点或[圆心(C)]://鼠标指定起点后回车

指定圆弧的第二个点或[圆心(C)/端点(E)]:_e //鼠标指定圆弧的端点

指定圆弧的圆心或[角度(A)/方向(D)/半径(R)]:_d 指定圆弧的起点切向://用鼠标拉动橡皮筋选择方向

下面是利用起点、端点、方向选项画弧效果,如图2-25所示。

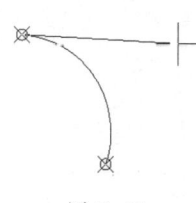

图2-25

47

2.5 绘制正多边形和矩形

正多边形中矩形是最简单也是最基本的，因此就从矩形的画法开始讲起。

2.5.1 绘制矩形

1. 绘制一个矩形

在【绘图】工具栏中，单击【矩形】图标，AutoCAD 提示如下：

  指定第一个角点或 [倒角（C）/ 标高（E）/ 圆角（F）/ 厚度（T）/ 宽度（W）]：// 指定矩形的一个角点

  一旦指定了第一个角点，矩形将从该点延伸到光标位置处，当移动光标时，矩形的大小也随之改变。AutoCAD 提示如下：

  指定另一个角点：// 指定矩形的对角点

一旦指定了矩形的另一个角点，AutoCAD 将绘制该矩形并结束命令。虽然绘制矩形的默认方式是指定矩形的对角点。

2. 创建一个倒圆角的矩形

在【绘图】工具栏中，单击【矩形】图标，AutoCAD 提示如下：

  指定第一个角点或 [倒角（C）/ 标高（E）/ 圆角（F）/ 厚度（T）/ 宽度（W）]：// 键入 F 并按回车键，或单击右键从快捷菜单中选择【圆角】选项

  指定矩形的圆角半径 <0.0000>：// 指定圆角半径

此时，既可以输入一个值并按回车键，也可以在图形中指定两个点（半径值即为两点间的距离）。AutoCAD 重复提示如下：

  指定第一个角点或 [倒角（C）/ 标高（E）/ 圆角（F）/ 厚度（T）/ 宽度（W）]：// 指定矩形的一个角点

此时一旦指定了一个角点，一个橡皮筋矩形将从该角点处延伸到光标的位置，移动光标时，它的尺寸将会随之改变，AutoCAD 提示如下：

  指定另一个角点：// 指定矩形的另一个角点

一旦指定了另一个角点，AutoCAD 将绘制该矩形并结束命令。

3. 一个绘制矩形的实例

下面给出一个绘制矩形的实例。具体执行过程为：

调用命令，AutoCAD 提示：

  命令：RECTANG

  指定第一个角点或 [倒角（C）/ 标高（E）/ 圆角（F）/ 厚度（T）/ 宽度（W）]：// 输入 f 回车

  指定矩形的圆角半径 <0.0000>：10

  指定第一个角点或 [倒角（C）/ 标高（E）/ 圆角（F）/ 厚度（T）/ 宽度（W）]：// 指定角点后回车

  指定另一个角点或 [尺寸（D）]：// 指定后回车

图 2-26

绘制结果如图 2-26 所示。

2.5.2 绘制正多边形

多边形是由最少 3 条、至多 1024 条长度相等的边组成的封闭多段线。绘制多边形的默认方式是指定多边形的中心以及从中心点到每个顶角点的距离,以便整个多边形位于一个虚构的圆中(即为内接多边形)。

1. 绘制内接多边形

一个内接多边形是由多边形的中心到多边形的顶角点间的距离相等的边组成的。因此整个多边形包含在或内接于一个指定半径的圆中。指定多边形的边数、多边形中心点以及半径或一个顶角的位置,都可以确定多边形的尺寸以及定位多边形。

在【绘图】工具栏中,单击【多边形】图标,AutoCAD 提示如下:

输入边的数目 <4>:　　//确定多边形的边数,并按回车键
指定多边形的中心点或 [边(E)]:　　//指定多边形的中心
输入选项 [内接于圆(I)/外切于圆(C)] <C>:　　//键入 I 并按回车键,或单击右键从快捷菜单中选择【内接于圆】选项
指定圆的半径:　　//指定圆的半径

既可以通过键入数值,也可以通过在图形中指定一个点(半径值即为多边形中心点到该指定角点间的距离)确定圆的半径。一旦指定了圆的半径,AutoCAD 将绘制一个多边形并结束命令,如图 2-27 所示。

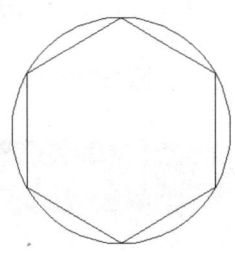

图 2-27

2. 绘制外切多边形

一个外切多边形,它的中心到其边的中点的距离相等。因此,整个多边形外切于一个指定半径的圆。指定多边形的边数、多边形中心以及半径或一条边中点的位置,都可以确定多边形的尺寸以及定位多边形。

在【绘图】工具栏中,单击【多边形】图标,AutoCAD 提示如下:

输入边的数目 <4>:　　//通过键入一个从 3~1024 的数值,确定多边形的边数,并按回车键
指定多边形的中心点或 [边(E)]:　　//指定多边形的中心
输入选项 [内接于圆(I)/外切于圆(C)] <I>:　　//键入 C 并按回车键,或单击右键从快捷菜单中选择【外切于圆】选项
指定圆的半径:　　//指定圆的半径

既可以通过键入数值,也可以通过在图形中指定一个点(半径值即为多边形中心点到多边形一条边的中点的距离)确定圆的半径。一旦指定了圆的半径,AutoCAD 将绘制一个多边形并结束命令,如图 2-28 所示。

3. 一个绘制正多边形的实例

下面将给出利用内切圆法和外接圆法绘制正多边形的实例。

调用命令,AutoCAD 提示:

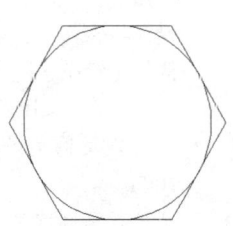

图 2-28

命令：POLYGON
输入边的数目 <4>：6
指定正多边形的中心点或 [边(E)]：　//鼠标取点或输入坐标值
输入选项 [内接于圆(I)/外切于圆(C)] <I>：　//回车
指定圆的半径：　//鼠标拉橡皮筋到一定距离或输入半径值
完成效果如图 2-29 所示。

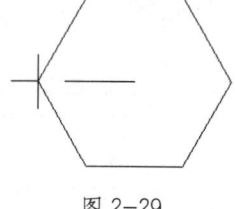

图 2-29

调用命令，AutoCAD 提示：
命令：POLYGON
输入边的数目 <4>：6
指定正多边形的中心点或 [边(E)]：　//鼠标取点或输入坐标值
输入选项 [内接于圆(I)/外切于圆(C)] <I>：c
指定圆的半径：　//鼠标拉橡皮筋到一定距离或输入半径值
绘制结果如图 2-30 所示。

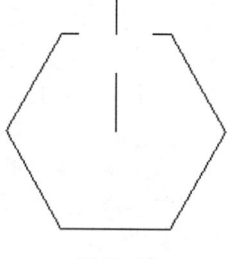

图 2-30

2.6 绘制圆

执行【绘图】|【圆】命令，或直接在命令行输入 CIRCLE 命令，或选取工具条中的【圆】工具图标，就可以在指定位置绘制指定大小的圆。

2.6.1 由圆心、半径确定圆

已知圆心和半径作圆。操作步骤如下：
命令：CIRCLE↙
指定圆的圆心或 [三点(3P)/两点(2P)/相切、相切、半径(T)]：输入圆心的位置
指定圆的半径或 [直径(D)]：输入圆的半径
举例说明：绘制如图 2-30 所示的圆。
操作步骤如下：
执行【绘图】|【圆】|【圆心】命令，AutoCAD 提示：
命令：CIRCLE↙
指定圆的圆心或 [三点(3P)/两点(2P)/相切、相切、半径(T)]：100，100↙
指定圆的半径或 [直径(D)]：50↙

2.6.2 由圆心、直径确定圆

已知圆心和直径作圆。操作步骤如下：

  命令：CIRCLE✓

  指定圆的圆心或 [三点（3P）/ 两点（2P）/ 相切、相切、半径（T）]：输入圆心的位置

  指定圆的半径或 [直径（D）]：D

  指定圆的直径< 720.1014 >：输入圆的直径

命令行完毕。

举例说明：绘制如图 2-31 所示的圆。

图 2-31

操作步骤如下：

执行【绘图】|【圆】|【圆心、直径】命令，AutoCAD 提示：

  命令：CIRCLE✓

  指定圆的圆心或 [三点（3P）/ 两点（2P）/ 相切、相切、半径（T）]：100,100

  指定圆的半径或 [直径（D）]：D✓

  指定圆的直径< 720.1014 >：100✓

2.6.3 由两点确定圆

已知直径的两端点作圆，操作步骤如下：

  命令：CIRCLE✓

  指定圆的圆心或 [三点（3P）/ 两点（2P）/ 相切、相切、半径（T）]：2p✓

  指定圆直径的第一个端点：输入直径的第一个端点

  指定圆直径的第二个端点：输入直径的第二个端点

命令执行完毕。

举例说明：绘制如图 2-31 所示的圆。

操作步骤如下：

执行【绘图】|【圆】|【两点】，AutoCAD 提示：

  命令：CIRCLE✓

  指定圆的圆心或 [三点（3P）/ 两点（2P）/ 相切、相切、半径（T）]：2p✓

  指定圆直径的第一个端点：150，100

  指定圆直径的第二个端点：50，100

2.6.4 由三点确定圆

已知圆上的三点作圆，操作步骤如下：

  命令：CIRCLE

  指定圆的圆心或 [三点（3P）/ 两点（2P）/ 相切、相切、半径（T）]：3p

指定圆上的第一个点：输入圆上的第一点
指定圆上的第二个点：输入圆上的第二点
指定圆上的第三个点：输入圆上的第三点

命令执行完毕。

举例说明：绘制如图 2-31 所示的圆。

操作步骤如下：

执行【绘图】|【圆】|【3 点】命令，AutoCAD 提示：

命令：CIRCLE
指定圆的圆心或 [三点（3P）/两点（2P）/相切、相切、半径（T）]：3p
指定圆上的第一个点：50，100
指定圆上的第二个点：150，100
指定圆上的第三个点：100，150

2.6.5　由半径和两个相切对象确定圆

已知被圆所切的两个对象和圆的半径作圆，操作步骤如下：

命令：CIRCLE
指定圆的圆心或 [三点（3P）/两点（2P）/相切、相切、半径（T）]：TTR
指定对象与圆的第一个切点：指定第一个被切对象
指定对象与圆的第二个切点：指定第二个被切对象
指定圆的半径 <473.8896>：输入半径

命令执行完毕。

举例说明：如图 2-32 所示，绘制与两直线相切且半径为 50 的圆。

操作步骤如下：

执行【绘图】|【圆】|【相切、相切、半径】命令，AutoCAD 提示：

命令：CIRCLE
指定圆的圆心或 [三点（3P）/两点（2P）/相切、相切、半径（T）]：TTR
指定对象与圆的第一个切点：执行第一条直线
指定对象与圆的第二个切点：执行第二条直线
指定圆的半径 <473.8896>：50

命令执行完毕，结果如图 2-32 所示。

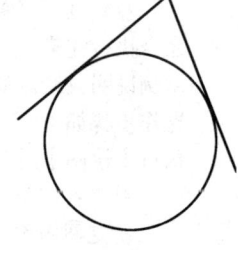

图 2-32

2.6.6　由三个相切对象确定圆

已知被圆所切的三个对象作圆，操作步骤如下：

命令：CIRCLE
指定圆的圆心或 [三点（3P）/两点（2P）/相切、相切、半径（T）]：3p
指定圆上的第一个点：输入第一个被切对象

指定圆上的第二个点：输入第二个被切对象
指定圆上的第三个点：输入第三个被切对象
命令执行完毕。
举例说明：如图2-33所示，绘制三角形的内切圆。
操作步骤如下：
执行【绘图】|【圆】|【相切、相切、相切】命令，AutoCAD提示：

  命令：CIRCLE
  指定圆的圆心或[三点（3P）/两点（2P）/相切、相切、半径（T）]：3p
  指定圆上的第一个点：执行三角形的第一条边
  指定圆上的第二个点：执行三角形的第二条边
  指定圆上的第三个点：执行三角形的第三条边

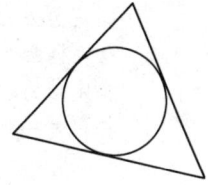

图2-33

2.7 绘制椭圆和椭圆弧

执行【绘图】|【椭圆】命令，或直接在命令行输入ELLIPSE命令，或选取工具条中的【椭圆】工具图标，就可以绘制椭圆或椭圆弧。

2.7.1 由中心点确定椭圆

已知椭圆的中心点、一轴上的端点位置以及另一轴的半长绘制椭圆，操作步骤如下：
  命令：ELLIPSE
  指定椭圆的轴端点或[圆弧（A）/中心点（C）]：C
  指定椭圆的中心点：输入椭圆的中心点
  指定轴的端点：输入椭圆某轴的端点
  指定另一条半轴长度或[旋转（R）]：

（1）【指定另一条半轴长度】选项：输入椭圆另一轴的半长

（2）【旋转】选项：键入R，执行该选项。表示选择旋转方式，以椭圆中心和某轴的端点确定一个圆，此圆绕上述端点所在的直径旋转一个角度后在圆所在平面上的投影即为所求椭圆，提示信息如下：
  指定另一条半轴长度或[旋转（R）]：R
  指定绕长轴旋转的角度：输入旋转角度

举例说明：绘制如图2-34所示的椭圆，已知椭圆圆心在（200，200）。

操作步骤如下：
执行【绘图】|【椭圆】|【中心点】命令，AutoCAD提示：
  命令：ELLIPSE

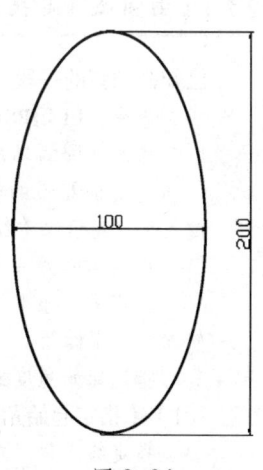

图2-34

指定椭圆的轴端点或 [圆弧（A）/中心点（C）]：C
指定椭圆的中心点：200，200
指定轴的端点：250，200
指定另一条半轴长度或 [旋转（R）]：100

2.7.2 由轴和端点确定椭圆

已知椭圆某轴的两个端点以及另一轴的半长绘制椭圆，操作步骤如下：

命令：ELLIPSE
指定椭圆的轴端点或 [圆弧（A）/中心点（C）]：输入椭圆某轴的端点
指定轴的另一个端点：输入另一个端点
指定另一条半轴长度或 [旋转（R）]：

（1）【另一条半轴长度】选项：输入椭圆另一轴的半长。
（2）【旋转】选项：键入 R，执行该选项。表示选择旋转方式，以椭圆某轴的两个端点确定一个圆，此圆绕上述端点所在的直径旋转一个角度后在圆所在平面上的投影即为所求椭圆，提示信息如下：

指定另一条半轴长度或 [旋转（R）]：R
指定绕长轴旋转的角度：输入旋转角度
举例说明：绘制如图 2-33 所示的椭圆，已知椭圆圆心在（200，200）。

操作步骤如下：
执行【绘图】|【椭圆】|【轴、端点】命令，AutoCAD 提示：

命令：ELLIPSE
指定椭圆的轴端点或 [圆弧（A）/中心点（C）]：250，200
指定轴的另一个端点：150，200
指定另一条半轴长度或 [旋转（R）]：100

2.7.3 由圆弧确定椭圆弧

已知椭圆弧的一段圆弧确定椭圆弧，操作步骤如下：

命令：ELLIPSE
指定椭圆的轴端点或 [圆弧（A）/中心点（C）]：键入 A 表示绘制椭圆弧
指定椭圆弧的轴端点或 [中心点（C）]：输入椭圆弧所在椭圆某轴的端点，如键入 C，表示以【绘图】|【椭圆】|【中心点】方式确定椭圆
指定轴的另一个端点：输入轴的另一个端点
指定另一条半轴长度或 [旋转（R）]：输入另一轴的半长，如键入 R 表示以旋转方式确定椭圆
指定起始角度或 [参数（P）]：

（1）【指定起始角度】选项：输入椭圆弧的起始角度，提示信息如下：

指定终止角度或 [参数（P）/包含角度（I）]：输入椭圆弧的终止角度

①【参数】选项：通过参数方式确定椭圆弧的终点的横坐标，公式如下：

c+a*cos（n）+b*sin（n）

其中 n 代表输入的参数，a 和 b 代表椭圆的长轴和短轴长，c 代表椭圆的半焦距。

②【包含角度】选项：输入椭圆弧包含的中心角。

（2）【参数】选项：键入 P，执行该选项，表示以参数方式确定椭圆弧的起点或终点，公式同上，提示信息如下：

指定起始角度或 [参数（P）]：P

指定起始参数或 [角度（A）]：输入椭圆弧的起始参数，如键入 A，表示输入起始角度

指定终止角度或 [角度（A）/包含角度（I）]：输入椭圆弧的终止参数，如键入 A，表示输入终止角度；如键入 I，表示输入椭圆弧包含的中心角

举例说明：绘制如图 2-35 所示的椭圆弧，椭圆圆心在（100，100），椭圆 X 半轴长为 100，Y 半轴长为 60，起点为 90°，终点为 270°。

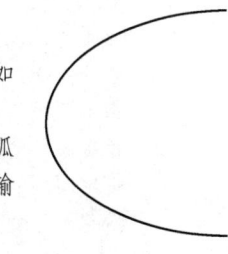

图 2-35

操作步骤如下：

执行【绘图】|【椭圆】|【圆弧】命令，AutoCAD 提示：

命令：ELLIPSE

指定椭圆的轴端点或 [圆弧（A）/中心点（C）]：A

指定椭圆弧的轴端点或 [中心点（C）]：250，200

指定轴的另一个端点：150，200

指定另一条半轴长度或 [旋转（R）]：30

指定起始角度或 [参数（P）]：90

指定终止角度或 [参数（A）/包含角度（I）]：270

命令执行完毕，执行结果如图 2-35 所示。

2.8 绘制圆环

执行【绘图】|【圆环】命令，或直接在命令行输入 DONUT 命令，就可以在指定位置绘制指定内径和外径的圆环。提示信息如下：

命令：DONUT

指定圆环的内径 <0.5000>：输入圆环的内径

指定圆环的外径 <1.0000>：输入圆环的外径

指定圆环的中心点或 <退出>：输入圆环的圆心

指定圆环的中心点或 <退出>：输入圆环的中心即绘制多个同样尺寸的圆环，绘制完毕，键入 EXIT 或回车执行缺省项终止命令的执行

【说明】如圆环的内径为 0，绘制的圆环为实心圆。此外，圆环也有填充与不填充之分，同样可通过 FILL 命令修改填充状态。

举例说明：绘制如图2-36所示的圆环，内径为30，外径为50，圆心在（100，100），填充。

操作步骤如下：

打开填充。

命令：FILL↙

输入模式 [开（ON）/关（OFF）]<关>：ON↙

绘制圆环。

命令：DONUT↙

指定圆环的内径 <10.0000>：30↙

指定圆环的外径 <5.0000>：50↙

指定圆环的中心点或 <退出>：100,100↙

指定圆环的中心点或 <退出>：↙

图2-36

2.9 使用Sketch命令手绘图形

在中文版AutoCAD 2020中，用户可以使用【绘图】|【修订云线】命令绘制云彩形对象，它们的共同点就在于用户可以通过拖动鼠标来徒手绘制，如图2-37所示。

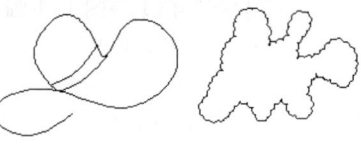

图2-37

2.9.1 徒手绘制线

利用Sketch命令可以徒手绘制图形、轮廓线以及签名等。在中文版AutoCAD 2020中，通过菜单和工具栏是不可能实现Sketch命令的，要使用Sketch命令，就需要在命令行中输入命令Sketch，系统要求指定增量距离。指定增量距离后将显示如下提示信息：

徒手画画笔（P）|退出（X）|结束（Q）|记录（R）|删除（E）|连接（C）：

当处于Sketch命令状态下时，可以使用以上选项中的任何一个。用户可以输入一个单字符或按下鼠标|麦克笔相应的按钮来访问相应的选项，各选项的子命令主键、按钮数以及功能如表2-2所列。

表2-2 Sketch命令选项及功能

命令符	按钮值	功 能
P	Pick	提笔和落笔。在用定点设备选取菜单项前必须提笔
.（句点）	1	落笔，从上次所画的线的端点到画笔有位置画线，然后提笔
R	2	永久保存临时线且不改变画笔位置
X、空格或Enter	3	记录及报告临时徒手画线数并结束命令
Q 或 Ctrl+C	4	放弃从开始调用Sketch命令或上一次使用【记录】选项时所有临时的徒手线，并结束命令
E	5	删除临时线的所有部分，如果画笔已落下则提起画笔
C	6	落笔，继续从上次所画的线的端点或上次删除的线的端点开始画线

当处在 Sketch 模式下时，正常的按钮功能是不可实现的。

2.9.2 绘制云彩对象

选择【绘图】|【修订云线】命令或在绘图工具箱中执行【修订云线】按钮，可以绘制一个云彩形状的图形，它是由一系列圆弧组成的多段线。当执行该命令时，命令行将显示如下提示信息：

命令：REVCLOUD
最小弧长：0.5　最大弧长：0.5　样式：普通　类型：徒手画
指定第一个点或[弧长（A）/对象（O）/矩形（R）/多边形（P）/徒手画（F）/样式（S）/修改（M）]<对象>：

默认情况下，系统使用当前的弧线长度绘制云彩路径，这时可在绘图窗口中任意拖动光标。当起点和终点重合后，将绘制一个封闭的云彩路径。

（1）【弧长（A）】选项：用于指定弧线的最小长度和最大长度。

（2）【对象（O）】选项：可以选择一个封闭图形，如矩形及多边形等，并将其转换为云彩路径，命令行将显示【选择对象：反转方向[是（Y）|否（N）]<否>：】提示信息。此时，如果输入 Y，则圆弧方向向内；如果输入 N，则圆弧方向向外，如图 2-38 所示。

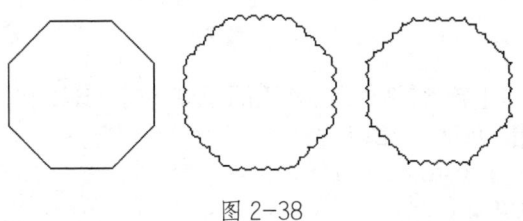

图 2-38

2.10 创建区域覆盖对象

使用【区域覆盖】命令时，可以创建一个多边形区域，并使用当前的背景色来遮挡位于它下面的对象。该区域受区域覆盖的边框限制，用户可以对边框进行编辑或隐藏。

选择【绘图】|【区域覆盖】命令，此时命令行将显示如下提示信息：

指定第一点或[边框（F）|多段线（P）]<多段线>：

默认情况下，用户可以通过指定一系列点来定义区域覆盖的边界。

（1）【边框（F）】选项：用于确定是否显示区域覆盖对象的边界。

此时命令行显示如下提示信息：

输入模式[开（ON）|关（OFF）]<ON>：

其中，选择【开（ON）】选项可显示边界；选择【关（OFF）】选项可隐藏绘图窗口中所有擦除对象的边界，如图 2-39 所示。

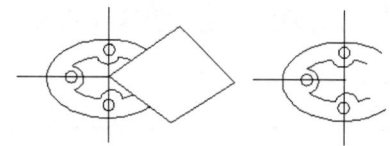

图 2-39

(2)【多段线(P)】选项：可以使用以封闭多段线创建的多边形作为擦除对象的边界。当选择一个封闭的多段线(该多段线中不能包含圆)后，命令提示行显示如下信息：

是否要删除多段线？

[是(Y)|否(N)]<否>：

其中，输入 Y 时，可以删除被用来创建擦除对象的多段线，输入 N 则保留该多段线。

2.11 提高训练——绘制三角板

本例利用多线命令绘制常用的、角度分别为 45° 和 60° 的两个三角板。多线命令用于创建多条平行线，平行线的宽度、样式可以由读者进行设置。本例主要使用的命令为 MPLINE，最终如图 2-40 所示。

操作步骤如下：

(1)执行【文件】|【新建】命令，或者单击【快速访问工具栏】上的【新建】图标，新建一个图文件。

图 2-40

(2)执行【多线】(MLINE)命令绘制 45° 三角板。

命令：MLINE↙

当前设置：对正 = 上，比例 20.00，样式 =STANKARD

指定起点或：[对正(J)/比例(S)/样式(ST)]：180,110↙

指定下一点：220,110↙

指定下一点或（放弃 U）：220,150↙

指定下一点或（闭合 C/放弃 U）：c↙

执行这一操作后，屏幕显示如图 2-41 所示。

图 2-41

说明：【多线】(MLINE)命令是一种可以绘制多条平行线的命令，使用它可以绘制一定宽度的平行线。【当前设置】中第一项为【上】的含义是所给坐标是上方一条线的坐标，【比例】是平行线间的宽度，【样式】为标准，即为当前默认的状态。

(3)执行【多线】命令（MPLINE）绘制 60° 三角板。

命令：MLINE↙

当前设置：对正 = 上，比例 20.00，样式 =STANKARD

指定起点或：[对正(J)/比例(S)/样式(ST)]：270,110↙

指定下一点：310,110↙
指定下一点或（放弃 U）：@ 80<120↙
指定下一点或（闭合 C/放弃 U）：c↙

执行这一命令后，屏幕显示如图 2-40 所示。

提示： 在命令行中键入【CMLSTYLE】可以重置多线的【当前设置】，但在设置前，必须先将新的多线样式加载进来。

2.12 本章回顾

"万丈高楼平地起"，所有复杂的图形都是由基本的几何元素构成，本章主要讲解了如下几何元素在 AutoCAD 2020 环境下的绘制方法：点、直线、参考线、射线、徒手线段、圆和圆弧、椭圆和椭圆弧、圆环、矩形、正多边形、多义线、多段线、样条曲线、图案填充和面域等操作。这些基本画法用户需要熟练掌握，因为在以后的章节中，这些都不会作为重点详细讲解了。

第 3 章
编辑图形

本章将为读者讲解图形编辑的基础与高级命令、复制对象特性、图层的创建和管理、线型的编辑、颜色设置、芯杆的绘制等操作方法与技巧。

本章主要内容与学习目的

第3章 编辑图形

3.1 图形编辑基础命令

3.1.1 对象的选择

在 AutoCAD 中,选择对象的方法有很多,比较常用的方法有如下三种:

(1)在待选择物体上单击,可选择一个物体。

(2)窗口选择:从左上角按下鼠标拖动到右下角。它的特点是:包括在选取框内的物体被选择。如图 3-1 所示。

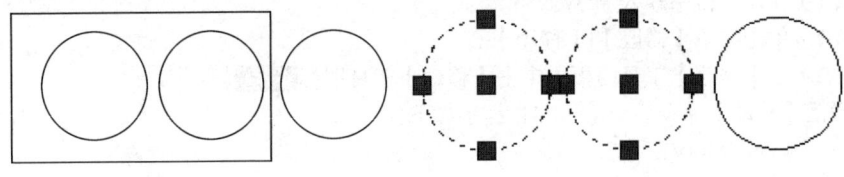

图 3-1

(3)交叉选择:从右下角按下鼠标拖动到左上角。它的特点是:只要和物体有交点,就能选择对象。如图 3-2 所示。

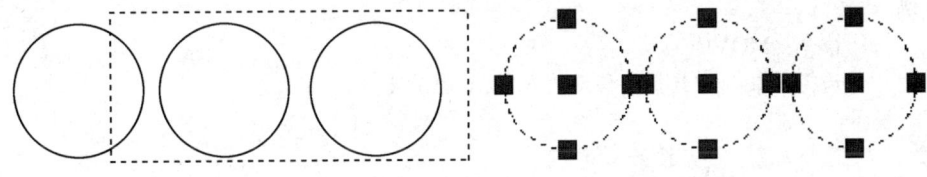

图 3-2

说明: 窗口选择的选取框是实线,而交叉选择的选取框是虚线。

3.1.2 对象的删除

AutoCAD 不但能很轻松地绘制对象,而且还能对所绘制的对象进行修改。在所有的修改命令中,【删除】命令是使用最频繁的命令之一。AutoCAD 可以非常容易地删除绘图时的误操作,或者删除创建其他对象时的辅助对象。

激活【删除】命令,可以使用以下任意一种方法:

(1)在命令行中输入 RASE。

(2)单击菜单【修改】|【删除】。

(3)在【修改】工具面板中单击【删除】命令图标。

激活【删除】命令后，AutoCAD 提示如下：
　　命令：ERASE
　　选择对象：　//选择要删除的对象然后按空格键或回车键。
　　用户可以任意选择一个或多个对象。以下的命令行显示了删除单个对象的示例，如图 3-3 所示。

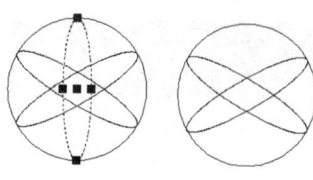

图 3-3

3.1.3 对象的移动

在 AutoCAD 中可以使用【移动】命令进行移动对象。要使用该命令，必须先激活该命令。激活【移动】命令，可以使用以下任意一种方法：

（1）在命令行中输入 MOVE。
（2）单击菜单【修改】|【移动】。
（3）在【修改】工具面板中单击【移动】工具图标 移动。

激活【移动】命令后，AutoCAD 提示如下：
　　命令：MOVE
　　选择对象：　//选择要移动的对象
　　指定基点或位移：　//指定基点
　　指定位移的第二点或 <用第一点作位移>：　//指定位移的第二点或按回车键

以下命令行是使用【移动】命令移动对象的示例。
　　命令：MOVE
　　选择对象：　//选择要移动的对象，如图 3-4 所示。
　　选择对象：　//按回车键
　　指定基点或位移：　//选择基点
　　指定位移的第二点或 <用第一点作位移>：
//按回车键，如图 3-5 所示。

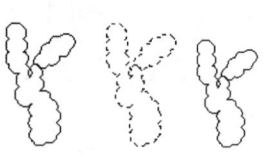

图 3-4　　　　图 3-5

3.1.4 对象的旋转

在 AutoCAD 中可以使用【旋转】命令进行旋转对象。要使用该命令，必须先激活该命令。激活【旋转】命令，可以使用以下任意一种方法：

（1）在命令行中输入 ROTATE。
（2）单击菜单【修改】|【旋转】命令。
（3）在【修改】工具面板中单击【旋转】工具图标 旋转。

激活【旋转】命令后，AutoCAD 提示如下：
　　命令：ROTATE
　　UCS 当前的正角方向：　ANGDIR= 逆时针　ANGBASE=0

选择对象： // 选择要旋转的对象
指定基点： // 选择旋转基点
指定旋转角度或 [参照 (R)]： // 输入旋转角度

以下命令行是使用【移动】命令移动对象的示例，如图 3-6 所示。AutoCAD 将所选择的对象顺时针旋转 45°。

图 3-6

命令： ROTATE
选择对象： // 选择要移动的对象
选择对象： // 按回车键
指定基点： // 指定一个基点
指定旋转角度或 [参照 (R)]： -45

3.1.5 对象的缩放

缩放对象用到的命令为 SCALE。SCALE 可以改变对象大小使其在一个方向上或是按比例增大或缩小。还可以通过移动端点、顶点或控制点来拉伸某些对象。

（1）在命令行中输入命令 SCALE。
（2）单击菜单【修改】|【缩放】。
（3）在【修改】工具面板中单击【缩放】工具图标。

在命令行中输入该命令，命令行提示如下：

选择对象：
指定基点：
指定比例因子或 [参照（R）]：

①比例因子：按指定的比例放大选定对象的尺寸。大于 1 的比例因子使对象放大。介于 0 和 1 之间的比例因子使对象缩小。
②参照：按参照长度和指定的新长度缩放所选对象。

3.1.6 对象的复制

复制对象用到的命令为 COPY。COPY 命令用于将选定的对象复制到指定的位置，且原对象保持不变。复制的对象与原对象方向、大小均相同。如果需要，还可以进行多重复制，每个复制的对象均与原对象各自独立，可以像原对象一样被编辑和使用。

（1）在命令行中输入命令 COPY。
（2）单击菜单【修改】|【复制】。
（3）在【修改】工具面板中单击【复制】工具图标。

在命令行中输入该命令，命令行提示如下：

命令： COPY
选择对象：
命令：指定基点或位移，或者 [重复（M）]：
命令：指定位移的第二点或 < 用第一点作位移 >：

在上面提示中的第三行【重复（M）】。这个选项的功能就是多重复制，多重复制指的是可以将一个对象从一个地方连续复制到其他地方。

在命令行中输入命令【M】后，命令行接着会提示：

指定基点：

指定位移的第二点或＜用第一点作位移＞：

指定位移的第二点或＜用第一点作位移＞：

这时如果要结束复制命令，可以按住空格键／回车键，当然也可以使用下拉菜单执行其他命令来终止复制命令。

多重复制非常有效，尤其是在绘制建筑图中的一些重复的内容时，如轴线网轴线圈，如果逐一复制，对于有几十个轴线的复杂建筑图来说，就非常费事了，使用多重复制功能则可以提高效率。

3.2 高级编辑命令

3.2.1 对象的镜像

执行【修改】|【镜像】命令，或在【修改】工具面板中单击【镜像】工具图标，或者使用镜像命令 MIRROR，可以将对象以镜像线对称复制。

镜像对象用到的命令为 MIRROR，MIRROR 命令用于相对于一条直线创建所选对象镜像副本。

调用方法如下：

（1）在命令行中输入命令 MIRROR。

（2）单击菜单【修改】|【镜像】。

（3）在【修改】工具栏中，单击命令图标。

在命令行中输入该命令后，命令行的提示如下：

选择对象：

指定镜像线的第一点：

指定镜像线的第二点：

是否删除源对象？[是（Y）/否（N）]<N>：

① 选择对象：选择需要镜像的对象。

② 指定镜像线的第一点：指定相应的点。

③ 指定镜像线的第二点：指定相应的点。

④ 是否删除源对象？[是（Y）/否（N）]<N>：选择 Y，将删除源对象；选择 N，将保留源对象。

以下命令行是使用【镜像】命令的实例。

绘制如图 3-7 所示的多边形。

命令：MIRROR

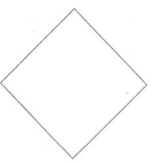

图 3-7

选择对象：　　// 选择多边形。
指定镜像线的第一点：
指定镜像线的第二点：
是否删除源对象？[是(Y)/否(N)]<N>: N

最终得到的效果如图 3-8 所示。

图 3-8

3.2.2 对象的阵列

执行【修改】|【阵列】命令，或在【修改】工具面板中单击【阵列】工具图标，或者使用命令 ARRAY。ARRAY 命令用于将所选择的对象按照矩形或环形图案方式进行多重复制。调用方法如下所示：

（1）在命令行中输入 ARRAY。
（2）单击菜单【修改】|【阵列】|【矩形阵列】或【环形阵列】或【路径阵列】命令。
（3）在【修改】工具面板中单击【矩形阵列】工具图标。

使用命令【ARRAY】后，选择要创建阵列的对象后，将弹出【阵列创建】面板，如图 3-9 所示。这里选择的是矩形陈列，所以在类型一栏中显示的是【矩形】。环形阵列的面板如图 3-10 所示。

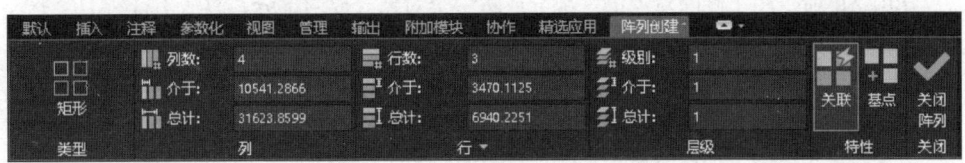

图 3-9

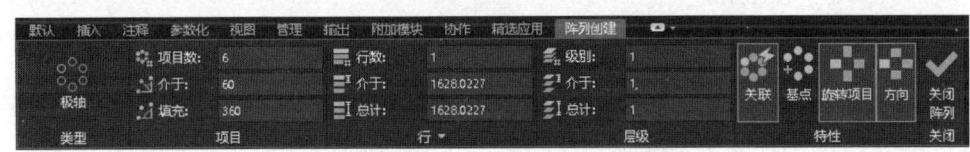

图 3-10

① 矩形阵列：用于创建由选定对象副本指定行数和列数的阵列。
② 环形阵列：通过围绕圆心复制选定对象来创建阵列。

3.2.3 对象的延伸

使用【延伸】命令用于将对象的一个端点或两个端点延伸到另一个对象上。要使用该命令，必须先激活该命令。激活【延伸】命令，可以使用以下任意一种方法：

（1）在命令行输入 EXTEND。
（2）单击菜单【修改】|【延伸】命令。
（3）在【修改】工具面板中单击【延伸】命令图标（与修剪处于同一组）。

激活【延伸】命令后，AutoCAD 提示如下：

  命令：EXTEND

  当前设置：投影 =UCS，边 = 无

  选择边界的边：

  选择对象： //选择一个对象作为延伸的边界

  选择要延伸的对象，或按住 Shift 键选择要修剪的对象，或 [投影 (P)/ 边 (E)/ 放弃 (U)]： //选择要延伸的对象，按回车键可终止选取过程

下面介绍各个选项的含义以及功能：

① 投影 (P)：该选项用于指定延伸对象时 AutoCAD 使用的【投影】模式。默认状态设为当前用户坐标系。

② 边 (E)：该选项用于确定延伸对象的位置，是延伸到选定的边界上，还是到隐含的交点处。选择该项，AutoCAD 提示【输入隐含边延伸模式 [延伸 (E)/ 不延伸 (N)] < 不延伸 >： 】

③ 放弃 (U)：该选项用于放弃【延伸】命令的上一次操作。

3.2.4 对象的打断

  BREAK 命令用于删除对象的一部分或将一个对象分成两部分。激活【打断】命令，可以使用以下任意一种方法：

（1）在命令行中输入 BREAK。

（2）单击菜单【修改】|【打断】。

（3）在【修改】工具面板中单击【打断】命令图标凸。

激活【打断】命令后，AutoCAD 提示如下：

  命令：BREAK

  选择对象： //选择要打断的对象

  实体指定第二个打断点或 [第一点 (F)]： //指定第二个打断点或单击右键从快捷菜单中选择合适的选项

> **说明：** AutoCAD 打断对象时，默认选中对象时点击的一点为第一点，如果不是从该点打断，应选择【第一点】选项，重新指定第一点和第二点。

以下命令行是使用【打断】命令的实例。

  命令：BREAK

  选择对象： //选择矩形，回车

  指定第二个打断点或 [第一点 (F)]： f

  指定第一个打断点： //指定第一点，如图 3-11 所示。

  指定第二个打断点： //指定第二点，如图 3-12 所示。

结果如图 3-13 所示。

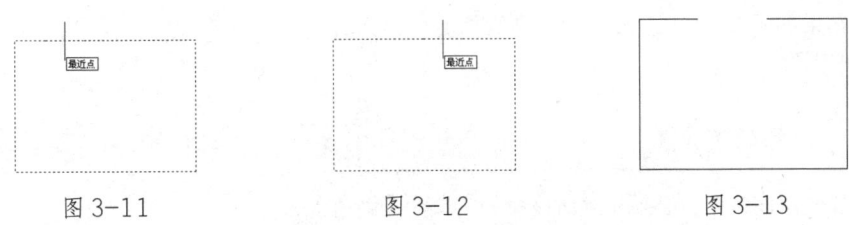

图 3-11　　　　　　　　图 3-12　　　　　　　　图 3-13

3.2.5　对象的修剪

【TRIM】命令用于可以在一个或多个对象定义的边上精确地修剪对象,并可以修剪到隐含交点。激活【TRIM】命令,可以使用以下任意一种方法:

（1）在命令行中输入【TRIM】。
（2）单击菜单【修改】|【修剪】。
（3）在【修改】工具栏中选择 【修剪】命令图标 。

激活【修剪】命令后,AutoCAD 提示如下:

命令:TRIM
当前设置:投影 =UCS 边 = 无
选择剪切边:
选择对象:　　//选择修剪边界,按 Enter 键结束
选择要修剪的对象,按住 Shift 键选择要延伸的对象,或 [投影 (P)/ 边 (E)/ 放弃 (U)]:　　//选择要修剪的对象或单击右键从快捷菜单中选择合适的选项,也可以按住 Shift 键选择要延伸的对象

> **注意:** 修剪完边界后不要忘记按 Enter 键,否则,程序将不进行下一步,仍然等待输入修剪边界直到按 Enter 键为止。

各选项含义:

①边:该选项用于确定修剪对象的位置,是在剪切边的延伸处,还是在隐含交点处。输入隐含边延伸模式 [延伸 (E)/ 不延伸 (N)] < 当前模式 >:延伸:即沿自身路径延伸剪切边使它在三维空间中与对象相交;不延伸:指定只修剪与剪切边在三维空间相交的对象。

②放弃:该选项用于放弃 TRIM 命令的上一次操作。

③投影:该选项用于指定修剪对象时 AutoCAD 使用的【投影】模式。默认状态设为当前用户坐标系。

以下命令行是使用【修剪】命令的实例。

命令:TRIM
当前设置:投影 =UCS 边 = 无
选择剪切边:
选择对象:　　//选择全部的图形
选择要修剪的对象,按住 Shift 键选择要延伸的对象,或 [投影 (P)/ 边 (E)/ 放弃 (U)]:　　//分别选择大圆内部的小半圆

结果如图 3-14 中左图所示。继续修剪可得到右边所示的图形。

3.2.6 对象的倒角

要使用该命令，必须先激活该命令。激活【倒角】命令，可以使用以下任意一种方法：

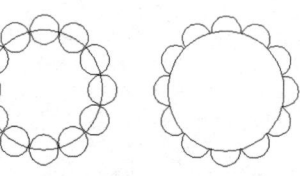

图 3-14

（1）在命令行中输入 CHAMFER。
（2）单击菜单【修改】|【倒角】。
（3）在【修改】工具面板中单击【倒角】命令图标 。

激活【倒角】命令后，AutoCAD 提示如下：

命令：CHAMFER
当前倒角距离 1 = 0.0000，距离 2 = 0.0000
选择第一条直线或 [多段线 (P)/距离 (D)/角度 (A)/修剪 (T)/方式 (M)/多个 (U)]：//选择需要倒角的两个对象中的一个，或选择合适的选项
选择第二个对象：　　//选择另一条直线

以下命令行是用【倒角】命令使对象产生倒角。

命令：CHAMFER
当前倒角距离 1 =0.0000，距离 2 =0.0000
选择第一条直线或 [多段线 (P)/距离 (D)/角度 (A)/修剪 (T)/方式 (M)/多个 (U)]：d
指定第一个倒角距离 <0.0000>
指定第二个倒角距离 <0.0000>：10
选择第一条直线或 [多段线 (P)/距离 (D)/角度 (A)/修剪 (T)/方式 (M)/多个 (U)]：　　//选择第一条直线
选择第二条直线：　　//选择另外一条直线

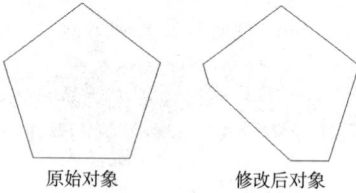

原始对象　　　修改后对象

图 3-15

完成结果如图 3-15 所示。

3.2.7 对象的圆角

要使用该命令，必须先激活该命令。激活【圆角】命令，可以使用以下任意一种方法：
（1）在命令行中输入 FILLET。
（2）单击菜单【修改】|【圆角】。
（3）在【修改】工具面板中单击【圆角】命令图标 。

激活【圆角】命令后，AutoCAD 提示如下：

命令：FILLET
当前设置：模式 =修剪，半径 = 0.0000
选择第一个对象或 [多段线 (P)/半径 (R)/修剪 (T)/多个 (U)]：　　//选择需要倒圆角的一个对象或选择一个合适的选项

选择第二个对象： // 选择需要倒圆角的另外一个对象

AutoCAD 也可以在两条平行线、参照线或射线上绘制圆角，但第一个对象必须是直线或射线，第二个对象可以是直线、参照线或射线，圆弧的直径永远等于两条线的距离，当前默认的半径值将被忽略，但不会改变。

以下命令行是用【圆角】命令使对象圆角。

命令：FILLET
当前设置：模式 = 修剪，半径 = 0.4000
选择第一个对象或 [多段线 (P)/ 半径 (R)/ 修剪 (T)/ 多个 (U)]：r
指定圆角半径 <0.4000>：1
选择第一个对象或 [多段线 (P)/ 半径 (R)/
修剪 (T)/ 多个 (U)]： // 选择第一个对象
选择第二个对象： // 选择第二个对象

这样就可以绘制一个圆角，再执行4次上述命令，将该正五边形的其余4个角都修改成圆角，如图3-16所示。

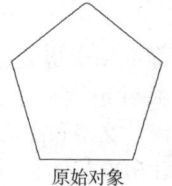
原始对象

修改后的对象

图 3-16

3.2.8 分解与对齐

1. 分解

矩形及块等对象是由多个对象组成的组合对象，如果读者需要对单个成员进行编辑，就需要先将它分解开，此时可以执行【修改】|【分解】命令，或在【修改】工具面板中单击【分解】工具图标 。

2. 对齐

执行【修改】|【三维操作】|【对齐】命令，可以使选中的对象与其他对象对齐。该命令既适用于二维对象，也适用于三维对象。

在对齐二维对象时，可以指定一对或两对对齐点（源点和目标点）；在对齐三维对象时，需要指定3对对齐点，如图3-17所示。

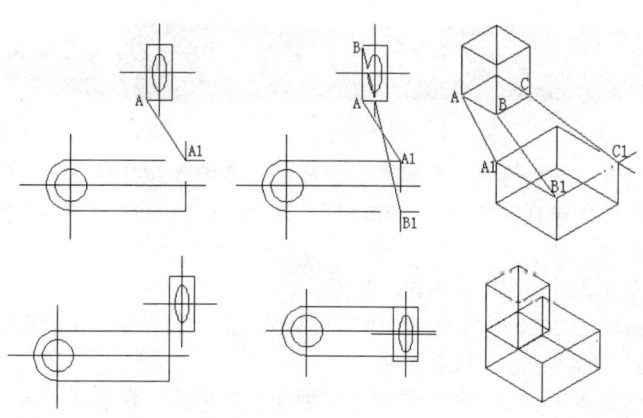

图 3-17

在使用两对对齐点对齐对象时,命令行显示【是否基于对齐点缩放对象?[是(Y)/否(N)]<否>:】提示信息,如果选择【否(N)】选项,则对象改变位置,且对象的第一个源点与第一个目标点重合,第二个源点位于第一个目标点与第二个目标点的连线上,即对象先平移,后旋转;如果选择【是(Y)】选项,则对象除平移和旋转外,还基于对齐点进行缩放。由此可见,【对齐】命令是【移动】命令及【旋转】命令的组合。

3.3 复制对象特性

MATCHPROP 命令用于将选定对象的特性,复制到当前图形中或已打开的其他图形中的其他对象上。特性包括颜色、图层、线型、线型比例、线宽、厚度及打印样式,另外还包括:尺寸标注、文字和图案填充。

激活【MATCHPROP】命令,可以使用以下任意一种方法:

(1)在命令行中输入 MATCHPROP。

(2)单击菜单【修改】|【特性匹配】。

(3)在【特性】工具面板中单击【特性设置】命令图标 。

AutoCAD 提示如下:

命令:MATCHPROP

选择源对象: //要复制其特性的对象

选择目标对象或 [设置 (S)]:   //选择目标对象,并按 Enter 键结束【选择对象:】的提示,或输入 s 选择【设置】选项

选择【设置】选项,将显示【特性设置】对话框,如图 3-18 所示,对话框可以控制要把哪些对象特性复制到目标对象上。

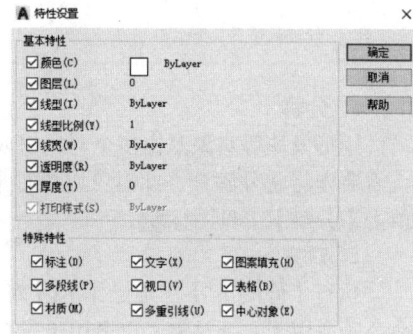

图 3-18

3.4 对象特性——图层的创建和管理

对象特性包含一般特性和几何特性。对象的一般特性包括对象的颜色、线型、图层及线宽等,几何特性包括对象的尺寸和位置。读者可以直接在【特性】窗口中设置和修改对象的这些特性。

下面首先为读者讲解图层的创建与管理。

图层是 AutoCAD 2020 提供的一个管理图形对象的工具,用户可以根据图层对图形的几何对象、文字、标注等进行归类处理。

在机械及建筑等工程制图中,图形中主要包括基准线、轮廓线、虚线、剖面线、尺寸标注以及文字说明等元素。如果用图层来管理它们,不仅能使图形的各种信息清晰、

有序，便于观察，而且也给图形的编辑、修改和输出带来很大的方便。

在 AutoCAD 2020 中，使用【图层特性管理器】对话框不仅可以创建图层，设置图层的颜色、线型及线宽，还可以对图层进行更多的设置与管理，如图层的切换、重命名、删除以及图层的显示控制等。

3.4.1 图层的概念与特点

1. 图层是什么

图层相当于没有厚度的透明片，各层之间完全对齐，一层上的某一基准点准确地对准于其他各层上的同一基准点。引入图层，用户就可以为每一图层指定绘图所用的线型、颜色和状态，并将具有相同颜色、线型和性质的图元放到同一图层上，比如在零件图中，粗实线位于一层，细实线、中心线、剖面线等可分别位于不同的层。

2. 图层的特点

图层具有以下特点：

（1）一幅图中包含的图层数量、一图层中包含的图元数量均没有限制。

（2）每一个图层都具有名字，新建图形文件时，自动生成名为【0】的图层。

（3）一般情况下，一图层上的图元具有相同的线型、颜色和性质。

（4）一幅图中包含多个图层，作图只能在当前图层上操作，可以通过图层操作命令改变当前图层。

（5）可对图层进行打开、关闭、冻结、解冻、锁定、解锁等操作，以决定各图层的可见性和可操作性。

3.4.2 创建、打开与关闭图层

默认情况下，AutoCAD 2020 只能自动创建一个图层，即图层 0。如果用户要使用图层来组织自己的图形，就需要先创建新图层。

选择【格式】|【图层】命令，打开【图层特性管理器】对话框，单击【新建】按钮，在图层列表中将出现一个名称为【图层 1】的新图层。默认情况下，新建图层与当前图层的状态、颜色、线性及线宽等设置相同，如图 3-19 所示。

此时，用户可以在【名称】列对应的文本框中输入新的图层名，以表示将要绘制的图形元素的特性。

如果图层被打开，该图层上的图形可以在显示器上显示或在图纸上绘制；如图层被关闭，该图层上的图形就不能在显示器上显示或在图纸上绘制。

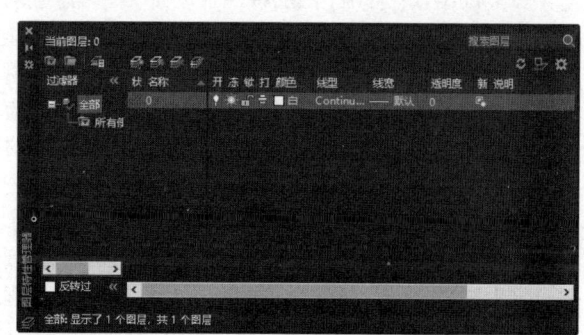

图 3-19

3.4.3 设置图层特性

使用图层绘制图形时,新对象的各种特性将默认为随层,即由当前图层的默认设置决定。用户也可以单独设置对象的特性,新设置的特性将覆盖原来随层的特性。在【图层特性管理器】对话框中,可以看到每个图层都有包含名称、开|关、冻结|解冻、锁定|解锁、打印、颜色、线型、线宽、透明度、新视口冻结及说明等特性,如图3-20所示。

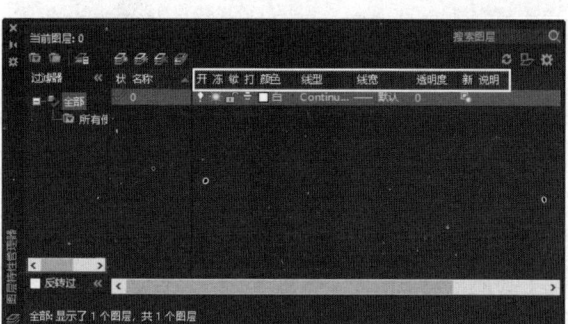

图 3-20

(1)名称:名称是图层的唯一标识,即图层的名字。默认情况下,图层的名称按图层0、图层1、图层2等的编号依次递增。用户可以根据需要为图层创建一个能够表达其用途的名称。

(2)开关状态:在【图层特性管理器】对话框中,单击【开】列中对应的小灯泡图标,可以打开或关闭图层。打开状态下,灯泡的颜色为黄色,该图层上的图形可以在显示器上显示,也可以在输出设备上打印;在关闭状态下,灯泡的颜色为蔚蓝色,该图层上的图形不能显示,也不能打印输出。

在关闭当前图层时,系统将显示一个消息对话框,警告正在关闭当前层。

(3)冻结|解冻:在【图层特性管理器】对话框中,单击【在所有视口冻结】列中对应的太阳或雪花图标,可以冻结或解冻图层。

如果图层被冻结,此时显示雪花图标,这时该图层上的图形对象不能被显示出来,也不能打印输出,而且也不能编辑或修改该图层上的图形对象;被解冻的图层显示太阳图标,该图层上的图形对象能够显示,也能够打印输出,并且可以在该图层上编辑图形对象。

用户不能冻结当前层,也不能将冻结层改为当前层,否则将会显示警告信息对话框。

从可见性来说,冻结的图层与关闭的图层是相同的,但冻结的对象不参加处理过程中的运算,关闭的图层则要参加运算。所以在复杂的图形中冻结不需要的图层可以加快系统重新生成图形时的速度。

(4)锁定|解锁:在【图层特性管理器】对话框中,单击【锁定】列中对应的锁定或打开小锁图标,可以锁定或解锁图层。

锁定状态并不影响该图层上图形对象的显示,但用户不能编辑锁定图层上的对象,但还可以在锁定的图层绘制新图形对象。此外,用户还可以在锁定的图层上使用查询命令和对象捕捉功能。

(5)颜色、线型与线宽:在【图层特性管理器】对话框中,单击【颜色】列中对应的小方图标,可以打开【选择颜色】对话框,选择图层颜色;单击在【线型】列显示的线型名称,可以打开【选择线型】对话框,选择所需的线型;单击【线宽】列显示的线宽值,可以打开【线宽】对话框,选择所需的线宽。

(6)打印样式和打印:在【图层特性管理器】对话框中,用户可以通过【打印样式】列确定各图层的打印样式,但如果使用的是彩色绘图仪，则不能改变这些打印样式。单击【打印】列中对应的打印机图标，可以设置图层是否能够被打印，这样就可以在保持图形显示可见性不变的前提下控制图形的打印特性。打印功能只对可见的图层起作用，即只对没有冻结和没有关闭的图层起作用。

此外，用户也可以使用【图层】工具面板（图 3-21）和【特性】工具面板（图 3-22）设置与管理图层特性。

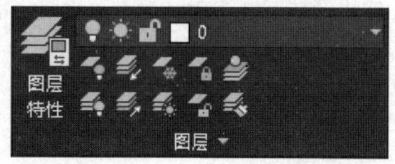

图 3-21

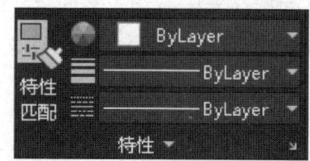

图 3-22

3.4.4 切换当前层

在【图层特性管理器】对话框的图层列表中，选择某一图层后，单击图层名称前面的【状】按钮，即可将该层设置为当前层。这时，用户就可以在该层上绘制或编辑图形了。

在实际绘图时，为了便于操作，主要通过【图层】工具栏中的图层控制下拉列表框来实现图层切换，这时只需选择要将其设置为当前层的图层名称即可。

3.4.5 保存与恢复图层状态

在【图层特性管理器】对话框中，使用【保存状态】和【状态管理器】命令可以保存或恢复图层状态。

（1）保存图层状态：选中某一个图层，单击右键从弹出的快捷菜单中选择【保存图层状态】命令，打开【要保存的新图层状态】对话框，如图 3-23 所示。在【新图层状态名】文本框中输入图层状态的名称；在【说明】文本框中输入一些关于该图层的解释文字，然后单击【确定】按钮即可。

（2）恢复图层状态：选中某一个图层，单击右键从弹出的快捷菜单中选择【恢复图层状态】命令，打开【图层状态管理器】对话框，如图 3-24 所示。

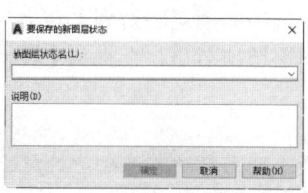

图 3-23

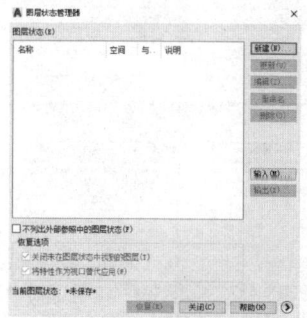

图 3-24

对话框中各选项的含义如下：

①【图层状态】列表框：显示了当前图层已保存下来的图层状态名称，以及从外部输入进来的图层状态名称。

②【恢复】按钮：单击该按钮，可以将选中的图层状态恢复到当前图形，并且，只有那些保存的特性和状态才能够恢复到图层中。

③【删除】按钮：单击该按钮，可以删除选中的图层状态。

④【输入】按钮：单击该按钮，打开【输入图层状态】对话框，可以将外部图层状态输入到当前图层中。

⑤【输出】按钮：单击该按钮，打开【输出图层状态】对话框，可以将当前图形已保存下来的图层状态输出到一个 LAS 文件中。

3.4.6 转换图层

使用【图层转换器】可以转换图层，实现图形的标准化和规范化。【图层转换器】能够转换当前图形的图层，使之与其他图形的图层或 CAD 标准文件相匹配。例如，如果用户打开一个与本公司图层结构不一致的图形时，可以使用【图层转换器】转换它的图层名称和属性，以符合本公司的图形标准。

选择【工具】|【CAD标准】|【图层转换器】命令，打开【图层转换器】对话框，如图 3-25 所示。

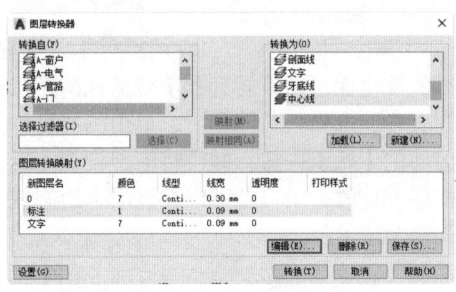

图 3-25

在【图层转换器】对话框中，各选项的含义如下：

（1）【转换自】列表框：显示了当前图形中即将被转换的图层结构，用户可以在列表框中选择，也可以通过【选择过滤器】来选择。

（2）【转换为】列表框：显示了可以将当前图形的图层转换成图层名称。单击【加载】按钮，打开【选择图形文件】对话框，在对话框中可以选择作为图层标准的图形文件，并将图层结构显示在【转换为】列表框中；单击【新建】按钮，可以打开【新图层】对话框，如图 3-26 所示。在该对话框中可创建新的图层作为转换匹配图层，新建的图层也会显示在【转换为】列表框中。

（3）【映射】按钮：单击该按钮，可以将在【转换自】列表框中选中的图层映射到【转换为】列表框中，并且当图层被映射后，它将从【转换自】列表框中删除。

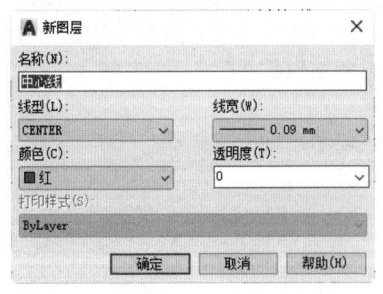

图 3-26

注意： 只有在【转换自】列表框和【转换为】列表框中都选择了对应的转换图层后，【映射】按钮才可以使用。

（4）【映射相同】按钮：单击该按钮，可以将【转换自】列表框和【转换为】列表框中名称相同的图层进行转换映射。

（5）【图层转换映射】选项区域：在该选项区域的列表框中，显示了已经映射的图层名称对话框，可以单击【编辑】按钮打开【编辑图层】对话框修改转换后的图层特性，如图3-27所示；单击【删除】按钮，可以取消该图层的转换映射，该图层将重新显示在【转换自】列表框中；单击【保存】按钮，将打开【保存图层映射】对话框，可以将图层转换关系保存到一个标准配置文件（*.DWS）中。

（6）【设置】按钮：单击该按钮，打开【设置】对话框，可以设置转换规则，如图3-28所示。

（7）【转换】按钮：单击该按钮，开始转换图层，并关闭【图层转换器】对话框。

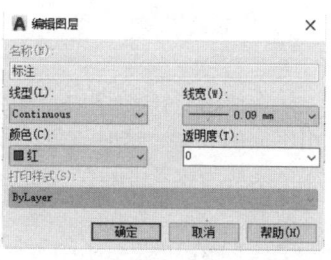

图 3-27

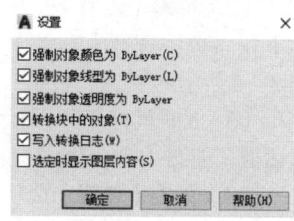

图 3-28

3.4.7 改变对象所在图层

在实际绘图中，有时绘制完某一图形元素后，发现该元素并没有绘制在预选设置的图层上，这时可选中该图形元素，并在【图层】工具栏的图层控制下拉列表框中选择预设层名，然后按 Esc 键即可。

3.5 对象特性——线型的编辑

所谓【线型】是指作为图形基本元素的线条的组成和显示方式，如虚线、实线等。在 AutoCAD 2020 中，既有简单线型，也有由一些特殊符号组成的复杂线型，利用这些线型基本可以满足不同国家和不同行业标准的要求。

3.5.1 设置图层线型

绘制不同对象时，用户可以使用不同的线型，这就需要对线型进行设置。默认情况下，图层的线型为 Continuous（连续）。要改变线型，需重新设置图层线型，方法如下：

（1）在功能区的【特性】工具面板找到【线型】选项，如图3-29所示。

（2）单击【线型】选项，在弹出的下拉菜单中单击选择一种线型即可，如图3-30所示。

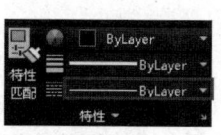

图 3-29

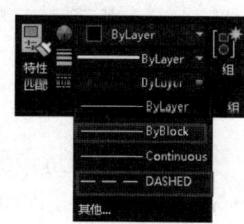

图 3-30

3.5.2 加载线型

在使用CAD绘图时,常常需要使用不同的线型,这时该怎么设置呢?接下来就为读者讲解在CAD中如何加载线型。

(1)在功能区的【特性】工具面板找到【线型】选项,如图3-31所示。

(2)单击【线型】选项,在弹出的下拉菜单中选择【其他】选项,如图3-32所示。

(3)此时就打开了【线型管理器】对话框,如图3-33所示。

(4)单击【加载】选项按钮,在弹出的【加载或重载线型】对话框中找到需要的线型,如图3-34所示。单击【确定】按钮回到【线型管理器】对话框。

(5)最后单击【确定】按钮,然后在【特性】工具面板的【线型】选项下面就会出现我们刚选择的新线型了,如图3-35所示。

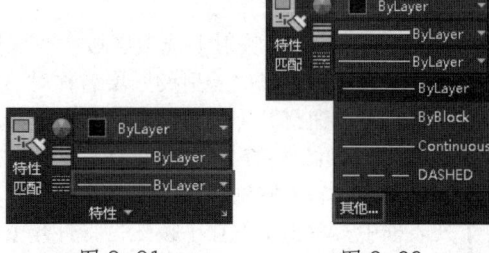

图 3-31

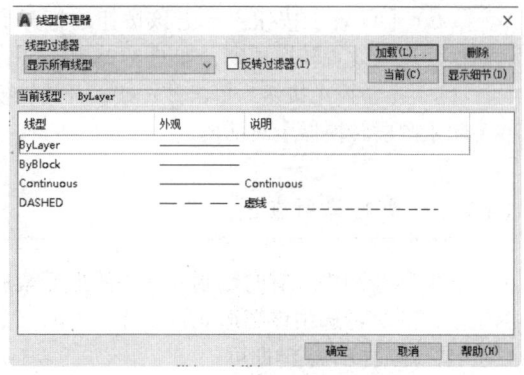

图 3-32

图 3-33

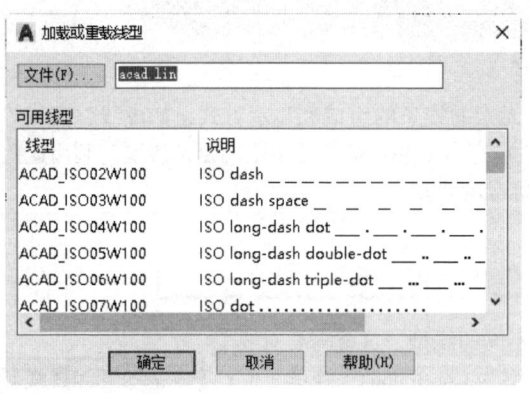

图 3-34

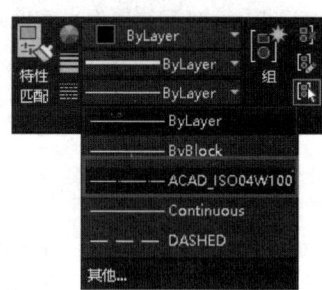

图 3-35

AutoCAD 2020中的线型包含在线型库定义文件acad.lin;在英制测量系统下,使用acadiso.lin文件。用户可以单击【加载或重载线型】对话框中的【文件】按钮打开【选择线型文件】对话框,以选择合适的线型库文件。

3.5.3 管理线型

选择【格式】|【线型】命令打开【线型管理器】对话框,通过该对话框可以管理图形的线型,如图3-36所示。也可在命令行直接输入LINETYPE命令打开图3-36所示的【线型管理器】对话框。

在【线型管理器】对话框中,显示了用户当前使用的线型和可选择的其他线型。主要选项的含义和功能如下:

(1)【线型过滤器】下拉列表框:用于根据用户设定的过滤条件控制那些已加载的线型显示在主列表框中。如果选中【反向过滤器】复选框,则仅显示未通过过滤器的线型。

(2)【加载】按钮:单击该按钮,打开【加载或重载线型】对话框,可以再加载需要的其他线型。

(3)【删除】按钮:单击该按钮,可以删除选中的线型。

(4)【当前】按钮:单击该按钮,可以将选中的线型设置为当前线型。

(5)【显示细节】按钮:单击该按钮,可以在【线型管理器】对话框中显示【详细信息】选项区域,在该区域可以设置线型的【名称】【全局比例因子】及【当前对象缩放比例】等参数,如图3-37所示。

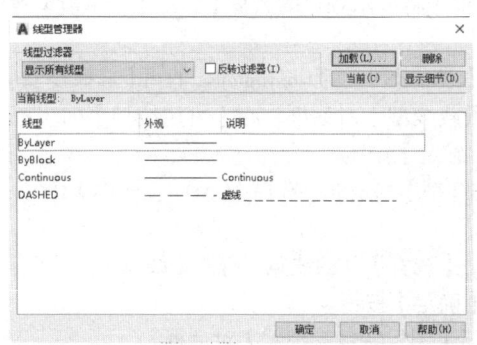

图 3-36

图 3-37

3.5.4 设置图层的线宽

线宽的设置实际上就是改变线条的宽度。用不同宽度的线条表现对象的大小或类型,可以提高图形的表达能力和可读性。

要设置图层的线宽,可在【图层特性管理器】对话框(执行【修改】|【特性匹配】命令打开)的【线宽】列中,单击该图层对应的线宽【——默认】,打开【线宽】对话框,以选择所需要的线宽,如图3-38所示。

用户也可以选择【格式】|【线宽】命令,打开【线宽设置】对话框,通过调整线宽比例,使图形中的线宽显示得更宽或更窄,如图3-39所示。

在【线宽设置】对话框中,各主要选项的含义如下:

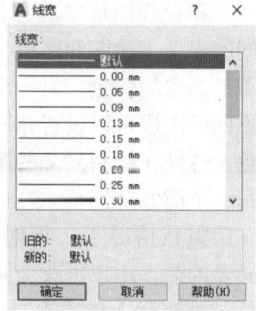

图 3-38

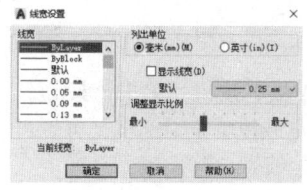

图 3-39

（1）【线宽】列表框：用于选择线条的宽度。在 AutoCAD 2020 中有 27 种线宽可供选择。

（2）【列出单位】选项区域：用于设置线宽的单位，可以选择毫米或英寸。

（3）【显示线宽】复选框：用于设置是否按照实际线宽来显示图形。另外，通过单击状态栏上的【线宽】按钮也可实现线宽显示与不显示的切换。

（4）【默认】下拉列表框：用来设置默认线宽值，即关闭显示线宽后所显示的线宽。

（5）【调整显示比例】选项区域：移动其中的滑块，可以设置线宽的显示比例。

下面举例说明：创建图层【辅助线层】，要求该图层颜色为【品红】，线型为 ACAD_ISO04W100，线宽为 0.05 毫米。

（1）选择【格式】|【图层】命令，打开【图层特性管理器】对话框。

（2）单击【新建】按钮，创建一个新图层，并在【名称】列对应的文本框中输入【辅助线层】。

（3）在【图层特性管理器】对话框中单击【颜色】列的颜色，打开【选择颜色】对话框，在标准颜色区中单击紫色，这时【颜色】文本框中将显示颜色的名称【品红】，单击【确定】按钮。

（4）在【图层特性管理器】对话框中单击【线型】列上的 Continuous，打开【选择线型】对话框。单击【加载】按钮，打开【加载或重载线型】对话框，在【可用线型】列表框中选择线型 ACAD_ISO04W100，然后单击【确定】按钮。

（5）在【选择线型】对话框的【已加载的线型】列表框中选择 ACAD_ISO04W100，然后单击【确定】按钮。

（6）在【图层特性管理器】对话框中单击【线宽】列的线宽，打开【线宽】对话框，在【线宽】列表框中选择 0.05mm，然后单击【确定】按钮。

（7）设置完毕，单击【确定】按钮，关闭【图层特性管理器】对话框。

3.6 对象特性——颜色设置

颜色在图形中具有非常重要的作用，可用来表示不同的组件、功能和区域。图层的颜色，实际上是图层中图形对象的颜色。每一个图层都应具有一定的颜色，对不同的图层可以设置相同的颜色，也可以设置不同的颜色，这样在绘制复杂的图形时就可以很容易区分图形的每一个部分。

默认情况下，新创建的图层的颜色为白色。如果必要的话，用户可改变图层的颜色。如要改变图层的颜色，可执行【格式】|【颜色】命令或在命令行直接输入 COLOR 命令后回车，在所弹出的图 3-40 所示的【选

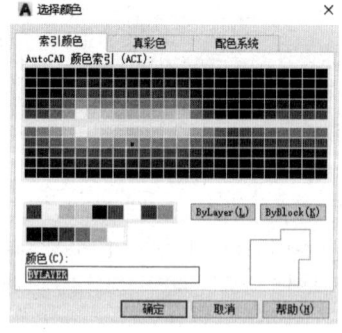

图 3-40

择颜色】对话框中进行设置。

在【选择颜色】对话框中包括【索引颜色】【真彩色】和【配色系统】3个选项卡。

（1）索引颜色：索引颜色是将256种颜色预先定义好的且组织在一张颜色表中。在图3-41所示的【索引颜色】选项卡中，用户可以在256种颜色中选取一种。用鼠标指针选取所希望的颜色或在【颜色】文本框中输入相应的颜色名或颜色号，单击【确定】按钮可接受所作的选择并关闭此对话框。

（2）真彩色：单击【真彩色】标签打开【真彩色】选项卡，在该选项卡中的【颜色模式】下拉列表中有RGB和HSL两种颜色模式可以选择，如图3-42所示。虽然通过这两种颜色模式都可以调出我们想要的颜色，但是它们是通过不同的方式组合颜色的。

RGB颜色模式是源于有色光的三原色原理，其中，R代表红色，G代表绿色，B代表蓝色。每种颜色都有256种不同的亮度值，因此RGB模式从理论上讲有256×256×256共约16兆种颜色，这也是【真彩色】概念的下限。虽然16兆种颜色仍不能涵盖人眼所能看到的整个颜色范围，自然界中的颜色也远远多于16兆种，但是这么多种颜色已经足够模拟自然界中的各种颜色了。RGB模式是一种加色模式，即所有其他颜色都是通过红、绿、蓝3种颜色叠加而成的。

HSL颜色模式以人类对颜色的感觉为基础，描述了颜色的3种基本特性。H代表色调，这是从物体反射或透过物体传播的颜色。在0~360°的标准色轮上，按位置度量色相。在通常的使用中，色调由颜色名称标识，如红色、橙色或绿色。S代表饱和度（有时称为彩度），是指颜色的强度或填充。饱和度表示色相中灰色分量所占的比例，它使用从0%（即灰色）至100%（完全饱和）的百分比来度量。在标准色轮上，饱和度从中心到边缘递增；L代表亮度，是颜色的相对明暗程度，通常用从0%（即黑色）至100%（白色）的百分比来度量。

（3）配色系统：单击【配色系统】标签打开【配色系统】选项卡，如图3-43所示。在该选项卡中的【配色系统】下拉列表中，AutoCAD 2020提供了9种定义好的色库表，用户可以选择一种色库表，然后在下面的颜色条中选择你需要的颜色。

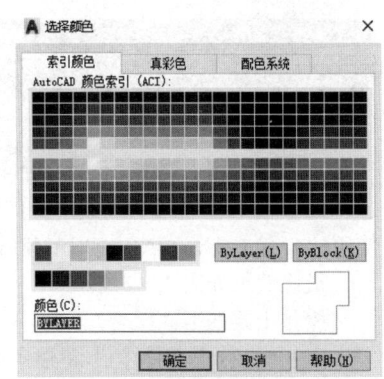

图 3-41

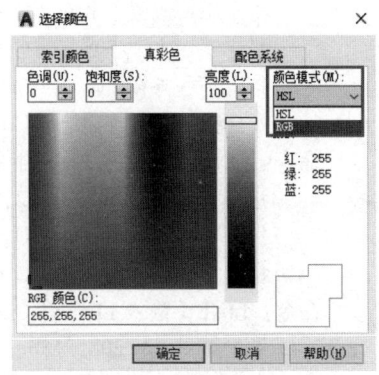

图 3-42

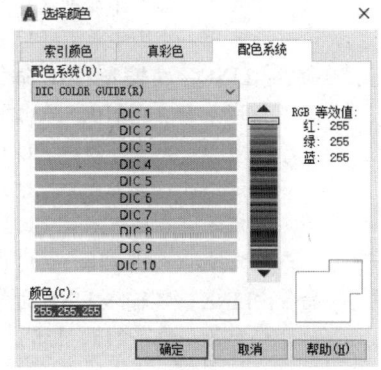

图 3-43

3.7 提高训练——绘制芯杆

本例主要用来讲解【倒角】命令（CHAMFER）的使用。这一命令在工程绘图中应用十分广泛，也很重要。本例中使用的命令主要有 LINE、CHAMFER 等。

最终效果如图 3-44 所示。

操作步骤如下：

（1）执行【文件】|【新建】命令，或者单击【快速访问工具栏】中的【新建】图标，新建一个图文件。

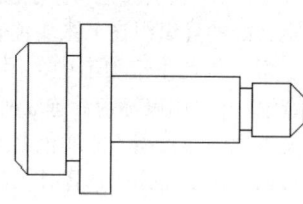

图 3-44

（2）执行直线命令 LINE，绘制芯杆。

命令：LINE↙（输入 LINE 命令或者单击【绘图】工具栏中的【直线】工具图标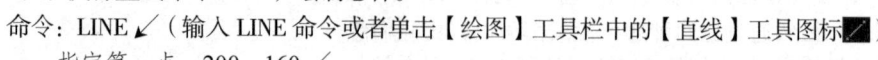）
　　指定第一点：200，160↙
　　指定下一点或 [放弃（U）]：208，160↙
　　指定下一点或 [放弃（U）]：200，140↙
　　指定下一点或 [闭合（C）/放弃（U）]：200，140↙
　　指定下一点或 [闭合（C）/放弃（U）]：C↙

命令：LINE↙（输入 LINE 命令或者单击【绘图】工具栏中的【直线】工具图标　）
　　指定直线的起始点：202，160↙
　　指定下一点或 [放弃（U）]：202，140↙
　　指定下一点或 [放弃（U）]：↙

命令：LINE（输入 LINE 命令或者单击【绘图】工具栏中的【直线】工具图标　）
　　指定第一点：208，158↙
　　指定下一点或 [放弃（U）]：210，158↙
　　指定下一点或 [放弃（U）]：↙

命令：LINE↙（输入 LINE 命令或者单击【绘图】工具栏中的【直线】工具图标　）
　　指定第一点：208，142↙
　　指定下一点或 [放弃（U）]：210，142↙
　　指定下一点或 [放弃（U）]：↙

命令：LINE↙（输入 LINE 命令或者单击【绘图】工具栏中的【直线】工具图标　）
　　指定第一点：210，163↙
　　指定下一点或 [放弃（U）]：215，163↙
　　指定下一点或 [放弃（U）]：215，137↙
　　指定下一点或 [闭合（C）/放弃（U）]：210，137↙
　　指定下一点或 [闭合（C）/放弃（U）]：C↙

命令：LINE↙（输入 LINE 命令或者单击【绘图】工具栏中的【直线】工具图标　）
　　指定第一点：215，155↙
　　指定下一点或 [放弃（U）]：235，155↙

指定下一点或 [放弃(U)]: 235, 145↵
    指定下一点或 [闭合(C)/放弃(U)]: 215, 145↵
    指定下一点或 [闭合(C)/放弃(U)]: ↵
命令: LINE↵ (输入 LINE 命令或者单击【绘图】工具栏中的【直线】工具图标)
    指定第一点: 235, 153↵
    指定下一点或 [放弃(U)]: 237, 153↵
    指定下一点或 [放弃(U)]: ↵
命令: LINE↵ (输入 LINE 命令或者单击【绘图】工具栏中的【直线】工具图标)
    指定第一点: 235, 147↵
    指定下一点或 [放弃(U)]: 237, 147↵
    指定下一点或 [放弃(U)]: ↵
命令: LINE↵ (输入 LINE 命令或者单击【绘图】工具栏中的【直线】工具图标)
    指定第一点: 237, 154↵
    指定下一点或 [放弃(U)]: 245, 154↵
    指定下一点或 [放弃(U)]: 245, 146↵
    指定下一点或 [闭合(C)/放弃(U)]: 237, 146↵
    指定下一点或 [闭合(C)/放弃(U)]: C↵
命令: LINE↵ (输入 LINE 命令或者单击【绘图】工具栏中的【直线】工具图标)
    指定第一点: 243, 154↵
    指定下一点或 [放弃(U)]: 243, 146↵
    指定下一点或 [放弃(U)]: ↵

此时屏幕如图 3-45 所示。

（3）执行【倒角】命令 CHAMFER 进行倒角。

命令: CHAMFER↵ (输入 CHAMFER 命令或者单击【修改】工具面板中的图标)
    (【修剪】模式）当前倒角距离 1=10.0000, 距离 2=10.0000
    选择第一条直线或 [多段线(P)/距离(D)/角度(A)/修剪(T)/方法(M)]: D↵
    指定第一个倒角距离 <10.0000>: 2↵
    指定第二个倒角距离 <2.0000>: ↵
    选择第一条直线或 [多段线(P)/距离(D)/角度(A)/修剪(T)/方法(M)]:
用鼠标选择，如图 3-46 所示。

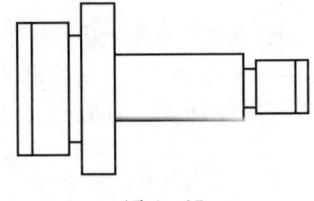

图 3-45

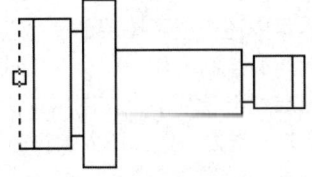

图 3-46

选择第二条直线:

用鼠标选择，如图 3-47 所示。
单击完成倒角命令，如图 3-48 所示。

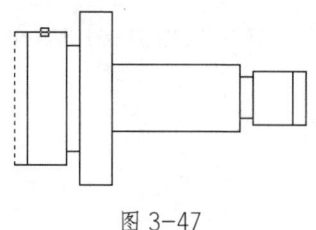

图 3-47

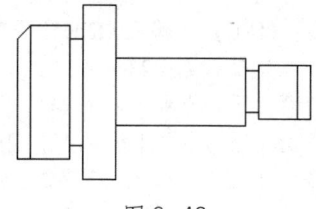

图 3-48

> **说明：** 倒角命令 CHAMFER 是对直线之间的夹角进行倒角的命令。在使用时要注意【关键字】的运用。输入不同的【关键字】，可以以不同的方式得到不同的倒角。

（4）执行倒角命令 CHAMFER 继续进行倒角。

命令：CHAMFER↙（输入 CHAMFER 命令或者单击【绘图】工具栏中的 倒角 图标）

（【修剪】模式）当前倒角距离 1=2.0000，距离子 2=2.0000

选择第一条直线或 [多段线（P）/距离（D）/角度（A）/修剪（T）/方法（M）]：

选择第二条直线：

单击完成倒角命令，如图 3-49 所示。

（5）重复以上操作，完成倒角，最后将得到图 3-44 所示的例图效果。

心得体会：在机械制图中，倒角的情况很多。AutoCAD 2020 中以倒角命令 CHAMFER 实现倒角是很快捷的。准确、熟练地运用该命令将为绘制过程带来很多方便，从而能够有效地提高绘图效率。

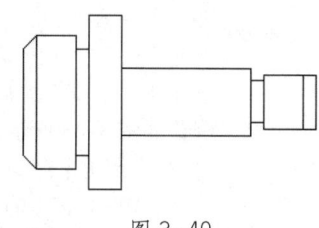

图 3-49

3.8 本章回顾

本章的主要内容是介绍用于图形编辑的 AutoCAD 2020 的命令与操作，其中有一些命令很独特，用于特殊的绘图场合可以有效提高绘图效率。

在本章中还介绍了图层的概念与特点，在包含大量线条的一幅图纸中，如果没有图层，在后期的绘制工作中将会又费时又费力，即使绘制出来也会出现大量的错误，这时就需要图层"出场"了，在图纸中无非就是些辅助线、所用材料等，让它们分门别类，这样既省时又省力，而且还大大提高了正确性。

第 4 章

辅助绘图

本章主要内容与学习目的

相对于其他图形设计软件来说，AutoCAD 2020 最大的特点就是提供了精确绘制图形的方法，读者可以按照较高的精度标准，准确地设计并绘制图形。本章为读者讲述辅助绘图的有关知识。

4.1 使用坐标系

在 AutoCAD 2020 中，有两种坐标系：一种是称为世界坐标系（WCS）的固定坐标系，另一种是称为用户坐标系（UCS）的可移动坐标系。在 WCS 中，X 轴是水平的，Y 轴是垂直的，Z 轴垂直于 XY 平面。原点是图形左下角 X 轴和 Y 轴的交点（0，0）。可以依据 WCS 定义 UCS。实际上所有的坐标输入都使用当前 UCS。

4.1.1 认识坐标系

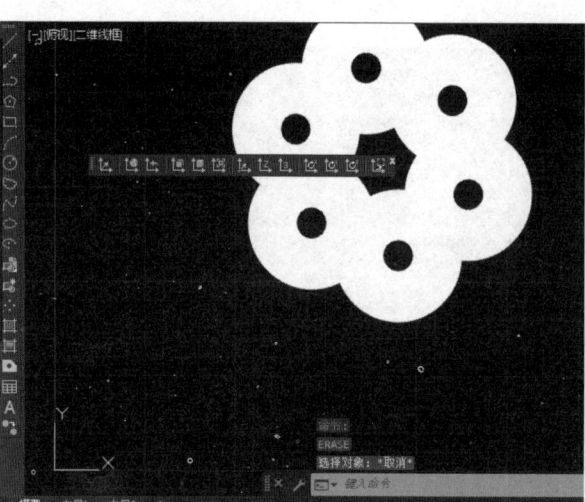

坐标(x，y)是最基本的表示方法，读者可以通过坐标（x，y）来精确定位点。

在默认情况下，在开始绘制新图形时，当前坐标系为世界坐标系，即 WCS，它包括 X 轴和 Y 轴（如果在 3D 空间工作，还有一个 Z 轴）。WCS 坐标轴的交汇处显示"口"形标记，但坐标原点并不在坐标系的交汇点，而位于图形窗口的左下角，如图 4-1 所示。所有的位移都是相对于该原点计算的，并且沿 X 轴正向及 Y 轴正向的位移被规定为正方向。

图 4-1

在 AutoCAD 2020 中，为了能够更好地辅助绘图，读者经常需要修改坐标系的原点和方向，这时世界坐标系将变为读者坐标系，即 UCS。UCS 的原点以及 X、Y、Z 轴方向都可以移动及旋转，甚至可以依赖于图形中某个特定的对象。尽管读者坐标系中 3 个轴之间仍然相互垂直，但是在方向及位置上却都有更大的灵活性。另外，UCS 没有"口"形标记。

要设置 UCS，可选择【工具】菜单中的【命名 UCS】和【新建 UCS】子命令，如图 4-2 所示。

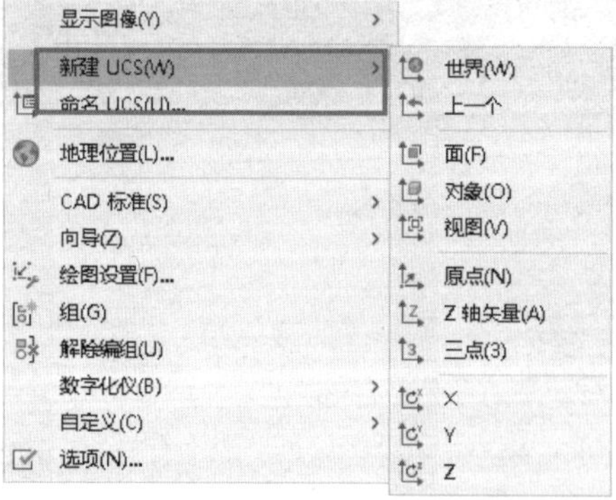

图 4-2

4.1.2 点坐标的表示方法

在 AutoCAD 2020 中，表示点坐标的方法有绝对直角坐标、绝对极坐标、相对直角坐标和相对极坐标 4 种，它们的特点如下：

（1）绝对直角坐标：是从点（0,0）或（0,0,0）出发的位移，可以使用分数、小数或科学记数等形式表示点的 X、Y、Z 坐标值，坐标间用逗号隔开，如（5.2,6.4）、（7.0,8.0,4.8）等。

（2）绝对极坐标：也是从点（0,0）或（0,0,0）出发的位移，但它给定的是距离和角度，其中距离和角度用"<"分开，且规定 X 轴正向为 0º，Y 轴正向为 90º，如 6.21 < 75、21 < 48 等。

（3）相对直角坐标和相对极坐标：相对坐标是指对于某一点的 X 轴和 Y 轴位移，或距离和角度。它的表示方法是绝对坐标表达方式前加上"@"号，如（@-23,18）和（@31 < 44）。其中，相对极坐标中的角度是新点和上一点连线与 X 轴的夹角。

4.1.3 控制坐标的显示

在绘图窗口中移动光标的十字指针时，状态栏上将动态显示当前指针的坐标。在 AutoCAD 2020 中，坐标显示取决于所选择的模式和程序中运行的命令，共有以下 3 种方式：

（1）关：显示上一个拾取点的绝对坐标。此时，指针坐标不能动态更新，只有在拾取一个新点时，显示才会更新。但是，从键盘输入一个新点坐标时，不会改变该显示方式。

（2）绝对：显示光标的绝对坐标，该值是动态更新的，默认情况下，该显示方式是打开的。

（3）相对：显示一个相对极坐标。当选择该方式时，如果当前处在拾取点状态，系统将显示光标所在位置相对于上一个点的距离和角度。当离开拾取点状态时，系统将恢复到【绝对】模式。

在实际绘图过程中，读者可以根据需要，随时按下 F6、Ctrl+D 键或单击状态栏的坐标显示区域，在这 3 种方式间切换，如图 4-3 所示。

当选择【关】模式时，坐标显示呈现灰色，表示坐标显示是关闭的，但是上一个拾取点的坐标仍然是可读的。在一个空的命令提示符或一个不接收距离及角度输入的提示符下，读者能在【关】模式和【绝对】模式之间选择；在一个接收距离及角度输入的提示符下，读者可以在所有模式间循环切换。

| 6.7026, 2.4084, 0.0000 | 14.3686, 14.2423, 0.0000 | 13.7431< 182 , 0.0000 |

图 4-3

4.1.4 创建与使用用户坐标系

在 AutoCAD 2020 中，使用【工具】菜单中的【命名 UCS】和【新建 UCS】命令，可以命名、创建用户坐标系。

（1）命名CUS：选择【工具】|【命名UCS】命令，可打开【UCS】对话框。使用【命名UCS】选项卡，可以在【当前UCS】列表中选择【世界】选项，然后执行【置为当前】按钮，可将其设置为当前坐标系，如图4-4所示。

在【当前UCS】列表中的坐标系选项上执行鼠标右键，将弹出一个快捷菜单。利用快捷菜单中的命令可以重命名坐标系、删除坐标系、将坐标系置为当前坐标系。也可以执行【详细信息】按钮，在【UCS详细信息】对话框中查看坐标系的详细信息，如图4-5所示。

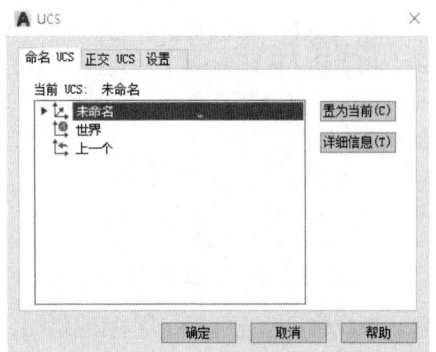

图4-4

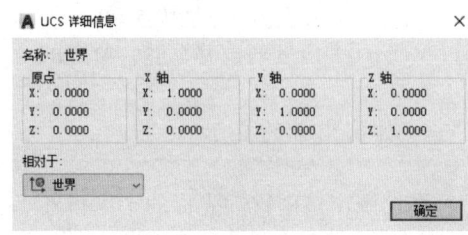

图4-5

【正交UCS】选项卡：该选项卡中包括【俯视】【仰视】【左视】【右视】【前视】和【后视】等。此外，从【当前UCS】列表中可以选择需要使用的正交坐标系，如图4-6所示。

（2）新建UCS：在AutoCAD 2020中，选择【工具】|【新建UCS】命令，利用其子命令可以方便地创建UCS，如图4-7所示。

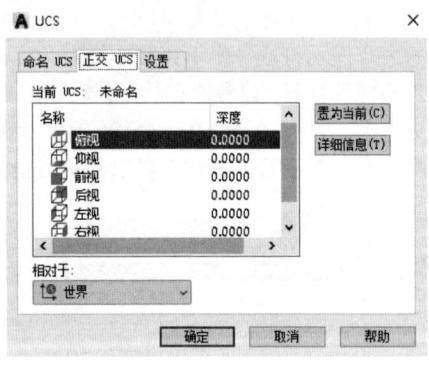

图4-6

图4-7

在【新建UCS】的子命令中，各命令的意义如下：

① 世界：可以从当前的用户坐标系恢复到世界坐标系。WCS是所有用户坐标系的基准，不能被重新定义。

② 对象：选择该子命令，可以根据选取的对象快速简单地建立 UCS，使对象位于新的 XY 平面，其中，X 轴和 Y 轴的方向取决于用户选择的对象类型。该命令不能用于三维实体、三维多段线、三维网格、视口、多线、面域、样条曲线、椭圆、射线、参照线、引线、多行文字等对象。对于非三维面的对象，新 UCS 的 XY 平面与当绘制该对象时生效的 XY 平面平行。但 X 轴和 Y 轴可作不同的旋转。通过选择对象来定义 UCS 的方法如表 4-1 所示。

表 4-1 对象的 UCS 定义方法

对象类类型	UCS 定义方法
圆弧	圆弧的圆心成为新 UCS 的原点。X 轴通过距离选择点最近的圆弧端点
圆	圆的圆心成为新 UCS 的原点。X 轴通过选择点
标注	标注文字的中点成为新 CUS 的原点。新 X 轴的方向平行于当绘制标注时生效的 UCS 的 X 轴
直线	离选择点最近的端点成为新 UCS 的原点。AutoCAD 2020 选择新的 X 轴使该直线位于新 UCS 的 XZ 平面中。该直线的第二个端点在新坐标系中的 Y 坐标为零
点	该点成为新 UCS 的原点
二维多段线	多段线的起点成为新 UCS 的原点。X 轴沿从起点到下一顶点的线段延伸
实体	二维填充的第一点确定新 UCS 的原点。新 X 轴沿前两点之间的连线方向
多线	多线的起点成为新 UCS 的原点，X 轴沿多线的中心线方向
三维面	取第一点作为新 UCS 的原点，X 轴沿前两点的连线方向，Y 的正方向取自第一点和第四点。Z 轴由右手定则确定
文字、块参照、属性定义	该对象的插入点成为新 UCS 的原点，新 X 轴由对象绕其拉伸方向旋转定义。用于建立 UCS 的对象在新 UCS 中的旋转角度为零

③ 面：可以将 UCS 与实体对象的选定面对齐。要选择一个面，可在该面的边界内或面的边上执行，被选中的面将亮显，UCS 的 X 轴将与找到的第一个面上最近的边对齐。

④ 视图：可以以垂直于观察方向（平行于屏幕）的平面为 XY 平面，建立新的坐标系。UCS 原点保持不变。在注释当前视图且要使文字以平面方式显示时，该命令十分有用。

⑤ 原点：通过移动当前 UCS 的原点，保持其 X、Y 和 Z 轴方向不变，从而定义新的 UCS。选择命令可以在任何高度建立坐标系。如果没有给原点指定 Z 坐标值，将使用当前标高。

⑥ Z 轴矢量：用特定的 Z 轴正半轴定义 UCS。这时需要选择两点，第一点被作为新的坐标系原点，第二点决定 Z 轴的正向，XY 平面垂直于新的 Z 轴。

⑦ 三点：可以通过在 3D 空间的任意位置指定 3 点，来确定新 UCS 原点及其 X 轴和 Y 轴的正方向，Z 轴由右手定则确定。其中第一点定义坐标系原点，第二点定义 X 轴正向，第三点定义 Y 轴正向。

⑧ X / Y / Z：可以旋转当前的 UCS 轴来建立新的 UCS。在命令行提示中，要以输入正或负的角度以旋转 UCS。AutoCAD 2020 用右手定则来确定绕该轴旋转的正方向。

⑨ 应用：当窗口中包含多个视口时，可以将当前视口的坐标系应用于其他视口。

⑩ 上一个：选择此选项后，用户可以将当前坐标系恢复到前一次所设置的坐标系位置。用户可以连续执行这个命令，直到将坐标系恢复为 WCS 为止。

4.2 使用捕捉、栅格与正交定位图形

在绘制图形时，除了可以使用直角坐标和极坐标精确定位点外，还可以使用提供的栅格、捕捉和正交功能来定位点。

4.2.1 设置栅格和捕捉

【捕捉】用于设定鼠标指针移动的间距。【栅格】是一些标定位置的小点，每个栅格方块代表一个像素，它所起的作用就像是坐标纸，使用它可以提供直观的距离和位置参照。在 AutoCAD 2020 中，使用【捕捉】和【栅格】功能，可以提高绘图效率。要打开或关闭【捕捉】和【栅格】功能，可选下列方法之一：

（1）在 AutoCAD 2020 程序窗口的状态栏中，单击【捕捉到图形栅格】和【显示图形栅格】按钮。

（2）按 F7 键打开或关闭【栅格】，按 F9 键打开或关闭【捕捉】。

执行【工具】|【绘图设置】命令，打开【草图设置】对话框，如图 4-8 所示。在【捕捉和栅格】选项卡中，可以设置捕捉和栅格的相关参数。

提示：建议不需要时保持关闭。

各选项的功能如下：

（1）启用捕捉：该复选框用于打开或关闭捕捉方式。

启用：光标会跳来跳去，因为打开捕捉模式后，光标会以一定间距进行捕捉。

关闭：光标可以任意位置移动及捕捉。

（2）捕捉间距：在该选项区域中可以设置捕捉 X、Y 轴间距角度以及 X、Y 基点坐标。

（3）启用栅格：该复选框用于打开或关闭栅格的显示。

打开：绘图区就会显示许多定距小点。如果第一条中的捕捉间距与栅格间距设置得相同，打开捕捉模式，光标就会自动捕捉某个点，且只能在小点间跳跃。

关闭：绘图区小点消失。

没有需要时建议关闭。

（4）栅格样式：选择点栅格在何处显示，是【二维模型空间】【块编辑器】或者是【图纸/布局】中。

（5）捕捉类型：在该选项区域中可以设置捕捉类型是【栅格捕捉】还是【PolarSnap】（极轴捕捉）。选择【栅格捕捉】单选按钮，设置捕捉样式为栅格，当选择【矩形捕捉】单选按钮时，可将捕捉样式设置为标准矩形捕捉模式，光标可以捕捉一个矩形栅格；当选择【等轴测捕捉】单选按钮时，可将捕捉样式设置为等

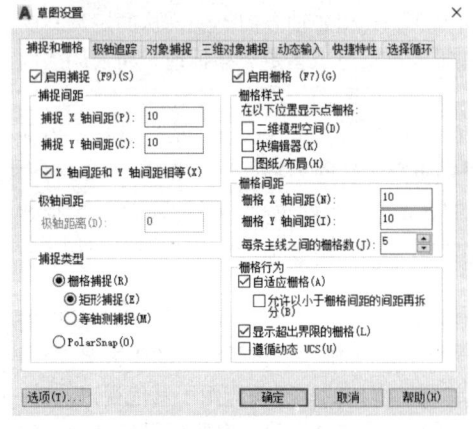

图 4-8

轴测捕捉模式,光标将捕捉到一个等轴测栅格;在【捕捉间距】和【栅格间距】选项区域可以设置相关参数。

(6)极轴间距:当【PolarSnap】选项被选中时,可以在此设置极轴距离。

(7)栅格间距:在该选项区域中可以设置栅格的X、Y轴间距,如果栅格的X、Y轴间距值为0,则栅格采用捕捉X、Y轴间距的值。

4.2.2 使用捕捉与栅格

1. 使用捕捉

在AutoCAD 2020的命令行中输入SNAP命令也可以打开或关闭捕捉模式,设置捕捉间距、旋转及样式等,其命令行提示如下:

指定捕捉间距或[打开(ON)/关闭(OFF)/纵横向间距(A)/传统(L)/样式(S)/类型(T)]<0.5000>:

默认情况下,需要指定捕捉间距。

(1)【打开(ON)】选项:用当前栅格的分辨率、旋转角和样式激活【捕捉】模式。

(2)【关闭(OFF)】选项:关闭SNAP模式,但保留当前设置。

(3)【纵横向间距(A)】选项:在X和Y方向上指定不同的间距。如果当前捕捉模式为等轴测,则不能使用该选项。

(4)【旋转(R)】选项:设置捕捉栅格的原点和旋转角。旋转角相对于当前读者坐标系进行度量,可以在 $-90°$ ~ $90°$ 之间指定旋转角,但不会影响UCS的原点和方向。正角度使栅格绕其基点逆时针旋转,负角度使栅格顺时针旋转,如图4-9所示。

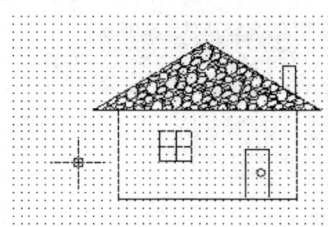
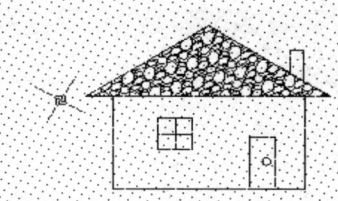

图 4-9

在捕捉旋转的状态下,鼠标指针的方向也发生了旋转,此时,即使正交方式是打开的,也只能沿栅格方向画线,而不是沿坐标方向。

(5)【样式(S)】选项:用于设置【捕捉】栅格的样式为【标准】或【等轴测】。【标准】样式显示与当前UCS的XY平面平行的矩形栅格,X间距与Y间距可能不同;【等轴测】样式显示等轴测栅格,栅格点初始化为30°和150°角,等轴测捕捉可以旋转,但不能有不同的纵横向间距值。等轴测包括上等轴测平面(30°和150°角)、左等轴测平面(90°和150°角)和右等轴测平面(30°和90°角),如图4-10所示。

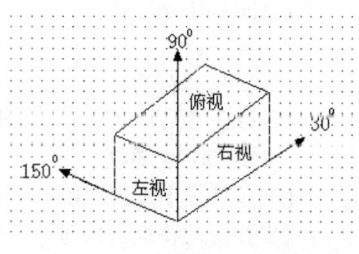

图 4-10

（6）【类型（T）】选项：用于指定捕捉类型为极轴或栅格。

2. 使用栅格

如果在命令行输入命令 GRID，也可以设置栅格显示及间距，此时命令行提示如下：

指定栅格间距（X）或 [开（ON）/ 关（OFF）/ 捕捉（S）/ 主（M）/ 自适应（D）/ 界限（L）/ 跟随（F）/ 纵横向间距（A）] <0.5000>:

默认情况下，需要设置栅格间距值。该间距值不能设置太小，否则将导致图形模糊及屏幕重画太慢，甚至无法显示栅格。

（1）【开（ON）】选项：打开当前栅格。

（2）【关（OFF）】选项：关闭栅格。

（3）【捕捉（S）】选项：将栅格间距设置为由 SNAP 命令指定的捕捉间距。

4.2.3 使用正交模式

使用 Ortho 命令，可以打开正交模式，它用于控制是否以正交方式绘图。在该模式下，读者可以方便地绘制出与当前 X 轴或 Y 轴平行的线段。要打开或关闭正交方式，可执行下列操作之一：

（1）在 AutoCAD 2020 程序窗口的状态栏中，单击【正交】按钮。

（2）按 F8 键打开或关闭。

打开正交功能后，输入的第一点是任意的，但当移动光标准备指定第二点时，引出的橡皮筋线已不再是这两点之间的连线，而是起点到光标十字线的垂直线中较长的那段线，此时单击鼠标，该橡皮筋线就变成所绘直线。

4.3 使用对象捕捉

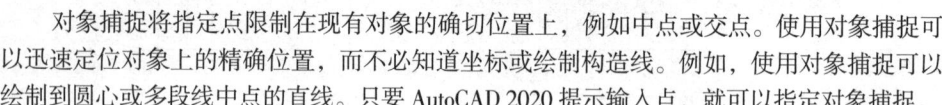

对象捕捉将指定点限制在现有对象的确切位置上，例如中点或交点。使用对象捕捉可以迅速定位对象上的精确位置，而不必知道坐标或绘制构造线。例如，使用对象捕捉可以绘制到圆心或多段线中点的直线。只要 AutoCAD 2020 提示输入点，就可以指定对象捕捉。

4.3.1 打开对象捕捉功能

在 AutoCAD 2020 中，可以使用多种方法打开对象捕捉。如果在工具栏种选择单一对象捕捉，或在命令行输入捕捉名称，捕捉仅对指定的下一点生效。也可以设置执行对象捕捉，即工作时有效的一种或多种对象捕捉。选择【无】关闭单个对象捕捉和执行对象捕捉。可以通过【对象捕捉】工具栏、【草图设置】对话框等方式调用对象捕捉功能。

1. 对象捕捉工具栏

【对象捕捉】工具栏如图 4-11 所示。在绘图过程中，当要求读者指定点时，单击该工具栏中相应的特征点按钮，再把光标移到捕捉对象上的特征点附近，即可捕捉相应的对象特征点。【对象捕捉】工具栏各捕捉模式的名称和功能如表 4-2 所列。

第4章 辅助绘图

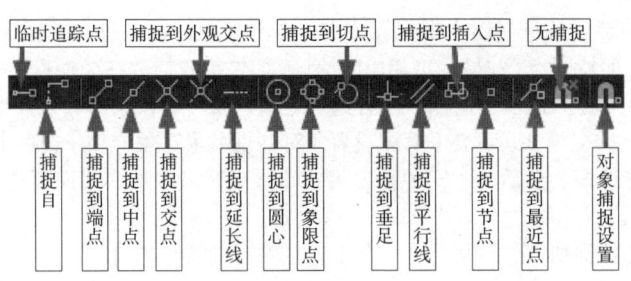

图 4-11

表 4-2 对象捕捉工具及其功能

图标	名称	功能
	临时追踪点	创建对象捕捉所使用的临时点
	捕捉自	从临时参照点偏移
	捕捉到端点	捕捉到线段或圆弧的最近端点
	捕捉到中点	捕捉到线段或圆弧等对象的中点
	捕捉到交点	捕捉到线段、圆弧、圆等对象之间的交点
	捕捉到外观交点	捕捉到两个对象的外观的交点
	捕捉到延长线	捕捉到直线或圆弧的延长线上的点
	捕捉到圆心	捕捉到圆或圆弧的圆心
	捕捉到象限点	捕捉到圆或圆弧的象限点
	捕捉到切点	捕捉到圆或圆弧的切点
	捕捉到垂足	捕捉到垂直于线、圆或圆弧上的点
	捕捉到平行线	捕捉到与指定线平行的线上的点
	捕捉到插入点	捕捉块、图形、文字或属性的插入点
	捕捉到节点	捕捉到节点对象
	捕捉到最近点	捕捉离拾取点最近的线段、圆、圆弧或等对象上的点
	无捕捉	关闭对象捕捉模式
	对象捕捉设置	设置自动捕捉模式

2. 使用自动捕捉功能

在绘制图形的过程中,使用对象捕捉的频率非常高。如果在每捕捉一个对象特征点时都要选择捕捉模式,将使工作效率大大降低。为此,AutoCAD 2020 又提供了一种自动对象捕捉模式。

所谓自动捕捉，就是当读者把光标放在一个对象上时，系统自动捕捉到该对象上所有符合条件的几何特征点，并显示出相应的标记。如果把光标放在捕捉点上多停留一会儿，系统还会显示该捕捉的提示。这样，读者选点之前，就可以预览和确认捕捉点。

要打开对象捕捉模式，可在【草图设置】对话框的【对象捕捉】选项卡中，选中【启用对象捕捉】复选框，然后在【对象捕捉模式】选项区域中选中相应复选框，如图4-12所示。

要设置自动捕捉功能，可执行【工具】|【选项】命令，在【选项】对话框的【绘图】选项卡中进行设置，如图4-13所示。

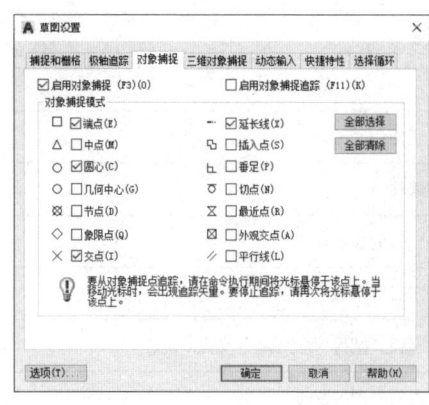

图 4-12

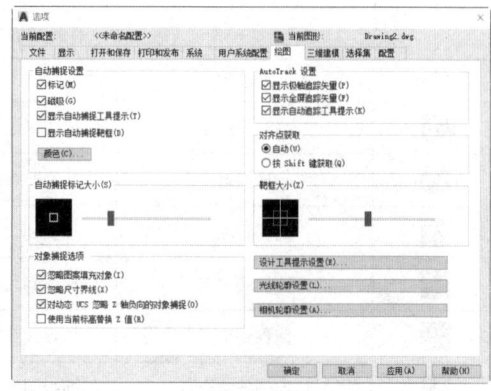

图 4-13

在【自动捕捉设置】选项区域用于设置自动捕捉的方式，包含以下选项：

（1）【标记】复选框：用于设置在自动捕捉到特征点时是否显示特征标记框。

（2）【磁吸】复选框：用于设置在自动捕捉到特征点时是否像磁铁一样将光标吸到特征点上。

（3）【显示自动捕捉工具提示】复选框：用于设置在自动捕捉到特征点时是否显示【对象捕捉】工具栏上相应按钮的提示文字。

（4）【显示自动捕捉靶框】复选框：用于设置是否捕捉靶框，该框是一个比捕捉标记大2倍的矩形框。

（5）【颜色】下拉列表框：用来设置自动捕捉标记的颜色。

此外，在【自动捕捉标记大小】选项区域中，拖动滑块可以设置自动捕捉标记的尺寸大小。

3. 对象捕捉快捷菜单

当要求指定点时，可以按住Shift键或者Ctrl键，并单击鼠标右键打开对象捕捉快捷菜单，如图4-14所示。从该菜单上选择需要的子命令，再把光标移到要捕捉对象的特征点附近，即可捕捉到相应的对象特征点。

在对象捕捉快捷菜单中，除了【点过滤器】子命令外，其余各项都与【对象捕捉】工具栏（图4-15）中的各种捕捉模式相对应。【点过滤器】子命令中的各命令用于捕捉满足指定坐标条件的点。

图 4-14

第4章 辅助绘图

图 4-15

4.3.2 运行和覆盖捕捉模式

在 AutoCAD 2020 中，对象捕捉模式又可以细分为运行捕捉模式和覆盖捕捉模式。

在【草图设置】对话框的【对象捕捉】选项卡中，设置的对象捕捉模式始终处于运行状态，直到关闭它们为止，这种捕捉模式称为运行捕捉模式。

如果在点的命令行提示下输入关键字（如 MID、CEN、QUA 等），单击【对象捕捉】工具栏中的工具或在对象捕捉快捷菜单中选择相应命令，此时只临时打开捕捉模式，这种捕捉模式称为覆盖捕捉模式，它仅对本次捕捉点有效，在命令行中显示一个【于】标记。

要打开或关闭运行捕捉模式，可单击状态栏上的【捕捉到图形栅格】按钮。此外，设置覆盖捕捉模式后，系统将暂时覆盖运行捕捉模式。

4.4 使用自动追踪

在 AutoCAD 2020 中，自动追踪功能是一个非常有用的辅助绘图工具，使用它要按指定角度绘制对象，或者绘制与其他对象有特定关系的对象。自动追踪功能分极轴追踪和对象捕捉追踪两种。

4.4.1 极轴追踪与对象捕捉追踪

极轴追踪是按事先给定的角度增量来追踪特征点，而对象捕捉追踪则以对象的某种特定关系来追踪。

对象追踪必须与对象捕捉同时工作。也就是在追踪对象捕捉到点之前，必须先打开对象捕捉功能。

极轴追踪功能可以在系统要求指定一个点时，按预先设置的角度增量显示一条无限延伸的辅助线（这是一条虚线），这时读者就可以沿辅助线追踪得到光标点。要对极轴追踪和对象捕捉追踪进行设置，可在【草图设置】对话框的【极轴追踪】选项卡中设置，如图 4-16 所示。

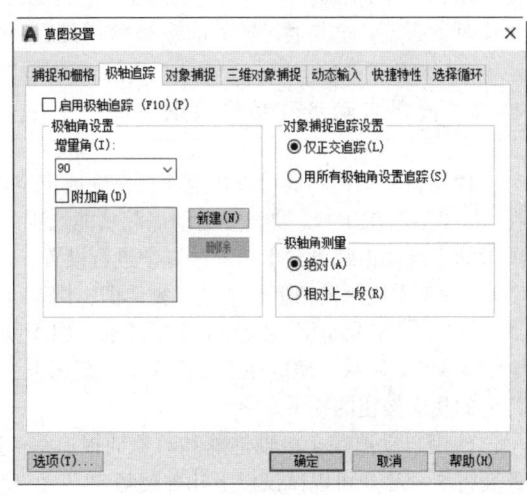

图 4-16

【极轴追踪】选项卡中各选项的功能和含义如下：

（1）【启用极轴追踪】复选框：用于打开或关闭极轴追踪。也可以使用自动捕捉系统变量或按 F10 键来打开或关闭极轴追踪。

（2）【极轴角设置】选项区域：用于设置极轴角度。在【增量角】下拉列表框中可以选择系统预设的角度，如果该下拉列表框中的角度不能满足需要，可选择【附加角】复选框，然后单击【新建】按钮，在【附加角】列表中增加新角度。

（3）【对象捕捉追踪设置】选项区域：用于设置对象捕捉追踪。选择【仅正交追踪】单选项，可在启用对象捕捉追踪时，只显示获取的对象捕捉点的正交（水平／垂直）对象捕捉追踪路径；选择【用所有极轴角设置追踪】单选项，可以将极轴追踪设置应用到对象捕捉追踪，使用对象捕捉追踪时，光标将从获取的对象捕捉点起沿极轴对齐角度进行追踪。使用 POLARMODE 系统变量可以控制对象捕捉追踪设置。

打开正交模式，光标将被限制沿水平或垂直方向移动。因此，正交模式和极轴追踪模式不能同时打开，若一个打开，另一个将自动关闭。

（4）【极轴角测量】选项区域：用于设置极轴追踪对齐角度的测量基准。其中，选择【绝对】单选项，可以基于当前读者坐标系（UCS）确定极轴追踪角度；选择【相对上一段】单选项，可以基于最后绘制的线段确定极轴追踪角度。

4.4.2 使用临时追踪点和捕捉自功能

在【对象捕捉】工具栏中，还有两个非常有用的对象捕捉工具，即【临时追踪点】和【捕捉自】工具。

（1）【临时追踪点】工具：可在一次操作中创建多条追踪线，然后根据这些追踪线确定所要定位的点。

（2）【捕捉自】工具：并不是对象捕捉模式，但它经常与对象捕捉一起使用。在使用相对坐标指定下一个应用点时，【捕捉自】工具可以提示输入基点，并将该点作为临时参照点，这与通过输入前缀 @ 使用最后一个点作为参照点类似。

4.4.3 使用自动追踪功能绘图

使用自动追踪功能可以快速而且精确地定位点，因此，在很大程度上提高了绘图效率。在 AutoCAD 2020 中，要设置自动追踪功能选项，可打开【选项】对话框，在【草图】选项卡的【自动追踪设置】选项区域中进行设置，该选项区域中包括以下选项：

（1）【显示极轴追踪矢量】复选框：用于设置是否显示极轴追踪的矢量数据。

（2）【显示全屏追踪矢量】复选框：用于设置是否显示全屏追踪的矢量数据。

（3）【显示自动追踪工具栏提示】复选框：用于设置在追踪特征点时是否显示工具栏上的相应按钮的提示文字。

使用自动追踪（极轴追踪和对象捕捉追踪）时，将会发现一些技巧，使指定设计任务变得更容易。可以试试以下几种技巧：

（1）和对象捕捉追踪一起使用【垂直】【端点】和【中点】对象捕捉，以绘制垂直于对象端点或中点的点。

（2）与临时追踪点一起使用对象捕捉追踪。在输入点的提示下，输入 tt，然后指定一个临时追踪点。该点上将出现一个小的加号（+）。移动光标时，将相对于这个临时点显示自动追踪对齐路径。要将这点删除，请将光标移回到加号（+）上面。

（3）获取对象捕捉点之后，使用直接距离沿对齐路径（始于已获取的对象捕捉点）在精确距离处指定点。要在提示下指定点，请选择对象捕捉，移动光标显示对齐路径，然后在【命令】提示下输入距离。

（4）使用【选项】对话框的【绘图】选项卡中设置的【自动】和【用 Shift 键获取】选项管理点的获取方式。点的获取方式默认设置为【自动】。当光标距要获取的点非常近时，按下 Shift 键将暂时不获取对象点。

4.5 提高训练——自动追踪的应用

使用自动追踪功能绘制如图 4-17 所示的图形。

（1）执行【工具】|【绘图设置】命令，打开【草图设置】对话框，在【捕捉和栅格】选项卡的【捕捉类型】选项区域中，选择【PolarSnap】单选按钮，并将【极轴距离】设置为1。然后，在【极轴追踪】选项卡中，选择【用所有极轴角设置追踪】单选项。

（2）单击【确定】按钮，关闭【草图设置】对话框。然后，在程序窗口中单击状态栏中的【捕捉】【极轴】【对象捕捉】【对象追踪】按钮，启动捕捉与追踪功能。

（3）执行【绘图】|【构造线】命令或在【绘图】工具栏中单击【构造线】按钮，绘制一条水平构造线和一条垂直构造线。

（4）在【绘图】工具栏中单击【圆】按钮

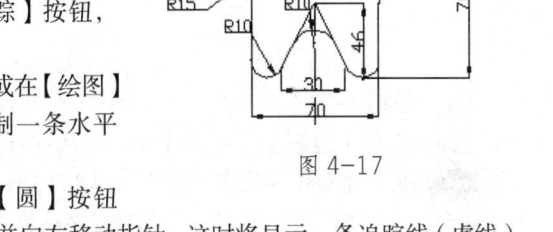

图 4-17

，将鼠标指针移到构造线的交点 O，并向左移动指针，这时将显示一条追踪线（虚线），当指针显示【交点：20.0000<180°】时单击，即可确定圆心位置，如图 4-18 所示。

（5）确定圆心位置后移动鼠标指针，当指针显示【极轴：81.0000<60°】时（后面的角度可以为任意值）单击，即可确定圆的半径，这时将创建一个半径为 11 的圆，如图 4-19 所示。

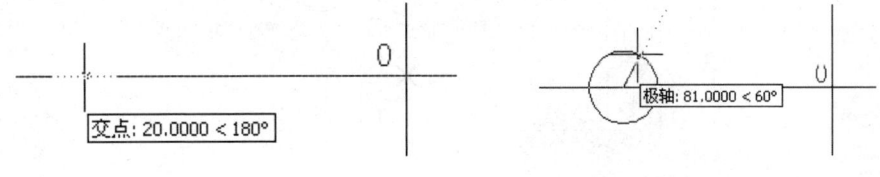

图 4-18　　　　　　　　　　　图 4-19

（6）在【绘图】工具栏中单击【圆】按钮⊙，在【对象捕捉】工具栏中单击【捕捉到圆心】按钮⊙，并将指针移到绘圆的圆心位置，当指针显示【圆心】时单击，确定圆心位置，如图4-20所示；然后，移动鼠标指针，当指针显示【极轴：125.0000<30°】时（后面的角度可以为任意值）单击，即可确定圆的半径，这时将创建一个半径为20的圆，如图4-21所示。

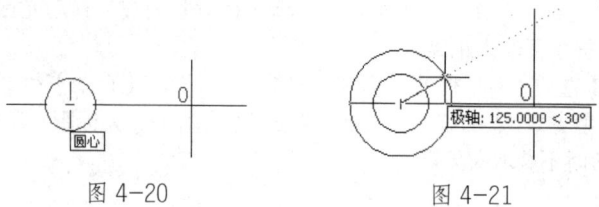

图 4-20　　　　　　　　图 4-21

（7）参照步骤（4）~步骤（6），从构造线交点O向上追踪20个单位，确定圆心位置，并绘制一个半径为10和一个半径为32的圆，结果如图4-22所示。

（8）在【绘图】工具栏中单击【直线】按钮╱，从构造线交点O向左追踪，单击确定直线的起点，然后向下追踪，此时指针显示【极轴：460.0000<270°】，单击确定直线的另一端点，如图4-23所示。

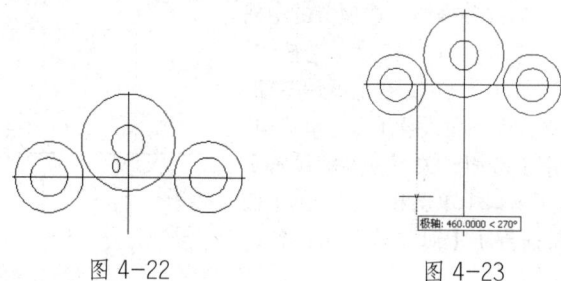

图 4-22　　　　　　　　图 4-23

（9）参照步骤（8），使用同样方法，在点O的右边绘制一条长度为70的直线段。

（10）执行【绘图】|【射线】命令，从点O开始向下追踪24个单位，单击确定射线的起点，再在【对象捕捉】工具栏中单击【捕捉自】按钮，并从射线起点向下追踪46个单位，单击然后向左追踪，当指针显示【极轴：197.0000<300°】时单击，即绘制一条射线，如图4-24所示。

（11）参照步骤（10），使用同样方法，在点O的右边绘制一条射线，如图4-25所示。

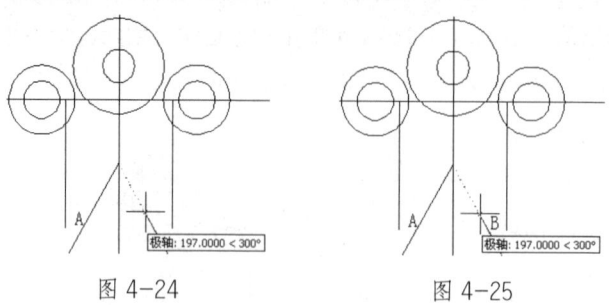

图 4-24　　　　　　　　图 4-25

（12）在【绘图】工具栏中单击【直线】按钮，以直线端点 A、B 为端点绘制一条直线。

（13）执行【绘图】|【圆】|【相切、相切、半径】命令，以圆 M 和圆 N 为相切对象，绘制一个半径为 20 的相切圆，如图 4-26 所示。

（14）使用同样方法，绘制其他相切圆，尺寸大小参照下图，结果如图 4-27 所示。

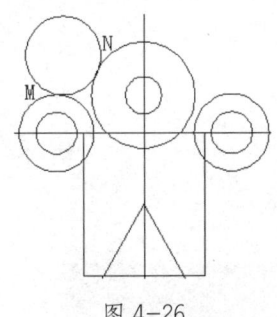

图 4-26　　　　　　　　　图 4-27

（15）在【修改】工具面板中单击【修剪】按钮，参照图 4-28，修剪图形中的多余线条。

（16）选择所绘的水平构造线和垂直构造线，然后按 Delete 键将其删除，如图 4-29 所示。

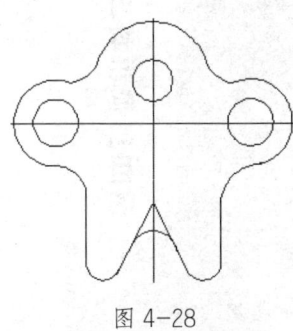
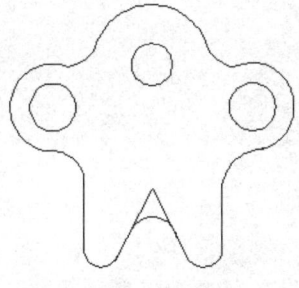

图 4-28　　　　　　　　　图 4-29

（17）关闭绘图窗口，并保存图形。

4.6 本章回顾

本章为读者讲述了辅助定位图形的基本知识，包括使用坐标系，使用捕捉、栅格与正交，使用对象捕捉，使用自动跟踪。借助本章所学内容，读者可以按照较高的精度标准准确地设计并绘制图形。

第 5 章
创建与编辑文字

图形中的文字表达了重要的信息。可以在标题块中使用文字，还可以用文字标记图形的各个部分、提供说明或进行注释。AutoCAD 2020 提供了多种创建文字的方法。对简短的输入项使用单行文字，对带有内部格式的较长的输入项使用多行文字。虽然所有输入的文字都使用当前文字样式建立缺省字体和格式设置，但也可自定义文字外观。

本章主要内容与学习目的

5.1 创建与编辑文字样式

执行【格式】|【文字样式】命令，或直接在命令行输入 DDSTYLE 命令，弹出如图 5-1 所示的对话框。

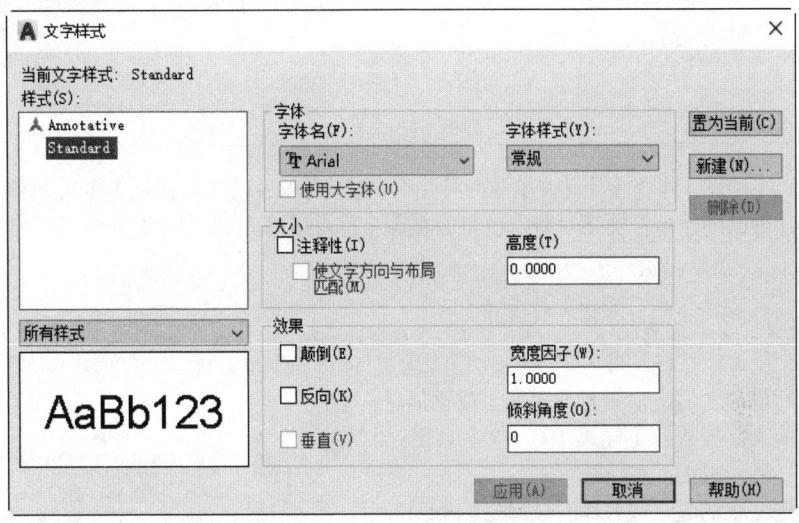

图 5-1

（1）【样式】列表框：列举出已存在的文本样式。
①【新建】按钮：新建文本样式，单击此按钮后弹出如图 5-2 所示的输入框，输入样式名即可。
②在当前文本样式名行右击，在弹出的菜单中选择【重命名】，然后在样式文本框中输入新的样式名即可。

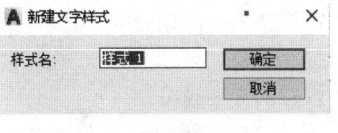

图 5-2

③【删除】按钮：删除列表框中当前文本样式。
（2）【字体】下的【字体名】列表框：列举出 AutoCAD 2020 支持的字体，从中可选取。
①【字体样式】列表框：列举出所选字体的样式，一般为【常规】即普通的方块字。
②【高度】文本框：设置文本的高度。
（3）【效果】框架下的【颠倒】复选框：如选中表示文本颠倒。
①【反向】复选框：如选中表示文本以镜像方式标注。
②【宽度因子】文本框：设置宽度系数，决定文字的宽度。
③【倾斜角度】文本框：设置文字的倾斜角度。
④【垂直】复选框：如选中表示文本垂直标注。
（4）【预览】框架：位于对话框左下角，用于预览文本样式效果。
（5）【应用】按钮：确认对当前文本样式的设置。

5.2 创建与编辑单行文字

在 AutoCAD 2020 中,可以使用如图 5-3 所示的【文字】工具面板创建单行和多行文字。对于单行文字来说,它的每一行都是一个文字对象,因此,可以用来创建文字内容比较简短的文字对象(如标签),并且可以对它们进行单独编辑。

5.2.1 创建单行文字

图 5-3

执行【绘图】|【文字】|【单行文字】命令,或在【文字】工具面板中单击【单行文字】按钮A,可以创建单行文字对象。也可以在命令行直接输入 DTEXT 命令进行创建。

> **注意:** 输入 DTEXT 按 Enter 键后,会弹出如图 5-4 所示的【选择注释比例】对话框,选中【不再显示此消息】后单击【确定】按钮,以后就不会再弹出该对话框了。

执行该命令后,命令行显示如下提示信息:
当前文字样式:【样式 1】 文字高度: 0.2000
注释性: 是 对正: 左
指定文字的起点或 [对正 (J)/ 样式 (S)]:

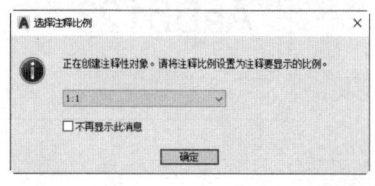

图 5-4

(1)指定文字的起点:默认情况下,通过指定单行文字行基线的起点位置创建文字。如果当前文字样式的高度设置为 0 时,系统将显示【指定高度:】提示信息,要求指定文字高度;否则不显示该提示信息,而使用【文字样式】对话框中设置的文字高度。

之后,系统显示【指定文字的旋转角度<0>:】提示信息,要求指定文字的旋转角度。文字旋转角度是指文字行排列方向与水平线的夹角,默认角度为 0。最后,输入文字,可以切换到 Windows 的中文输入方式下,输入中文文字。

(2)设置对齐方式:在【指定文字的起点或 [对正 (J)| 样式 (S)]:】提示下,输入 J,可以设置文字的对齐方式。此时命令行显示如下提示信息:

输入选项 [左 (L)/ 居中 (C)/ 右 (R)/ 对齐 (A)/ 中间 (M)/ 布满 (F)/ 左上 (TL)/ 中上 (TC)/ 右上 (TR)/ 左中 (ML)/ 正中 (MC)/ 右中 (MR)/ 左下 (BL)/ 中下 (BC)/ 右下 (BR)]:

在输入文字的过程中,可以随时改变文字的位置。在输入文字的过程中,如果想改变后面输入文字的位置,则将光标移到新位置并按拾取键,原标注待结束,标志出现在新确定的位置,之后用户可以在此继续输入文字。但在标注文字时,不论采用哪种文字排列方式,输入文字时在屏幕上显示的文字都是按左对齐的方式排列,直到结束 TEXT 命令后,才按指定的排列方式重新生成。

(3)设置当前文字样式:在【指定文字的起点或 [对正 (J)| 样式 (S)]:】提示下,输入 S,可以设置当前使用的文字样式。选择该选项时,命令行显示如下提示信息:

第5章 创建与编辑文字

输入样式名或 [?] < 样式 1 >:

用户可以直接输入文字样式的名字,也可输入?,在【AutoCAD 文本窗口】中显示当前图形已有的文字样式。

5.2.2 使用文字控制符

在实际设计绘图中,往往需要标注一些特殊的字符,例如,在文字上方或下方加划线、标注度(°)、±、Φ 等符号。由于这些特殊字符不能从键盘上直接输入,因此,AutoCAD 2020 提供了相应的控制符,以实现这些标注要求。

AutoCAD 2020 的控制符由两个百分号(%%)以及在后面紧接一个字符构成,常用的控制符如表 5-1 所列。

表 5-1 AutoCAD 2020 常用的标注控制符

控 制 符	功 能
%%O	打开或关闭文字上划线
%%U	打开或关闭文字下划线
%%D	标注度(°)符号
%%P	标注正负公差(±)符号
%%C	标注直径(φ)符号

在 AutoCAD 2020 的控制符中,%%D 和 %%U 分别是上划线与下划线的开关。在第一次出现此符号时,可打开上划线或下划线;第二次出现该符号时,则会关掉上划线或下划线。

在【输入文字:】提示下,输入控制字符时,这些控制符也临时显示在屏幕上,当结束文本创建命令时,这些控制符将从屏幕上消失,转换成相应的特殊符号。例如,要在命令行【输入文字:】提示下,输入【在%%UAutoCAD 2020%%U 使用了%%O 控制符%%O 创建单行文字】,这时在绘图窗口中将显示如图 5-5 所示的文字。

在AutoCAD 2020使用了控制符创建单行文字

图 5-5

5.2.3 编辑单行文字

编辑单行文字包括文字的内容、对正方式以及缩放比例,执行【修改】|【对象】|【文字】|【编辑】命令,然后在绘图窗口中单击需要编辑的单行文字,重新输入文本内容即可。

执行【修改】|【对象】|【比例】命令,在绘图窗口中单击需要编辑的单行文字,然后按 Enter 键,此时需要输入缩放的基点以及指定新高度或匹配对象(M),或缩放比例(S),命令行提示如下:

输入缩放的基点选项

[现有 (E)/ 左对齐 (L)/ 居中 (C)/ 中间 (M)/ 右对齐 (R)/ 左上 (TL)/ 中上 (TC)/ 右上 (TR)/ 左中 (ML)/ 正中 (MC)/ 右中 (MR)/ 左下 (BL)/ 中下 (BC)/ 右下 (BR)] < 居中 >: C
指定新模型高度或 [图纸高度 (P)/ 匹配对象 (M)/ 比例因子 (S)] <3.0000>: 3

执行【修改】|【对象】|【对正】命令，然后在绘图窗口中单击需要编辑的单行文字后按 Enter 键，此时可以重新设置文字的对正方式，其命令行提示如下：

输入对正选项

[左对齐 (L)/ 对齐 (A)/ 布满 (F)/ 居中 (C)/ 中间 (M)/ 右对齐 (R)/ 左上 (TL)/ 中上 (TC)/ 右上 (TR)/ 左中 (ML)/ 正中 (MC)/ 右中 (MR)/ 左下 (BL)/ 中下 (BC)/ 右下 (BR)] < 居中 >:

5.3 创建与编辑多行文字

【多行文字】又称为段落文字，是一种易于管理的文字对象，它可以由两行以上的文字组成，而且各行文字都是作为一个整体处理。在机械制图中，常使用多行文字创建较为复杂的文字说明，如图样的技术要求。

5.3.1 创建多行文字

执行【绘图】|【文字】|【多行文字】命令，或在【绘图】工具栏中单击【多行文字】按钮，也可以在命令行直接输入 MTEXT 命令。然后在绘图窗口中指定一个用来放置多行文字的矩形区域，这时将打开【多行文字编辑器】窗口和文字输入窗口，利用它们可以设置多行文字的样式、字体及大小等属性，如图 5-6 所示。

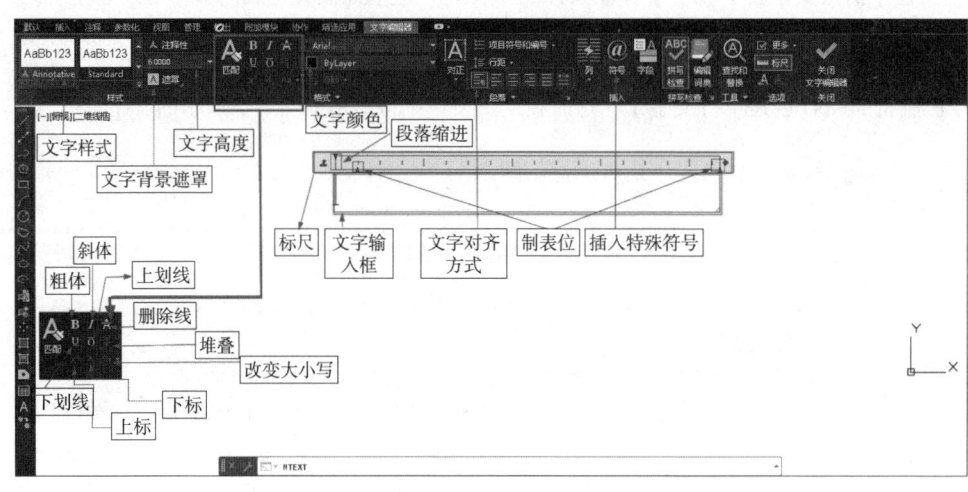

图 5-6

（1）使用【文字格式】工具栏：在【文字格式】工具栏中，各主要选项的功能如下：
①【文字样式】下拉列表框：用于选择用户设置的文字样式。

② 【字体】下拉列表框：用于选择文字使用的字体。

③ 【高度】下拉列表框：用于设置文字的高度。设置时可从下拉列表框中选择，也可以直接输入高度值。

④ 【粗体】|【斜体】及【下划线】按钮：单击它们，可以加粗、斜体字体，或为文字加下划线。

⑤ 【放弃】按钮：单击该按钮可以取消前一次操作。

⑥ 【重做】按钮：单击该按钮可以重复前一次取消的操作。

⑦ 【堆叠|非堆叠】按钮：单击该按钮，可以创建堆叠文字（堆叠是一种垂直对齐的文字或分数）。在使用时，需要分别输入分子和分母，其间使用/、# 或 ^ 分隔，然后选择这一部分文字，单击 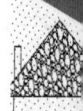 按钮即可。例如，要创建分数 2018/2020，则可首先输入 2018/2020，然后选中该文字并单击 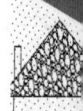 按钮，效果如图 5-7 所示。

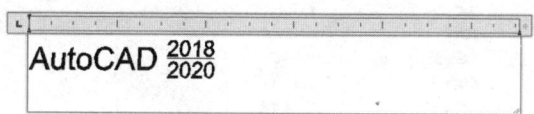

图 5-7

⑧ 【颜色】下拉列表框：用于设置文字的颜色。

⑨ 【符号】下拉列表：用于插入特殊符号。

⑩ （关闭）按钮：单击该按钮，可以关闭多行文字编辑器窗口并保存用户的设置。

（2）使用快捷菜单：右击文字输入窗口的标尺，从弹出的快捷菜单中选择【段落】子命令将打开【段落】对话框，如图 5-8 所示，通过该对话框，用户可以设置缩进和制表位位置。

在【缩进】选项区中，在【第一行】文本框、【悬挂】和【右缩进】文本框中设置首行和段落的缩进位置。在【制表位】列表框中，可设置制表符的位置，单击【添加】按钮可设置新制表位，单击【删除】按钮，可清除列表框中选中的制表位设置。

如果输入了多行文字，选择【设置多行文字宽度】子命令，可打开【设置多行文字宽度】对话框，在【宽度】文本框中可以设置多行文字的宽度，如图 5-9 所示。

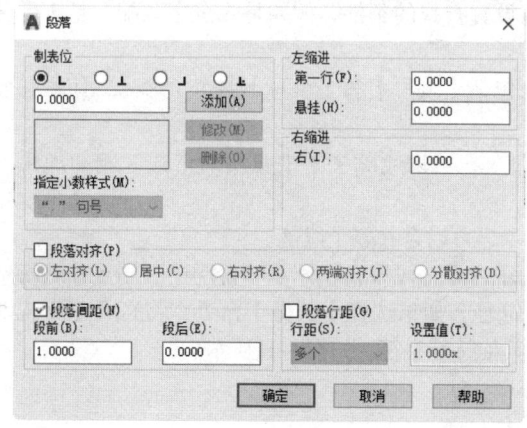

图 5-8

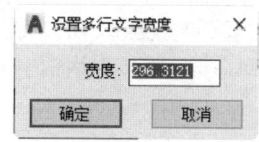

图 5-9

在文字输入窗口中右击鼠标,将弹出一个快捷菜单,利用其中的命令可以对多行文本进行更多的设置,如图5-10所示。

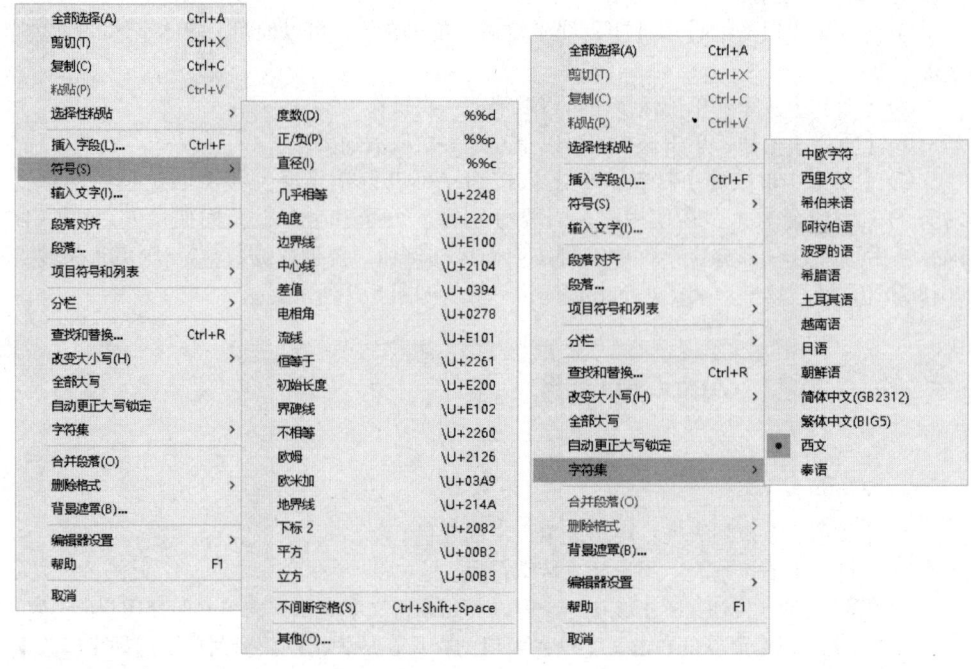

图 5-10

快捷菜单中的各命令如下:

①【段落对齐】命令:在子菜单中可以设置段落的对齐方式。

②【段落】命令:选择该菜单的子命令,可以在打开的【段落】对话框中设置文字段落的制表位、段落缩进、段落间距、段落行距和段落对齐方式等参数。

③【查找和替换】命令:选择该命令,将打开【查找和替换】对话框,可以搜索或同时替换指定的字符串。用户也可以设置查找的条件,例如是否全字匹配、是否区分大小写等。

④【改变大小写】命令:该命令包括【大写】和【小写】两个子命令,使用它们可以改变文字中字符的大小写。

⑤【删除格式】命令:选择该命令,可以删除文字中应用的格式,例如加粗、倾斜等。

⑥【合并段落】命令:选择该命令,可以合并多个段落。

⑦【符号】命令:选择该命令的子命令,可以在实际设计绘图中,插入一些特殊的字符,例如,度数、正|负、直径等符号。如果选择【其他】命令,将打开【字符映射表】对话框,在该对话框中可以插入其他特殊字符,如图5-11所示。

第5章 创建与编辑文字

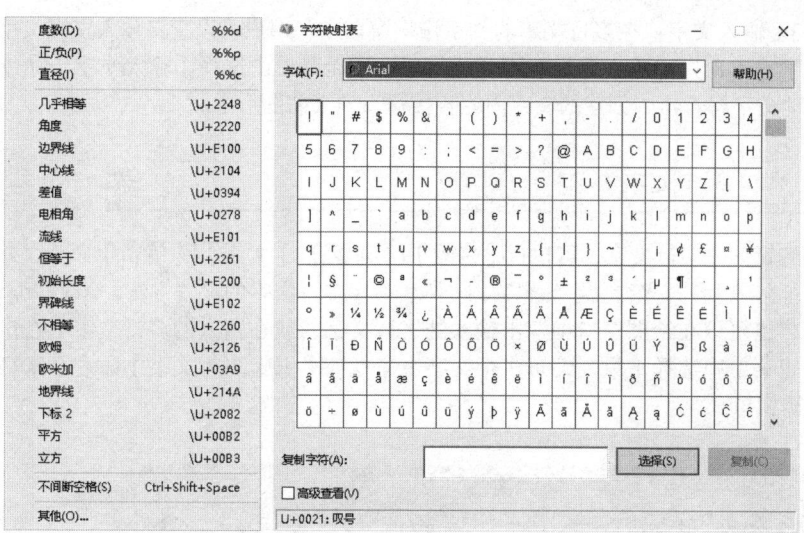

图 5-11

⑧【输入文字】命令：选择该命令，打开【选择文件】对话框，可以导入在其他文本编辑中创建的文字。

⑨【插入字段】命令：我们在绘制的CAD图纸时，有时不仅需要添加一些CAD文字，而且也会根据图纸的需求，添加一些CAD字段，这些CAD字段的添加，对我们的图纸在之后的编辑修改中有很大的作用。选择【插入字段命令】，将打开如图5-12所示的【字段】对话框。直接在左侧列表中选择一个字段名称，在右侧列表中选择一个符合自己要求的样例，然后单击【确定】按钮即可。

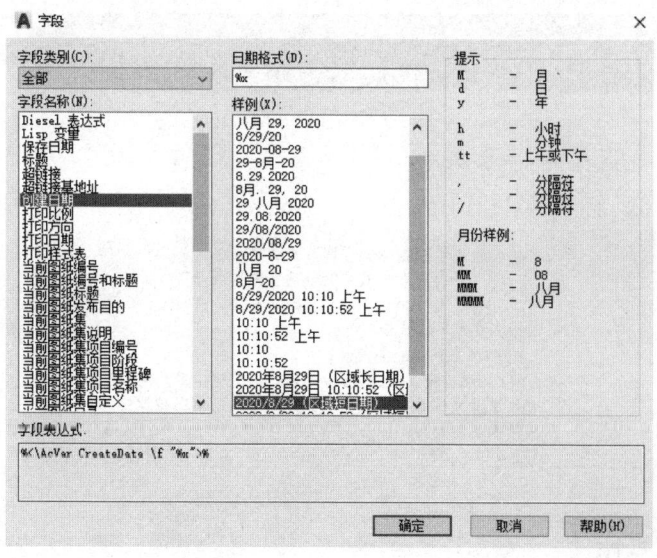

图 5-12

（3）输入文字：在多行文字的文字输入窗口中，用户可以直接输入多行文字，也可以在文字输入窗口中单击鼠标右键，从弹出的快捷菜单中选择【输入文字】命令，将已经在其他文字编辑器中创建的文字内容直接输入到当前图形中。

5.3.2 编辑多行文字

要编辑创建多行文字，可执行【修改】|【对象】|【文字】|【编辑】命令，并单击创建的多行文字，打开多行文字编辑窗口，然后参照多行文字的设置方法，修改并编辑文字。

用户也可以在绘图窗口中双击输入的多行文字，或在输入的多行文字上右击，从弹出的快捷菜单中选择【重复编辑多行文字】命令或【编辑多行文字】命令，来打开多行文字编辑窗口。

5.4 控制文本显示方式

在绘制图形时，为了加速图形在重生成过程中的速度，可以使用【QTEXT】命令来控制文字对象的显示模式。在命令行输入 QTEXT 后，其命令提示如下：

输入模式 [开（ON）关（OFF）]＜关＞：

（1）ON：打开快速方式。

（2）OFF：关闭快速方式。

用【QTEXT】命令打开或关闭快速文本方式后，屏幕上的显示需 regen 命令重新生成后才变化。

5.5 提高训练

创建如图 5-13 所示的技术要求。

技术要求
1. 本齿轮油泵的输油量可按下式计算：
   $Q_v=0.007n$，式中 Q_v—体积流量，L/min
   n—转速，r/min
2. 吸入高度不得大于500mm。
3. ⌀5H7两圆柱销孔装配时钻。
4. 件4从动齿轮、件6主动齿轮轴的轴间隙，用改变件7垫片厚度来调整，装配完毕后，用手转动主动齿轮轴，应用灵活旋转。

图 5-13

操作步骤如下：

（1）执行【绘图】|【文字】|【多行文字】命令，或在【绘图】工具栏中单击【多行文字】

按钮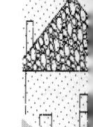，并在绘图窗口中单击鼠标并拖动，创建一个用来放置多行文字的矩形区域。

（2）在【样式】下拉列表框中选择前面创建的文字样式Mytext，在【高度】文本框中输入文字高度5。

（3）在文字输入窗口中输入需要创建的多行文字内容，如图5-14所示。

```
                    技术要求
       1.本齿轮油泵的输油量可按下式计算：
              Qv=0.007n，式中Qv-体积流量，L/min
                            n-转速，r/min
       2.吸入高度不得大于500mm。
       3.%%c5H7两圆柱销孔装配时钻。
       4.件4从动齿轮、件6主动齿轮轴的轴间隙，用改变件7
         垫片厚度来调整，装配完毕后，用手转动主动齿轮轴，
         应用灵活旋转。
```

图 5-14

在输入直径控制符%%C时，可单击鼠标右键，从弹出的快捷菜单中选择【符号】|【直径】命令。对于有些中文字体，不能正确识别文字中的特殊控制符，这时可选择英文字体。

（4）单击【确定】按钮，输入的文字将显示在绘制的矩形窗口中，其效果如图5-14所示。

5.6 本章回顾

本章讲述了文字的使用与创建的方法，包括：设置样式名，设置字体，设置文字效果，预览与应用文字样式，创建文字，使用文字控制符，编辑多行文字，以及控制文字的显示。通过对本章的学习，读者应了解掌握创建文字样式的基本方法，并能够设置一种文字样式，来创建单行文字和多行文字。

第 6 章

创建与编辑尺寸标注

本章将为读者讲解标注的概念和元素、常用尺寸标注的创建与编辑方法、尺寸标注样式管理、尺寸标注命令、阶梯轴的尺寸标注等内容。

本章主要内容与学习目的

第 6 章　创建与编辑尺寸标注

6.1　标注的概念和元素

6.1.1　标注的概念

标注线性尺寸时可以使用的标注类型有：线性、角度、直径、半径和坐标标注。每一种尺寸标注的类型都有主要命令和次要命令。通过这些命令，可以帮助绘图者在图形中快速而精确地绘制正确的尺寸标注。

【线性尺寸标注】命令的选项包括：水平尺寸标注、垂直尺寸标注、对齐尺寸标注和旋转型尺寸标注。用【角度尺寸标注】命令可以进行。通过【标注】命令下的【直径】|【半径】|【坐标】|【角度】命令可以分别进行直径尺寸标注、半径尺寸标注、坐标标注和角度尺寸标注。

尺寸标注的方法有：替代、圆心标记、引线、基线、连续和以特征控制框添加公差等。尺寸标注的编辑命令选项有：默认位置、新建、倾斜、编辑标注文字和旋转等。

6.1.2　尺寸标注元素

在 AutoCAD 2020 中，尺寸标注的要素与我国工程图绘制标注类似，由尺寸界线、尺寸线、箭头、标注文字构成。在一般情况下，它们以特殊的块形式出现，系统将它们作为一个整体来处理。构成尺寸标注的各要素如图 6-1 所示。

图 6-1 是一个完成标注的实例，在 AutoCAD 2020 中，完成尺寸标注是非常容易的，操作性相当好。下边我们以图 6-1 标注为例，讲解一个尺寸标注样式中的不同组成元素。

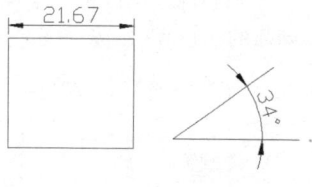

图 6-1

1. 尺寸线

从被测对象上偏移得到的线为尺寸线，表示标注的范围，尺寸线表示测量的方向和被测距离的长度。当尺寸线所在的测量区域空间太小不足以放置标注文字时，尺寸线通常被分割成两段，分别绘制在尺寸界线的外部，如图 6-2 所示。

如果所标注的尺寸是一个对象中的两条平行线或者两个对象间的平行线，那么，可以不引出尺寸界线而直接在两平行线间绘制尺寸线。尺寸线的末端通常带有标记，如箭头或者小斜线。对于角度标注，尺寸线是一段圆弧。

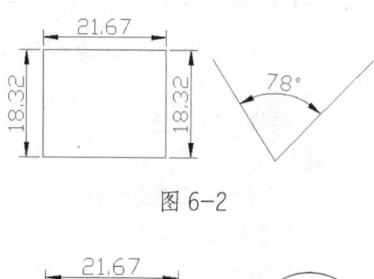

图 6-2

2. 箭头

箭头显示在尺寸线的末端，用于确定测量开始和结束位置，AutoCAD 2020 还提供了多种符号可供选择，包括建筑标记、小斜线箭头、点等样式，如图 6-3 所示。也可以创建自定义符号。箭头的位置

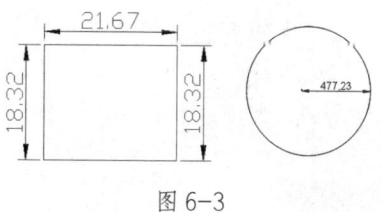

图 6-3

可以在尺寸界线内，也可以在尺寸界线外。

3. 尺寸界线

当从被标注的对象上偏移一段距离绘制尺寸线时，尺寸界线通常指的是可见的线，表示了这段偏移距离，尺寸界线一般要垂直于尺寸线，除非强制尺寸界线倾斜，如图6-4所示。在某些特殊情况下，可以使用对象的轮廓线或中心线代替尺寸界线。

4. 标注文字

标注文字由用于表示测量值和标注类型的数字、词汇、参数和特殊符号组成，除非在标准标注样式中修改了文字样式，否则数字/符号的格式为十进制。标注文字样式通常与当前的文字样式保持一致。标注文字包括公称尺寸、公差尺寸。公称尺寸通常由系统测量而得。图6-5显示了尺寸公差的几种形式。

图 6-4　　　　　　　　　　图 6-5

5. 引线

引线是标注文字上的一点到要标注尺寸的射线，引线通常用于注释，如图6-6所示。

6. 圆心标记

圆心标记可以是一个标记，也可以是一组相交于圆心的中心线，作用是标记出圆或圆弧的圆心所在，如图6-7所示。

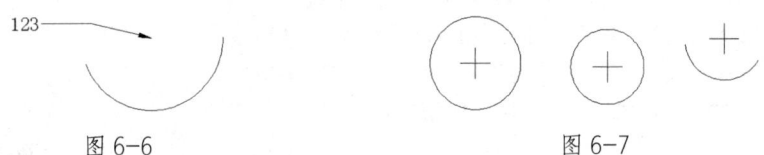

图 6-6　　　　　　　　　　图 6-7

6.1.3　尺寸标注的类型

AutoCAD 2020提供了6种尺寸标注类型：线性、角度、半径、多重引线和坐标型尺寸标注、圆心。

1. 线性尺寸标注

线性尺寸标注是指标注长度方向的尺寸，包括水平标注、垂直标注、旋转标注、对齐标注、基线标注和连续标注。

- 水平标注：指所标注的对象的尺寸线沿水平方向放置，如图6-8所示。
- 垂直标注：指所标注的对象的尺寸沿垂直方向放置，如图6-9所示。

图 6-8　　　　　　　　　　图 6-9

· 基线标注：指各尺寸线从同一尺寸界线引出，如图 6-10 所示。各个尺寸线的共同尺寸界线称之为基线。

· 连续标注：指相邻两条尺寸线共用一条尺寸界线，如图 6-11 所示。

· 旋转标注：指尺寸标注中的尺寸线要旋转一定的角度，实际上是标注某一个对象在指定方向上的投影长度，如图 6-12 所示。

· 对齐标注：对齐标注的尺寸线与两条尺寸界线起点的连线平行。标注文字可以与尺寸线平行，也可以平行于水平方向，如图 6-13 所示。

图 6-10

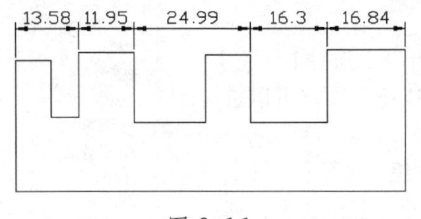

图 6-11

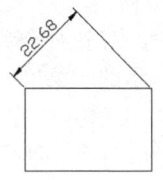

图 6-12

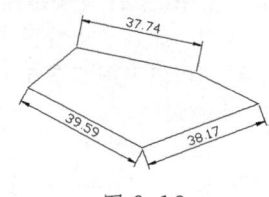

图 6-13

2. 角度型尺寸标注

角度型尺寸标注用来标注角度尺寸。在角度型尺寸标注中，AutoCAD 2020 也允许采用基线标注和连续标注两种标注形式，如图 6-14 所示。标注的文字方向可以沿水平方向，也可以沿尺寸防线；标注文字的位置可以在尺寸线中，也可以在尺寸线外。

3. 半径型尺寸标注

半径型尺寸标注用来标注圆或圆弧的半径，如图 6-15 所示。

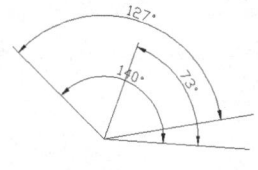

图 6-14

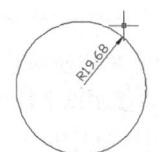

图 6-15

4. 多重引线标注

多重引线标注用来标注一些注释、说明等，也可以用来标注直径或半径尺寸。

5. 坐标型标注

用于标注所指定点的 X 或 Y 坐标，该标注的尺寸沿引线放置，如图 6-16 所示。

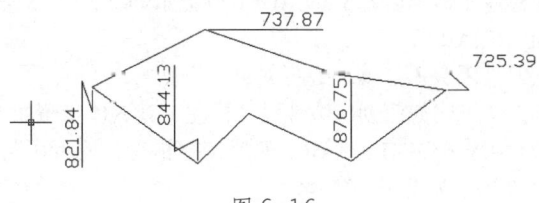

图 6-16

6. 圆心标注

圆心标记用来绘制圆或圆弧的中心标记或中心线。

6.2 创建常用的尺寸标注

6.2.1 标注操作概述

为实现尺寸标注，可以有不同的操作法，最常用的就是菜单操作，使用快捷工具按钮和命令格式。

AutoCAD 2020 提供了一个专门的【标注】菜单组，选择【标注】菜单，可以出现如图 6-17 所示的子菜单项，选择任一项目可以进行相关操作。

AutoCAD 2020 有一个名为【标注】的工具按钮组。执行【工具】|【工具栏】|【AutoCAD】|【标注】，就可以将这个工具组调出，如图 6-18 所示。

用户也可以使用命令格式标注，不同的标注有不同的命令。

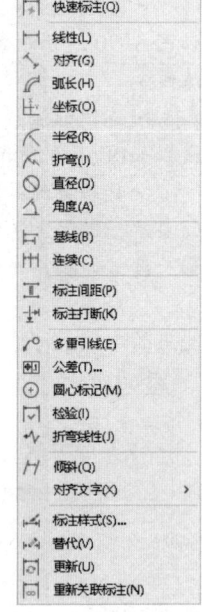

图 6-17

图 6-18

6.2.2 创建线性尺寸标注

在 AutoCAD 2020 中，用户使用【线性尺寸标注】命令创建线性尺寸标注。要激活【线性尺寸标注】命令，可以使用以下任意一种方法：

- 在命令行中输入 DIMLINEAR。
- 单击菜单【标注】|【线性】。
- 在【标注】工具栏中选择【线性标注】命令图标，如图 6-19 所示。

图 6-19

激活【线性尺寸标注】命令后，AutoCAD 2020 提示如下：

命令：DIMLINEAR

指定第一条尺寸界线原点或 <选择对象>：

下面通过一个实例来说明如何创建线性尺寸标注，其具体步骤如下：

（1）在命令提示中输入 DIMLINEAR，然后按空格键，或者用菜单方式启动线性标注命令。AutoCAD 2020 提示如下：

指定第一条尺寸界线原点或<选择对象>：

（2）这时需要用户指定一个点，可以使用鼠标左键拾取，如图 6-20 所示。AutoCAD 用它作为第一条尺寸界线的开始点。这个点可以是一条直线的端点、多个对象的交点、圆的圆心或者文本对象的插入点，此外还可以在对象上任意指定一点。AutoCAD 继续提示如下：

指定第二条尺寸界线原点：

（3）用户可以同样方式指定第二点，如图 6-21 所示。此时，AutoCAD 继续提示如下：

选择标注对象：指定尺寸线位置或 [多行文字（M）/ 文字（T）/ 角度（A）/ 水平（H）/ 垂直（V）/ 旋转（R）]：

（4）同时，标注线和文字已经粘在光标上，如图 6-22 所示，使用鼠标将标注拖到合适的位置单击，即可将尺寸线固定，完成标注操作。

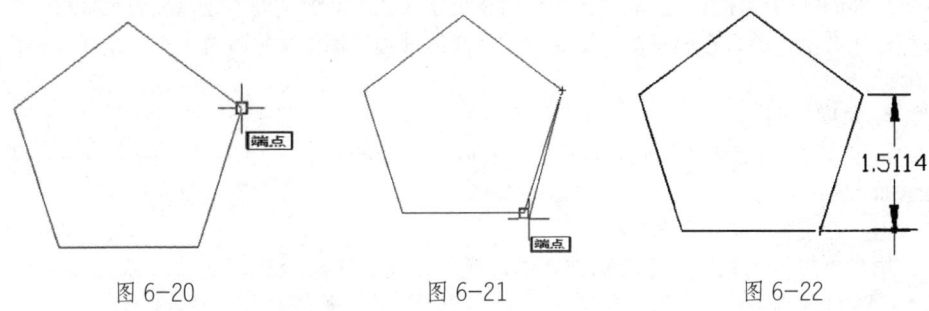

图 6-20　　　　　　　　图 6-21　　　　　　　　图 6-22

在上面的实例中当用户指定第二点后，AutoCAD 会出现如下提示：

指定尺寸线位置或 [多行文字（M）/ 文字（T）/ 角度（A）/ 水平（H）/ 垂直（V）/ 旋转（R）]：

下面详细介绍上述提示中各个选项的具体意义：

1．多行文字（M）

输入标注文字。选择了该选项后，AutoCAD 会自动弹出如图 6-23 所示的编辑界面显示多行文字编辑器，可用它来编辑标注文字。

图 6-23

AutoCAD 2020 用尖括号 < > 表示默认测量值，要给默认的测量值添加前缀或后缀，请在尖括号前后输入前缀或后缀。如图在 7.20 中，在尖括号前边添加文字。如果替代单位没有打升，则在此输入【|】，可强制打开替代单位，然后单击 按钮关闭多行文字编辑器。图 6-24 显示了输入的标注文字效果。

2．文字（T）

该项为输入文字，输入的文字是按单行文字的方式输入，不会出现图 6-24 所示的多行文字输入框。在此输入的文字将代替原有的文字。选择该项后，AutoCAD 会继续提示如下：

　　　　输入标注文字＜当前值＞：

　　括号中是默认的标注文字，用户可以输入自定义的文字或者控制字符。

　　说明：输入标注文字或按回车键接受生成的测量值，用户要包括生成的测量值，可以使用尖括号＜＞表示生成的测量值，如果标注样式中未打开换算单位，可以通过输入方括号[ ]来显示换算单位。

图 6-24

　　如果在两条尺寸界线之间有足够的空间，那么 AutoCAD 将把标注文字放置在尺寸线的中间或尺寸线的上方。如果，标注文字写在尺寸线中间，那么尺寸线将会被截断，以留出足够的空间标注文字。但是，如果两条尺寸界线之间的空间不足以放置尺寸线、箭头和标注文字，那么它们将被绘制在尺寸界线的外边，标注文字将位于第二条尺寸界线的附近。

3. 角度（A）

　　指定标注文字的角度。选择该项后，AutoCAD 会继续提示如下：

　　　　指定标注文字的角度：

　　用户可以输入数字以指定标注文字的倾斜角度。如图 6-25 所示。

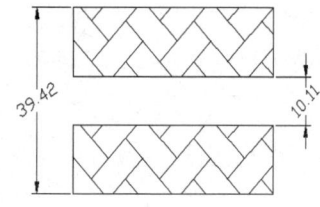

图 6-25

4. 水平（H）

　　标注水平尺寸。选择该项后，AutoCAD 会继续提示如下：

　　　　指定尺寸线位置或 [多行文字（M）/文字（T）/角度（A）]：

　　在该提示下，如果指定尺寸线位置，则可以标注出水平方向上的尺寸，指定尺寸线位置之后，AutoCAD 将立即绘制标注。

　　说明：【多行文字】|【文字】|【角度】这些文字编辑和格式化选项在所有标注命令中都是一样的。用户可以参见前边的选项说明。

5. 垂直（V）

　　标注垂直尺寸。选择该项后，AutoCAD 会继续提示如下：

　　　　指定尺寸线位置或 [多行文字（M）/文字（T）/角度（A）]：

　　在该提示下，如果指定了尺寸线位置，则可以标注出垂直方向上的尺寸，指定尺寸线位置后，AutoCAD 将绘制标注。

　　说明：这里的水平线性标注和垂直线性标注的意义，就是量取两点的水平坐标之差和垂直坐标之差。如图 6-26 所示，水平标注时取了横坐标相同的两点，标注文字只能是 0 了；同样地，在图 6-27 中，垂直坐标中取了纵坐标相同的两点，标注文字同样只能是 0。

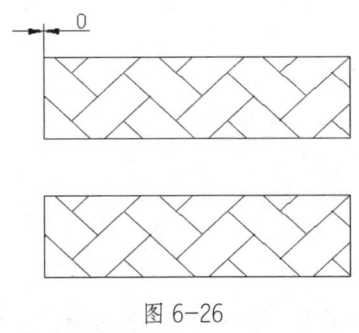
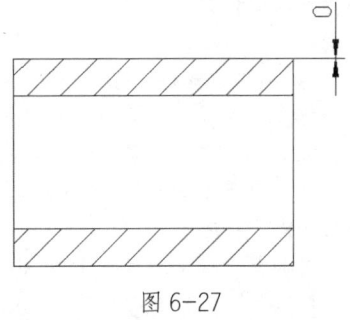

图 6-26　　　　　　　　　　　图 6-27

6. 旋转（R）

根据指定的角度绘制尺寸标注。该角度不需要通过两点来确定角度值。选择该项后，AutoCAD 会继续提示如下：

指定尺寸线的角度 < 当前值 >：

用户可以输入数字指定角度，最常用的操作方式是使用鼠标拾取点来指定偏转角度，即用户使用鼠标拾取两点，此两点所在直线和水平直线夹角即为旋转角度值。如图 6-28 所示为指定第一点的操作，图 6-29 为指定第二点的操作。

两点选定后，如图 6-30 所示，完成标注的视图如图 6-31 所示，使用旋转标注可以完成对一些非水平和非垂直的直线进行标注。

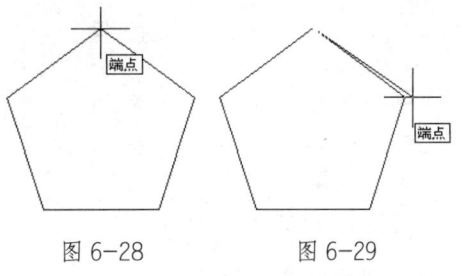

图 6-28　　　　　　图 6-29

• 如果选择了一条直线作为标注对象，AutoCAD 会自动使用这条直线的两个端点作为测量第一条尺寸界线的原点和第二条尺寸界线的原点。

• 如果选择的对象是一个圆，AutoCAD 自动将圆的直径作为测量距离。

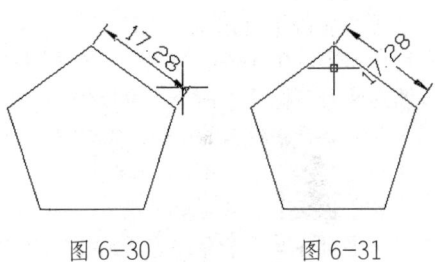

图 6-30　　　　　　图 6-31

• 如果选择的对象是一个圆弧，AutoCAD 自动将圆弧的两个端点作为测量距离的第一点和第二点，然后 AutoCAD 提示输入尺寸线的位置。

下面通过一个具体的实例来说明指定对象进行标注尺寸的方法，效果如图 6-32 所示，其具体步骤如下：

• 直线

命令：DIMLINEAR

指定第一条尺寸界线原点或<选择对象>：直接回车

指定第二条尺寸界线原点：选择矩形的一条边按回车

[多行文字（M）/文字（T）/角度（A）/水平（H）/垂直（V）/旋转（R）]：

用鼠标指定位置

·圆弧

  命令：DIMLINEAR

  指定第一条尺寸界线原点或＜选择对象＞：直接回车

  指定第二条尺寸界线原点：选择圆弧按回车

  指定尺寸线位置或[多行文字（M）/文字（T）/角度（A）/水平（H）/垂直（V）/旋转（R）]：R

  指定尺寸线的角度＜0＞：30

  [多行文字（M）/文字（T）/角度（A）/水平（H）/垂直（V）/旋转（R）]：用鼠标指定位置

·圆

  命令：DIMLINEAR

  指定第一条尺寸界线原点或＜选择对象＞：直接回车

  指定第二条尺寸界线原点：选择圆按回车

  [多行文字（M）/文字（T）/角度（A）/水平（H）/垂直（V）/旋转（R）]：用鼠标指定位置

标注尺寸的结果如图 6-32 所示。

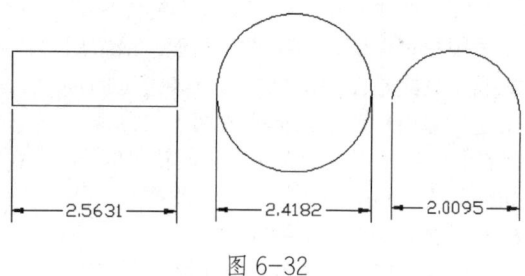

图 6-32

6.2.3 创建对齐标注

当标注一段带有角度的直线时，可能需要将尺寸线与对象直线平行，这时就要用到对齐尺寸标注。在 AutoCAD 中可以使用【对齐标注】命令完成这种形式的尺寸标注。

激活【对齐标注】命令，可以使用以下任意一种方法：

·在命令行中输入 DIMALIGNED。

·单击菜单【标注】|【对齐】。

·在【标注】工具栏中（图 6-33）单击【对齐】命令图标。

激活【对齐标注】命令后，AutoCAD 提示如下：

  命令：DIMALIGNED

  指定第一个尺寸界线原点或＜选择对象＞：

图 6-33

用户可指定点以使用手动尺寸界线，或按回车键以使用自动尺寸界线。在标注对齐尺寸时，也可按指定尺寸界线的起点方式，或者选择需要标注的对象方式来进行尺寸标注。

在第一条尺寸界线开始处，选定一点后，AutoCAD 继续提示如下：

  指定第二条尺寸界线原点：指定第二条尺寸界线的起点

在第二条尺寸界线开始处选定一点。当确定了这两点后，AutoCAD 继续提示：

指定尺寸线位置或 [多行文字（M）/文字（T）/角度（A）]：确定尺寸线位置或选择一个选项

【多行文字（M）】选项和【文字（T）】选项可以对所度量到的尺寸文字进行修改。【角度（A）】选项可以对标注文字的旋转角度进行调整。当文字和角度确定后，AutoCAD 再一次提示指定尺寸线的位置，此时，用户应该指定一个点以确定尺寸线的位置。

下面的命令行是使用对齐方式进行标注的实例。倾斜的直线是通过分别指定第一个尺寸界线和第二条尺寸界线起点的两个数据点的方式来指定的，如图 6-34 所示。

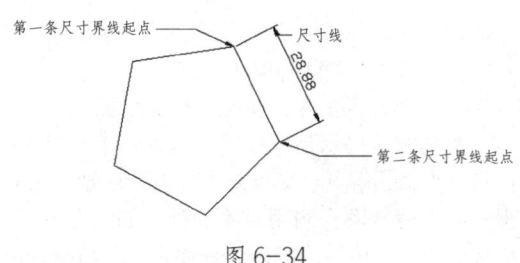

图 6-34

命令：DIMALIGNED

指定第一个尺寸界线原点或 < 选择对象 >：指定第一条尺寸界线的起点

指定第二条尺寸界线原点：指定第二条尺寸界线的起点

指定尺寸线位置或 [多行文字（M）/文字（T）/角度（A）]：指定尺寸线的位置

当用户选择的是一个对象时，对它进行对齐标注，AutoCAD 会立即自动确定第一条和第二条尺寸界线的原点，并生成尺寸线和标注数字。AutoCAD 确定尺寸界线原点的规则如下：

- 如果选择直线或圆弧，其端点将用作尺寸界线的原点。图 6-35 所示为圆弧的对齐标注，不难看出标注的其实是圆弧的弦长。

- 如果选择一个圆，直径端点将用作尺寸界线的原点。用来选择圆的那个点定义了第一条尺寸界线的起点，用鼠标指定的点会成为另一条尺寸界线的原点，选择合适的尺寸线位置，完成的标注如图 6-36 所示。

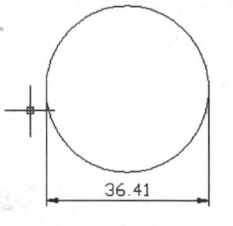
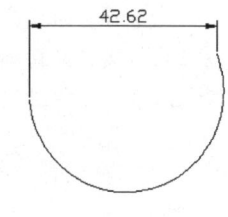

图 6-35

6.2.4 创建坐标标注

AutoCAD 使用的是世界坐标系或者当前用户坐标系 X 轴和 Y 轴作为 X 坐标或 Y 坐标基准线的参考线，坐标尺寸有时是指用一个已知尺寸的形式显示选定点的 X 或 Y 坐标。

坐标标注就是对一点标注所在坐标系的坐标值，具体操作就是沿一条简单的纵向或横向引线显示部件的 X 或 Y 坐标。这些标注也称为基准标注。在 AutoCAD 中可以使用【坐标标注】命令完成这种形式的尺寸标注。

激活【坐标标注】命令，可以使用以下任意一种方法：

- 在命令行中输入 DIMORDINATE；

- 单击菜单【标注】|【坐标】；
- 在【标注】工具栏中（图6-36）选择【坐标标注】命令图标。

图6-36

激活【坐标标注】命令后，AutoCAD提示如下：

命令：DIMORDINATE

指定点坐标：指定特征点位置

虽然默认提示是【指定点坐标：】，但实际上AutoCAD搜寻对象上的一些重要的几何特征点，如端点、交点或者代表孔或轴的圆的圆心等。因此，在响应【指定点坐标：】提示时，通常需要调用对象捕捉，如端点、交点、象限点或圆心。指定的点决定了正交引线的原点，该引线指向要标注尺寸的特征。AutoCAD接着提示如下：

指定引线端点或[X基准(X)/Y基准(Y)/多行文字(M)/文字(T)/角度(A)]:
下面介绍一下各个选项的意义和功能。

- 指定引线端点：这是默认选项，使用标注点位置和引线端点的坐标差可确定它是X坐标标注还是Y坐标标注。如果Y坐标的坐标差较大，标注就测量X坐标，否则就测量Y坐标。
- X基准(X)：测量X坐标并确定引线和标注文字的方向。选择此项，即使用户向横向引线，也会标注X坐标。
- Y基准(Y)：测量Y坐标并确定引线和标注文字的方向。选择此项，即使用户向纵向引线，也会标注Y坐标。
- 多行文字(M)：显示多行文字编辑器，可用它来编辑标注文字。AutoCAD用尖括号<>表示默认测量值。要向默认的测量值添加前缀或后缀，请在尖括号前后输入前缀或后缀。用控制代码和Unicode字符串来输入特殊字符或符号。请参见前边讲解标注线性尺寸时的内容。
- 文字(T)：在命令行自定义标注文字。AutoCAD使用尖括号显示默认标注测量值。
- 角度(A)：修改标注文字的角度。

如果【正交】模式已经打开，则引线是一条以Y坐标值为坐标的水平尺寸线，或者以X坐标值为坐标的垂直尺寸线，如图6-37所示。

如果【正交】模式没有打开，则引线由3段直线组成，两端是相互平行的两条直线，中间为一条连接它们的倾斜线。

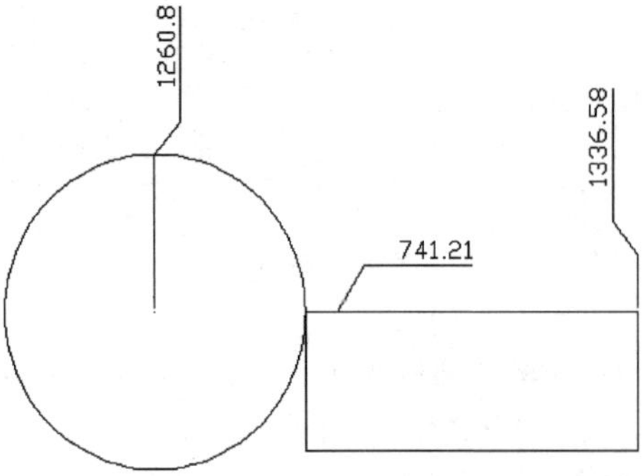

图6-37

6.2.5 创建圆半径标注

在AutoCAD中可以使用【半径标注】命令来标注圆弧或圆的半径尺寸。

第 6 章 创建与编辑尺寸标注

激活【半径标注】命令，可以使用以下任意一种方法：
- 在命令行中输入 DIMRADIUS。
- 单击菜单【标注】|【半径】。
- 在【标注】工具栏中（图 6-38）选择【半径标注】命令图标。

图 6-38

激活【半径标注】命令后，AutoCAD 提示如下：

命令：DIMRADIUS
选择圆弧或圆：选择一个圆或圆弧进行标注
指定尺寸线位置或 [多行文字（M）/ 文字（T）/ 角度（A）]：

下面通过一个具体的实例讲解半径标注，其具体的步骤如下：

（1）在命令提示中输入 DIMRADIUS，然后按空格键或回车键。AutoCAD 提示如下：
选择圆弧或圆：

（2）此时鼠标的光标成为如图 6-39 所示的小正方形，表示现在是等待选择状态。将光标在圆周上单击，圆被选中，状态如图 6-40 所示，尺寸线和标注文字粘在光标上等待用户指定标注位置。AutoCAD 提示如下：

标注文字 = 1.3174
指定尺寸线位置或 [多行文字（M）/ 文字（T）/ 角度（A）]：

（3）为尺寸线选择合适的位置，单击鼠标完成标注操作，结果如图 6-41 所示。

在第二步收到 AutoCAD 的提示后，用户可以选择多种选项：

- 如果输入 M，则可以自定义标注线上的文字，会弹出多行文字输入框。这里的编辑和设置方式与线性标注的完全一样。
- 如果输入 T，则允许用户在命令行输入自定义文字，和线性标注一样。
- 如果输入 A，由允许用户输入自定义的标注文字和水平直线的夹角，图 6-42 所示为标注文字和水平方向成 90° 夹角的结果。

说明：在 AutoCAD 中，圆弧同样可以标注半径，方法与半径标注完全相同。图 6-43 所示为圆弧半径的标注结果。

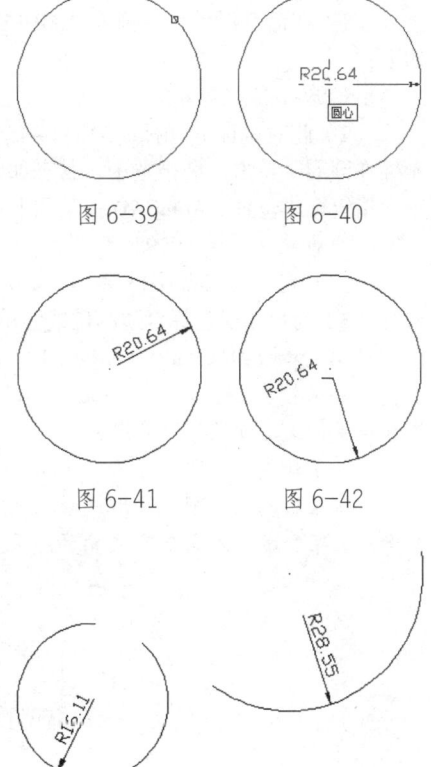

图 6-39　　图 6-40

图 6-41　　图 6-42

图 6-43

6.2.6 创建直径标注

1. 创建直径标注的方法

在 AutoCAD 中可以使用【直径】命令来标注圆弧或圆的半径尺寸。

激活【直径】命令，可以使用以下任意一种方法：

- 在命令行中输入 DIMDIAMETER。
- 单击菜单【标注】|【直径】。
- 在【标注】工具栏中（图 6-44）单击【直径】命令图标。

图 6-44

激活【直径标注】命令后，AutoCAD 提示如下：

命令：DIMDIAMETER

选择圆弧或圆：选择一个圆或圆弧进行标注

指定引线端点或 [X 基准(X)/Y 基准(Y)/多行文字(M)/文字(T)/角度(A)]:

下面通过一个具体的实例讲解直径标注，其具体的步骤如下：

（1）在命令提示行中输入 DIMDIAMETER，然后按空格键或回车键。AutoCAD 提示如下：

选择圆弧或圆：

（2）此时鼠标的光标成为图 6-45 所示的小正方形，表示现在是等待选择状态。将光标在圆周上单击，圆被选中，状态如图 6-46 所示，尺寸线和标注文字粘在光标上等待用户指定标注位置。AutoCAD 提示如下：

标注文字 = 2.9398

指定引线端点或 [X 基准(X)/Y 基准(Y)/多行文字(M)/文字(T)/角度(A)]:

（3）为尺寸线选择合适的位置，单击鼠标完成标注操作，结果如图 6-47 所示。

在第二步收到 AutoCAD 的提示后，用户可以选择多种选项：

- 如果输入 M，则可以自定义标注线上的文字，会弹出多行文字输入框。这里的编辑和设置方式与线性标注的完全一样。
- 如果输入 T，则允许用户在命令行输入自定义文字，和线性标注一样。
- 如果输入 A，则允许用户输入自定义的标注文字和水平直线的夹角，图 6-48 所示为标注文字和水平方向 90° 夹角的结果。

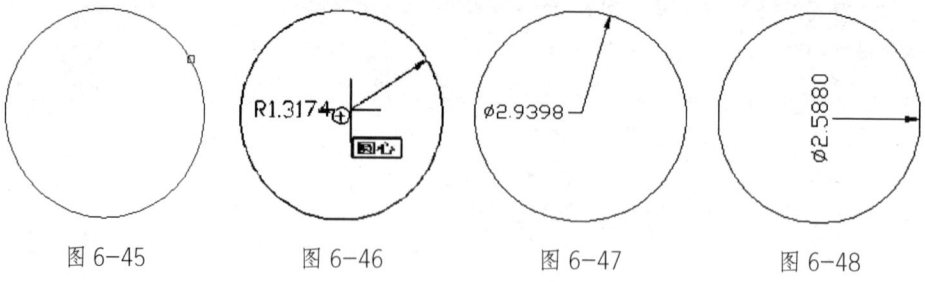

图 6-45　　　图 6-46　　　图 6-47　　　图 6-48

> **说明：** 在AutoCAD中，圆弧同样可以标注直径，方法与半径标注完全相同。图6-49所示为圆弧直径的标注结果。

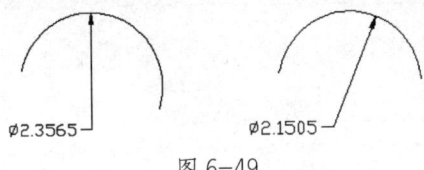

图 6-49

2. 直径标注错误显示的修改

有时候标注结果会出现图6-50所示的状态，直径符号Φ显示有错误。这是因为字体设置有错误，无法显示字符Φ，一般是由于设置了中文字体不支持这个特殊字符。用户需要更改为支持特殊符号的英文字体，纠正这种错误的步骤如下：

（1）选择【格式】|【标注样式】命令，弹出如图6-51所示的【标注样式管理器】对话框。

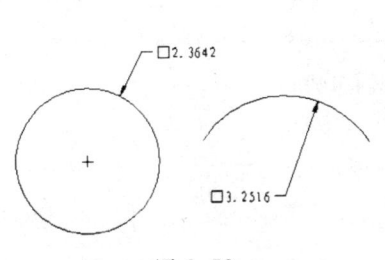

图 6-50

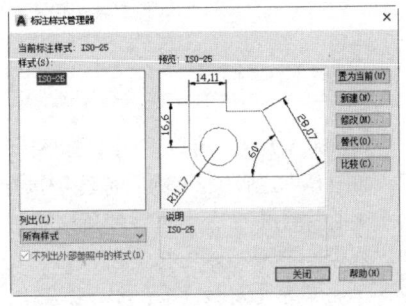

图 6-51

（2）单击【修改】按钮，会出现图6-52所示的【修改标注样式】对话框，需要设置的是【文字】。

（3）切换到【文字】选项卡，然后单击【文字样式】后边的省略号按钮，出现图6-53所示的【文字样式】对话框。在这里修改标注文字使用的字体，可以看到当前使用了中文的宋体。

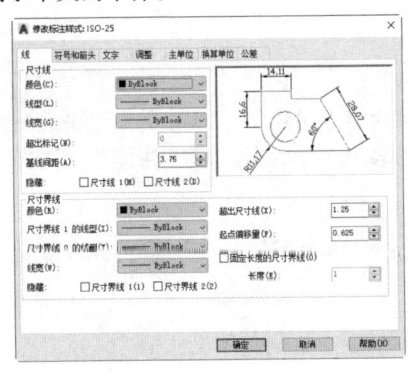

图 6-52

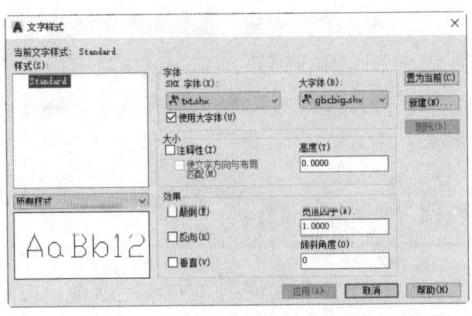

图 6-53

121

（4）单击【SHX 字体】后边的向下箭头按钮，在下拉字体名列表中找到名为 txt.shx 的字体，设置其为当前字体，如图 6-54 所示。

（5）层层退出对话框，设置结束，用户可以看到显示已经恢复正常，如图 6-55 所示。

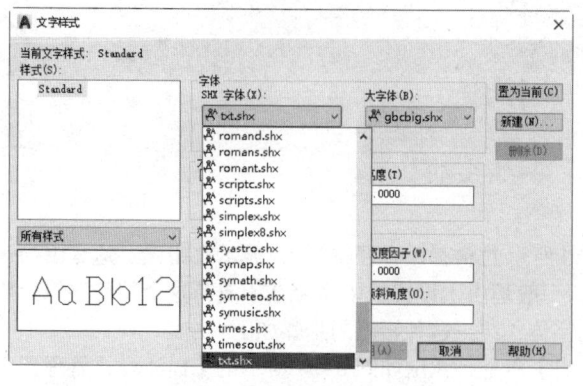

图 6-54

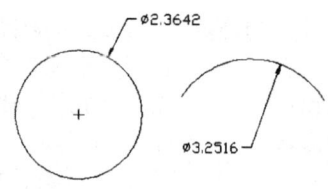

图 6-55

6.2.7 创建圆心标注

在 AutoCAD 中，可以使用【圆心标注】命令创建圆心标记，如图 6-56 所示。该圆心标注用以标明圆或圆弧中心。激活【圆心标注】命令，可以使用以下任意一种方法：

- 在命令行中输入 DIMCENTER。
- 单击菜单【标注】|【圆心标注】。
- 在【标注】工具栏中（图 6-57）选择【圆心标注】命令图标。

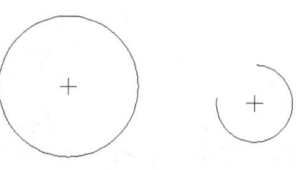

图 6-56

图 6-57

激活【圆心标注】命令后，AutoCAD 提示如下：

命令：DIMCENTER

选择圆弧或圆：选择一个圆或圆弧进行标注

选定一个圆或圆弧，AutoCAD 就根据尺寸标注变量【DIMCENTER】的设置来绘制圆心标注。圆心标注可以有 3 种方式：无标注、中心线和十字标注，可以在尺寸标注样式中设定。

6.2.8 创建角度标注

角度标注命令允许用 3 个点：顶点、指定点、指定点绘制角度尺寸标注。角度标注的对象可以是两条不平行的直线或者圆弧、圆。

第6章 创建与编辑尺寸标注

在AutoCAD中，可以使用【角度标注】命令创建圆、圆弧或直线的角度尺寸标注。
激活【角度标注】命令，可以使用以下任意一种方法：
- 在命令行中输入DIMANGULAR。
- 单击菜单【标注】|【角度】。
- 在【标注】工具栏中（图6-58）选择【角度】命令图标。

图6-58

激活【角度标注】命令后，AutoCAD提示如下：
　　命令：DIMANGULAR
　　选择圆弧、圆、直线或<指定顶点>：选择圆弧、圆、直线或按回车键确定一个顶点

角度标注的默认方式是选择一个对象。如果选择的对象是一段圆弧，AutoCAD会自动将圆弧的圆心作为顶点，并且将圆弧的两个端点分别作为第一条尺寸界线和第二条尺寸界线的端点，以响应角度标注的【顶点/端点/端点】的提示。

如果选择的对象是一个圆，AutoCAD会自动将圆的圆心作为顶点，将选择圆时的点作为角度标注的第一个端点，AutoCAD继续提示如下：
　　指定角的第二个端点：

指定一个点后，AutoCAD将这个点作为角度标注的第二个端点，并连同前面定义的两个点一起构成角度标注的三点：顶点、端点、端点。

下面通过一个具体的实例讲解角度标注，其具体的步骤如下：
（1）在命令提示行中输入DIMANGULAR，然后按空格键或回车键。AutoCAD提示如下：
　　选择圆弧、圆、直线或<指定顶点>：选择圆弧、圆、直线或按回车键确定一个顶点

（2）在该提示下，用户需要选定夹成直线的一条边，或者圆弧，如图6-59中选定一条直线。AutoCAD继续提示如下：
　　选择第二条边：

（3）用户可以使用正方形的光标选定第二条直线，如图6-60所示。选定两条直线后，尺寸线就粘在光标之上了。AutoCAD继续提示如下：
　　指定标注弧线位置或[多行文字（M）/文字（T）/角度（A）]：

（4）AutoCAD会根据光标所在的位置确定标注弧线所在的位置，因而生成4个不同角的角度标注两条直线夹出两个锐角和两个钝角，这4种情况如图6-61至图6-64所示。

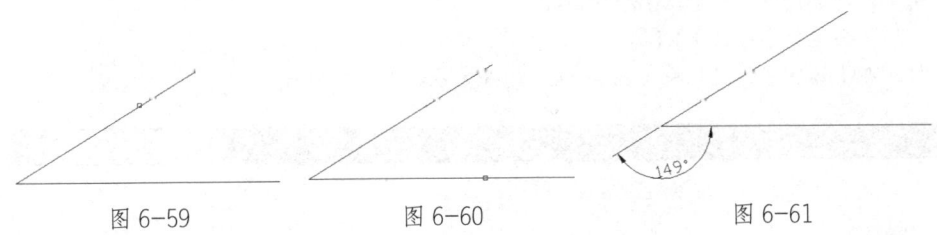

图6-59　　　　　　　　　图6-60　　　　　　　　　图6-61

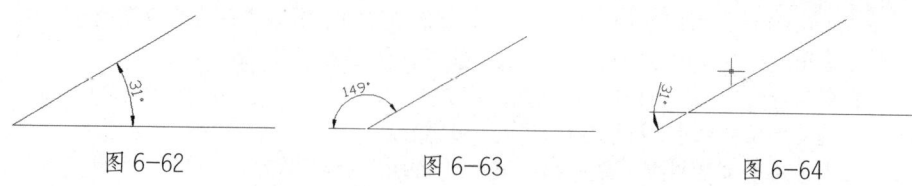

图 6-62　　　　　　　图 6-63　　　　　　　图 6-64

（5）用户根据需要标注的角度，将光标放在合适的位置，单击鼠标左键，完成标注。

（6）在如上操作的第 3 步骤提示信息之后，可以输入不同的字母选择不同的自定义项目，分别是：

- 如果输入 M，则可以自定义标注线上的文字，会弹出多行文字输入框。这里的编辑和设置方式与前边介绍的 3 种标注的完全一样。
- 如果输入 T，则允许用户在命令行输入自定义文字，这也是和前面讲解过的 3 种标注方式相同。
- 如果输入 A，则允许用户输入自定义的标注文字和水平直线的夹角数值，默认角度为 0°，并非意味着和水平方向的夹角为 0°，而是和圆弧的标注线切线方向的夹角为 0°。

（7）除了对两条直线标注夹角以外，还可以标注圆弧的圆心角：

- 如图 6-65 所示，左边为圆上圆弧的圆心角的标注，标注此圆心角时，需要用户选定圆周上的两点。
- 如图 6-65 所示，右边为圆弧圆心角的标注。标注圆弧的圆心角时，需要选定圆弧。

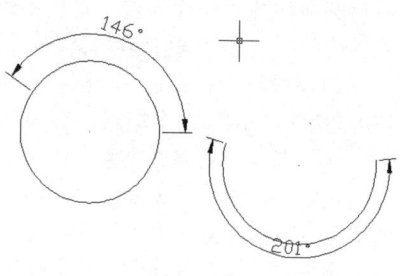

图 6-65

6.2.9　基线尺寸标注

基线标注就是从上一个标注或选定标注的基线处创建线性、角度或坐标标注。基线标注创建一系列由相同的标注原点测量出来的标注。因此，它们是共用第一条尺寸界线原点的一列相关标注。在标注时，AutoCAD 将自动在最初或者上一个基线的尺寸线或圆弧尺寸线的上方绘制尺寸线或圆弧尺寸线。新尺寸线或圆弧尺寸线偏移的间距由系统变量【DIMDLI】的值控制。

1. 创建基线标注的方法

在 AutoCAD 中，可以使用【基线标注】命令创建基线尺寸标注。

激活【基线标注】命令，可以使用以下任意一种方法：

- 在命令行中输入 DIMBASELINE。
- 单击菜单【标注】|【基线】。
- 在【标注】工具栏中（图 6-66）选择【基线】命令图标。

图 6-66

第6章 创建与编辑尺寸标注

激活【基线标注】命令后，AutoCAD 提示如下：

命令：DIMBASELINE

指定第二条尺寸界线原点或 [放弃（U）/选择（S）] <选择>：确定一个点作为第二条尺寸界线的原点或选择合适的选项

在确定了第二条尺寸界线的原点后，AutoCAD 用前一个线性、角度或者坐标标注的尺寸界线原点作为新尺寸的第一条尺寸界线的原点，并且命令提示不断重复出现。要退出该命令，按下 Esc 键即可。要使【基线标注】命令有效，则必须存在一个线性、角度或者坐标标注尺寸。

如果在当前任务中未创建标注，AutoCAD 将提示用户选择线性标注、坐标标注或角度标注，以用作基线标注的基准，命令行出现的提示信息是：

选择基准标注：

> 说明：因为没有存在已有的标注，所以无论用户选择哪里，都会重复出现上面的提示信息。

如果已经有标注，AutoCAD 将跳过上面的提示，并在当前任务中使用上一次创建的标注对象。如果基准标注是线性标注或基线标注，将显示以下提示：

指定第二条尺寸界线原点或 [放弃（U）/选择（S）] <选择>：

下面通过一个具体的实例讲解角度标注，其具体的步骤如下：

（1）在命令提示中输入 DIMANGULAR，然后按空格键或回车键。如果在当前任务中未创建标注，AutoCAD 将提示用户选择线性标注、坐标标注或角度标注，以用作基线标注的基准，AutoCAD 提示如下：

选择基准标注：

如果没有存在已有的标注，无论用户选择哪里，都会重复出现上面的提示信息；如果是图 6-68 所示的已经有标注，AutoCAD 将跳过该提示，并在当前任务中使用上一次创建的标注对象。如果基准标注是线性标注或角度标注，AutoCAD 提示如下：

指定第二条尺寸界线原点或 [放弃（U）/选择（S）] <选择>：

（2）用户需要指定点确定下一界线、输入选项或按回车键选择基准标注。

（3）如图 6-67 所示，基线标注默认的基线是上次标注的左边尺寸界线，如果不是用户需要的界线，用户可以直接回车重新选择左边的基线。如果现有基线令人满意，用户可以选择线性标注的第二条尺寸界线的位置，如图 6-68 所示。

（4）选定第二条尺寸界线圆点位置后，AutoCAD 会继续要求用户选择下一条尺寸界线的原点。用户如果想结束标注操作，可以按下两次 Esc 键或按回车键来终止操作。标注结果如图 6-69 所示。

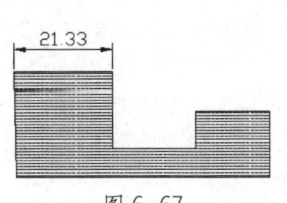

图 6-67

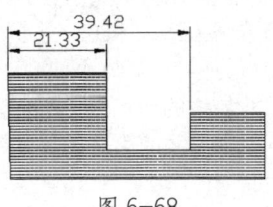

图 6-68

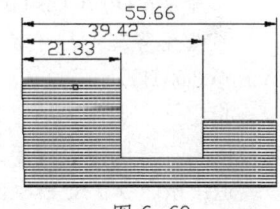

图 6-69

2. 修改基线尺寸标注

如果对图 6-70 中各尺寸线的距离不满意，用户可通过如下步骤更改基线增量值：

（1）选择【格式】|【标注样式】命令，弹出图 6-70 所示【标注样式管理器】对话框。

（2）单击【修改】按钮，会出现如图 6-71 所示的【修改标注样式】对话框，在【文字】选项卡中进行相关设置。

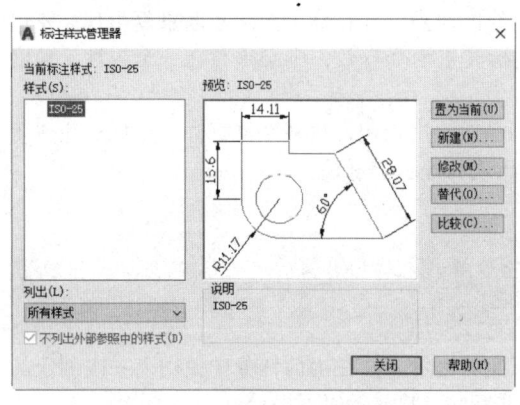 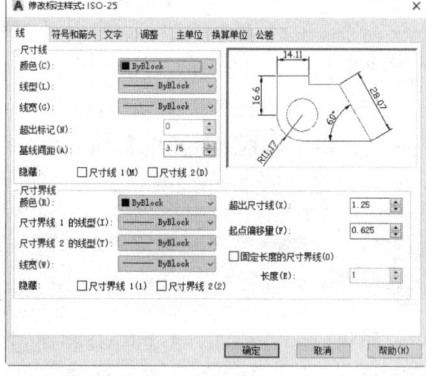

图 6-70　　　　　　　　　　　　　图 6-71

（3）在【修改标注样式】对话框的【线】选项卡中的【基线间距】文本输入框中指定新的较大的基线间距值。

6.2.10　连续尺寸标注

所谓的连续标注就是从上一个标注或选定标注的第二条尺寸界线连续创建线性、角度或坐标标注。在 AutoCAD 中，可以使用【连续标注】命令创建基线尺寸标注。

激活【连续标注】命令，可以使用以下任意一种方法：

- 在命令行中输入 DIMCONTINUE。
- 单击菜单【标注】|【连续】。
- 在【标注】工具栏中（图 6-72）选择【连续】命令图标。

图 6-72

激活【连续标注】命令后，AutoCAD 提示如下：

命令：DIMCONTINUE

指定第二条尺寸界线原点或 [放弃（U）/ 选择（S）] < 选择 >：指定一个点或选择合适选项

在指定了一点作为第二条尺寸界线的原点后，AutoCAD 将用前一个线性、角度或坐标标注的第二条尺寸界线作为下一个尺寸的第一条尺寸界线，并且命令提示不断重复出现。要退出该命令，按 Esc 键即可。

如果在当前任务中未创建标注，AutoCAD 将提示用户选择线性标注、坐标标注或角度标注，以用作基线标注的基准，命令行出现的提示信息是：

选择连续标注：

需要线性、坐标或角度关联标注。

如果没有已经标注完成的尺寸，AutoCAD 会反复出现提示信息；如果在执行连续标注的操作以前已经有了尺寸标注，激活连续标注命令后，AutoCAD 会取已有的尺寸作为新尺寸的尺寸界线原点。同时命令行会直接跳过选择连续标注的提示信息，而是显示：

指定第二条尺寸界线原点或 [放弃（U）/ 选择（S）] < 选择 >：

这时的第一条界线原点已经取自已完成的标注，如果用户对默认的第一条界线原点不满意，可以直接按回车键选择其他位置，就这样，每选一次尺寸界线的原点，都会成为下一尺寸的第一界线的原点。命令行都会提示：

指定第二条尺寸界线原点或 [放弃（U）/ 选择（S）] < 选择 >：

下面通过一个具体的实例讲解连续尺寸标注，其具体的步骤如下：

（1）在命令提示中输入 DIMCONTINUE，然后按空格键或回车键。如果在当前任务中未创建标注，AutoCAD 将提示用户选择线性标注、坐标标注或角度标注，以用作基线标注的基准，AutoCAD 提示如下：

选择基准标注：

如果不存在已有的标注，无论用户选择哪里，都会重复出现上面的提示信息。如果是图 6-73 所示的已经有标注，AutoCAD 将跳过该提示，并在当前任务中使用上一次创建的标注对象。AutoCAD 提示如下：

指定第二条尺寸界线原点或 [放弃(U)/选择(S)] < 选择 >：

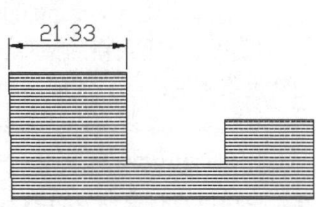

图 6-73

（2）这时的第一条界线原点已经取自已完成的标注，如果用户对默认的第一条界线原点不满意，可以直接按回车键选择其他位置。如果现有基线令人满意，用户需要指定点确定下一界线的位置，如图 6-74 所示。

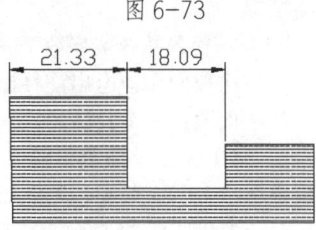

图 6-74

就这样，每选一次尺寸界线的原点，都会成为下一尺寸的第一界线的原点。命令行都会提示：

指定第二条尺寸界线原点或 [放弃(U)/选择(S)] < 选择 >：

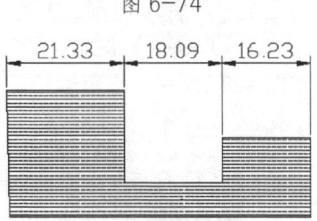

图 6-75

（3）最后用户可以按 Esc 键或连按两次回车键结束标注，完成的标注如图 6-75 所示。

6.2.11 创建引线标注

引线就是将注释连接到图形特征上。它从被注释的对象特征开始，用一组相连的直线段或样条曲线连接标注文字或形位公差，并在起始端绘出箭头。

1. 引线标注的方法

在 AutoCAD 中，可以使用【引线标注】命令创建基线尺寸标注。

激活【引线标注】命令，在 AutoCAD 2020 版本中只有以下一种方法：

· 在命令行中输入 QLEADER。

激活【引线标注】命令后，AutoCAD 提示如下：

　　命令：QLEADER

　　指定第一个引线点或 [设置(S)] <设置>：指定一点或选择合适的选项

用户需要指定第一个引线点，这个点正是注释文字指向的一点。指定第一点后，AutoCAD 提示如下：

　　指定下一点：这点是指向注释对象的直线与指向注释文字的直线的交点

指定第二点后，AutoCAD 继续提示如下：

　　指定下一点：这点是指向注释文字的，用户可以使用鼠标指定合适的点

三点确定后，AutoCAD 继续提示如下：

　　指定文字宽度 <0.0000>：

用户可以输入新的注释文字宽度，也可以直接回车接收默认的设置 0.00，多行文字的宽度将不受限制。完成注释文字的宽度设置以后，AutoCAD 继续提示如下：

　　输入注释文字的第一行 <多行文字(M)>：

用户可以输入 M 字母，选择在多行文字输入框中输入文字以实现多种格式的编辑设置，也可以直接在命令行输入注释文字。一行文字输入完毕后，按回车键确认。AutoCAD 继续提示如下：

　　输入注释文字的下一行：

再次按回车，退出注释操作。

下面通过一个具体的实例讲解引线的创建和文字注释的添加，其具体的步骤如下：

（1）在命令提示中输入 QLEADER，然后按空格键或回车键。AutoCAD 提示如下：指定第一个引线点或 [设置(S)] <设置>：

（2）用户需要指定第一个引线点，这个点正是注释文字指向的一点，如图 6-76 所示。指定第一点后，AutoCAD 继续提示如下：指定下一点：

（3）这一点是指向注释对象的直线与指向注释文字的直线的交点，指定完毕后视图如图 6-77 所示。指定第二点后，AutoCAD 继续提示如下：指定下一点：

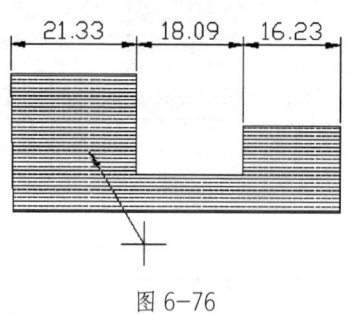

图 6-76

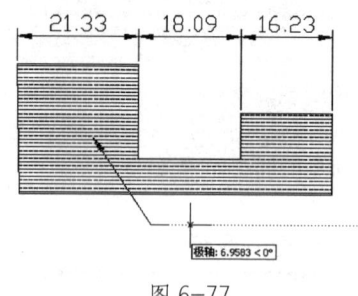

图 6-77

（4）这点是指向注释文字的，用户可以使用鼠标拾取合适的点。三点确定后，执行下一步，AutoCAD 继续提示如下：指定文字宽度 <0.0000>：

（5）用户可以输入新的注释文字宽度，也可以直接回车接收默认的设置 0.00，多行文字的宽度将不受限制。完成注释文字的宽度设置以后，AutoCAD 继续提示如下：输入注释文字的第一行＜多行文字（M）＞：

（6）用户可以输入字母 M，选择在多行文字输入框中输入文字以实现多种格式的编辑设置，也可以直接在命令行输入注释文字。一行文字输入完毕后，按回车确认。AutoCAD 继续提示如下：输入注释文字的下一行：

（7）如果用户不想继续输入文字而就此结束，可以再次按回车，退出注释操作。完成的文字注释结果如图 6-78 所示。

2. 引线设置

在以上操作的第一步骤提示信息出现后，用户可以输入 S 或者直接按回车进行注释标注的设置，弹出如图 6-79 所示的【引线设置】对话框。【引线设置】对话框包括以下选项卡：【注释】|【引线和箭头】|【附着】。在如图 6-80 所示的【引线设置】对话框的【注释】选项卡中可以设置引线注释类型，指定多行文字选项，并指明是否需要重复使用注释。

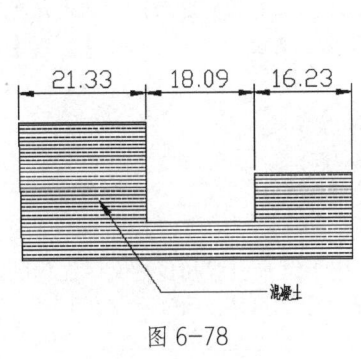

图 6-78

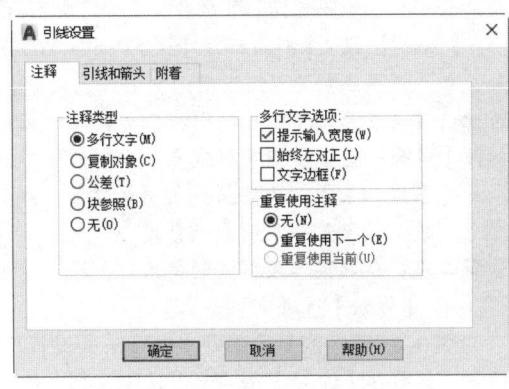

图 6-79

（1）【注释】选项卡

用于设置引线注释类型。选择的类型将改变引线注释类型、指定多行文字选项以及指定是否重复使用注释。它包括 3 个选项组，其意义如下：

· 【注释类型】

多行文字：提示创建多行文字注释。

复制对象：提示复制多行文字、单行文字、公差或块参照对象。

公差：显示形位公差对话框，用于创建将要附着到引线上的特征控制框。

块参照：提示插入一个块参照。

无：创建无注释的引线。

· 【多行文字选项】

只有选定了多行文字注释类型时该选项才可用。

提示输入宽度：提示指定多行文字注释的宽度。

始终左对齐：无论引线位置在何处，多行文字注释应靠左对齐。

文字边框：在多行文字注释周围放置边框。

•【重复使用注释】

设置重复使用引线注释的选项。

无：不重复使用引线注释；

重复使用下一个：重复使用为后续引线创建的下一个注释

重复使用当前：选择重复使用下一个之后重复使用注释时，则 AutoCAD 自动选择此选项。

（2）【引线和箭头】选项卡

如图 6-80 所示的是【引线和箭头】选项卡的设置选项，用于设置引线和箭头格式，各项意义为：

•【引线】：设置引线格式。

直线：在指定点之间创建直线段。

样条曲线：用指定的引线点作为控制点创建样条曲线对象。

•【箭头】：定义引线箭头。从【箭头】列表中选择箭头，这些箭头与尺寸线中的可用箭头一样。如果选择【用户箭头】则列表显示图形中的块。选择一个块用作引线箭头。

•【点数】：设置【引线标注】命令提示输入引线注释之前提示要指定的引线点的数目。例如，如果设置点数为 3，指定两个引线点之后，【引线标注】命令自动提示指定注释。请将此数目设置为比要创建的引线段数目大的数。如果此选项设置为【无限制】，则【引线标注】命令一直提示指定引线点，直到按回车键。

•【角度约束】：设置第一条与第二条引线的角度约束。

第一段：设置第一段引线的角度；

第二段：设置第二段引线的角度。

（3）【附着】选项卡

如图 6-81 所示的是【附着】选项卡的设置选项，用于设置引线和多行文字注释的附着位置。只有在【注释】选项卡上选定多行文字时此选项卡才可用。

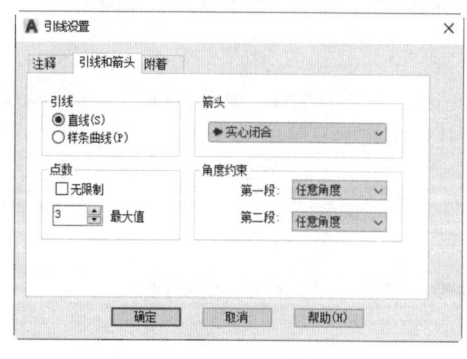

图 6-80

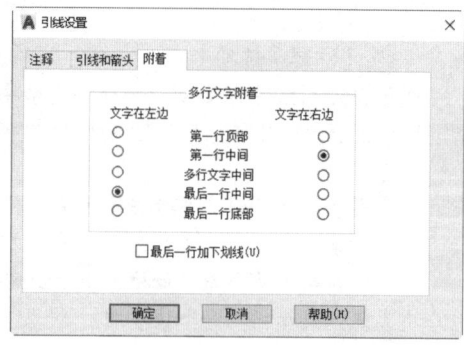

图 6-81

各项意义为：

第一行顶部：将引线附着到多行文字的第一行顶部。

第一行中间：将引线附着到多行文字的第一行中部。

多行文字中间：将引线附着到多行文字的中间。

第6章 创建与编辑尺寸标注

最后一行中间：将引线附着到多行文字的最后一行中间。
最后一行底部：将引线附着到多行文字的最后一行底部。
最后一行加下划线：给多行文字的最后一行加下划线。

6.2.12 快速标注

在 AutoCAD 中，可以使用【快速标注】命令在选定的对象的端点和圆心点之间创建一系列的尺寸标注。它是一个很有趣的操作，也是很有用的操作，尤其是用户需要创建系列基线或连续标注，或者为一系列的圆或圆弧创建标注时。

激活【快速标注】命令，可以使用以下任意一种方法：

- 在命令行中输入 QDIM。
- 单击菜单【标注】|【快速标注】。
- 在【标注】工具栏中（图6-82）选择【快速标注】命令图标。

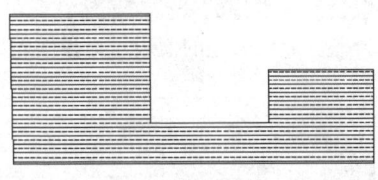

图 6-82

激活【快速标注】命令后，AutoCAD 提示如下：

命令：QDIM
选择要标注的几何图形：
指定尺寸线位置或 [连续（C）/并列（S）/基线（B）/坐标（O）/半径（R）/直径（D）/基准点（P）/编辑（E）/设置（T）] <连续>：确定尺寸线位置或选择合适的选项

如果确定了尺寸线的位置，AutoCAD 将根据指定的尺寸线位置的点决定在所选对象的端点或圆心之间是绘制连续的水平尺寸标注还是垂直的尺寸标注。可以单击鼠标右键选择一个选项绘制所需要的尺寸标注类型。

下面通过实例讲解快速标注的操作，步骤如下详述：

（1）在命令提示中输入 QDIM，然后按空格键或回车键。AutoCAD 提示如下：选择要标注的几何图形：

（2）选择如图6-83所示的不规则图形，拖动鼠标全部选中后，按回车键确认，AutoCAD 继续提示如下：指定尺寸线位置或 [连续（C）/并列（S）/基线（B）/坐标（O）/半径（R）/直径（D）/基准点（P）/编辑（E）/设置（T）] <连续>：

（3）当前默认的方式是连续标注的快速标注，AutoCAD 正在等待用户选择尺寸线位置，选择合适位置单击鼠标，完成快捷标注操作，完成的标注如图6-84所示。

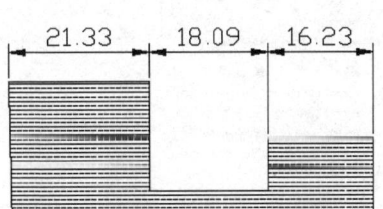

图 6-83

图 6-84

在第（3）步骤中，用户可以输入选项选择标注其他尺寸或编辑当前设置：
- 连续（C）：创建一系列连续标注，图6-85所示为连续标注的结果。
- 并列（S）：创建一系列交错标注，图6-86所示为并列标注的结果。
- 基线（B）：创建一系列坐标标注，如图6-87所示为横坐标标注的结果。

图6-87所示为纵坐标标注的结果。

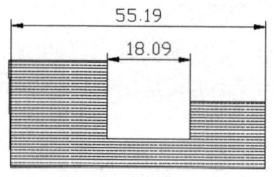
图6-85

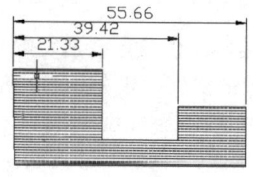
图6-86

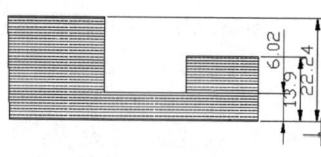
图6-87

- 坐标（O）：选择几何图形中的多个点，一次性地标注一系列坐标尺寸。
- 半径（R）：创建一系列半径标注。
- 直径（D）：创建一系列直径标注。
- 基准点（P）：为基线和坐标标注设置新的基准点，选择此项命令行会提示；

选择新的基准点：
用户需要用鼠标指定新的基准点，取点操作结束后AutoCAD返回上一个提示。

- 编辑（E）：编辑一系列标注，选择此项AutoCAD会提示用户在现有标注中添加或删除点。AutoCAD继续提示如下：

指定要删除的标注点或[添加（A）/退出（X）]<退出>：
此时用户需要指定点、输入A添加或按回车键返回上一个提示。

6.2.13 公差标注

在AutoCAD中，提供了两种公差的命令：一种是一般公差，另一种是形位公差。一般公差是常用的公差。虽然它们可以很容易地绘制到图形中，但是它们不能表示所有的公差。形位公差的值表示对象的轮廓和位置的规定尺寸的最大允许值。

一般公差的符号与文字可以在【标注样式管理器】对话框中得到。形位公差的符号和文字可以在【标注】工具栏中、【标注】下拉菜单或命令行提示中得到。

1. 一般公差

一般公差用于绘制极限偏差、对称公差、加减公差、角度公差和基本尺寸公差的符号与文字。一般公差规定了名义尺寸的最大和最小尺寸偏差。要设置公差格式，首先打开【标注样式管理器】对话框，选择单击【修改】按钮，AutoCAD将显示【修改标注样式】对话框，如图6-88所示。在该对话框中选择【公差】选项

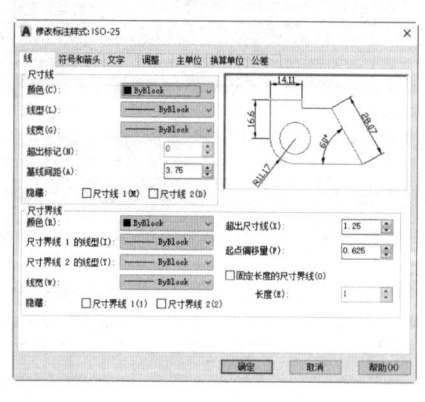
图6-88

卡，在【公差格式】区中选择所需的格式。在【公差格式】区中只能选择一种公差方式，以供标注一般公差时使用。

2. 形位公差

形位公差用于定义图形中形状和轮廓、定向、定位的最大允许误差以及几何图形的跳动允差。图形中的形状和轮廓包括正方形、多边形、平面、圆柱面和圆锥面。

在 AutoCAD 中，可以使用【公差标注】命令创建形位公差。

激活【公差标注】命令，可以使用以下任意一种方法：

- 在命令行中输入 TOLERANCE。
- 单击菜单【标注】|【公差】。
- 在【标注】工具栏中（图 6-89）选择【公差】命令图标。

图 6-89

激活【公差】命令后，AutoCAD 出现【形位公差】对话框。在该对话框中设置完毕后，单击【确定】按钮，AutoCAD 提示如下：

输入公差位置：要求用户选择合适位置放置公差标注

使用鼠标指定合适位置的点，完成公差标注。

下面通过一个具体的实例讲解公差标注的创建和公差数值的添加，其具体的步骤如下：

（1）在命令提示中输入 TOLERANCE，然后按空格键或回车键。AutoCAD 出现如图 6-90 所示的【形位公差】对话框。

（2）鼠标左键单击【形位公差】对话框的符号栏下的黑色正方形，AutoCAD 会弹出如图 6-91 所示的【特征符号】对话框，用户可以在这里选择要标注的公差类型。有绘图基础的用户对这些符号并不陌生，这里只作简单介绍。

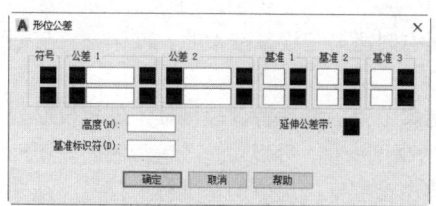

图 6-90

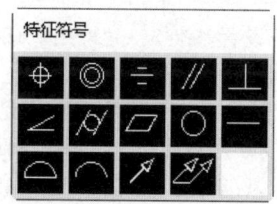

图 6-91

- ⊕：位置度公差符号，属于位置公差。
- ◎：同轴度公差符号，属于位置公差。
- ═：对称度公差符号，属于位置公差。
- ∥：平行度公差符号，属于方向公差。
- ⊥：垂直度公差符号，属于方向公差。
- ∠：倾斜度公差符号，属于方向公差。
- ⌭：圆柱度公差符号，属于形状公差。
- ▱：平面度公差符号，属于形状公差。
- ○：圆度公差符号，属于形状公差。
- ─：直线度公差符号，属于形状公差。
- ⌒：面轮廓度公差符号，属于轮廓度公差。
- ⌒：线轮廓度公差符号，属于轮廓度公差。
- ↗：圆跳动公差符号，属于跳动公差。
- ⌮：全跳动公差符号，属于跳动公差。

（3）单击【公差】栏中的第一个黑色正方形，可以选择是否出现直径符号，如图 6-92 所示。在【公差】栏中的空白区域可以输入公差的具体数值。

（4）单击【公差】栏后边的黑色正方形，出现如图 6-93 所示的【附加符号】选择对话框，用户可以选择需要的附加符号类型。熟悉质量工程的用户对这些公差附加符号会比较熟悉，这里仅仅作简单讲解：

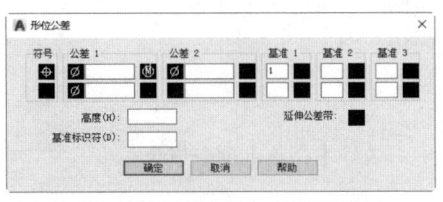

图 6-92

图 6-93

- Ⓜ：最大实体状态 MMC，它的含义是特征要素在尺寸公差范围内具有材料量最多的状态。对孔类为最小极限尺寸，对轴类为最大极限尺寸；
- Ⓛ：最小实体状态 LMC，它的含义是特征要素在尺寸公差范围内具有材料量最少的状态。对孔类为最大极限尺寸，对轴类为最小极限尺寸。
- Ⓢ：独立原则 RFS，是指标注的尺寸公差与形位公差各自独立，彼此无关，分别满足要求的原则。

（5）设置基准 1：允许用户在特征控制框中创建第一级基准参照。基准参照由值和修饰符号组成。基准是理论上精确的几何参照，用于建立特征的公差带。

- 在基准 1 栏的空白框中输入形位公差参照的基准名称；
- 鼠标左键单击后面的黑色正方形，出现【附加符号】对话框，用户可以选择附加符号。

（6）设置基准 2：允许用户在特征控制框中创建第二级基准参照，操作方式与创建第一级基准参照相同。

（7）设置基准 3：允许用户在特征控制框中创建第三级基准参照，操作方式与创建第一级基准参照相同。

（8）高度：在该框中输入值允许用户自定义公差标注在特征控制框中创建投影公差带的值。投影公差带控制固定垂直部分延伸区的高度变化，并以位置公差控制公差精度。

（9）基准标志符：在该框中输入字母创建由参照字母组成的基准标识符号。基准是理论上精确的几何参照，用于建立其他特征的位置和公差带。点、直线、平面、圆柱或者其他几何图形都能作为基准。

（10）设置投影公差带：在投影公差带值的后面插入投影公差带符号Ⓟ。

（11）以上选项设置完毕后，单击【形位公差】对话框的【确定】按钮，AutoCAD 提示如下：

输入公差位置：要求用户选择合适位置放置公差标注

要求用户选择合适位置放置公差标注，用户可以使用鼠标拾取合适位置的点。图 6-94 所示为已经

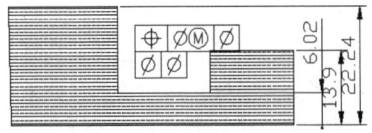

图 6-94

完成的公差标注的简单实例。

6.3 编辑尺寸标注

用户可以对图形中已经标注好的尺寸进行编辑。编辑的内容包括标注文字和数字的字体、标注尺寸线的线性、尺寸界线距离实体表面的距离、尺寸界线超过尺寸线的高度等，每种标注都有所谓的格式。用户在绘制尺寸或公差标注时，都会使用当时正在作用的标注系统变量的设置。

6.3.1 使用【特性】面板编辑尺寸标注

利用【特性】面板，可以十分方便地管理、编辑尺寸标注的各个组成要素的多个特性。【特性】面板提供了一个按特性分类或按字母顺序排列的各个特性的表格。对于尺寸标注对象来说，【特性】面板中的表格提供的可以进行编辑的特性类别有：常规特性、主单位、替代单位以及公差等，如图 6-95 所示。它们按一种树型结构组织，展开后将显示此类下的各个特性项。

6.3.2 【编辑标注文字】命令

【编辑标注文字】命令中的各选项用于将标注文字替换成新的文字、旋转一个已经存在的文字、移动文字到一个新的位置，还可以将标注文字移回到原始位置。另外，通过这些选项还可以修改尺寸界线相对于尺寸线的角度，通常尺寸界线垂直于尺寸线。

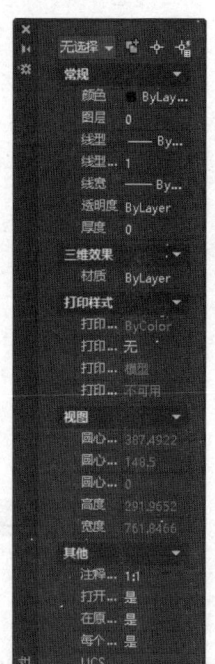

图 6-95

激活【编辑标注文字】命令，可以使用以下任意一种方法：
- 在命令行中输入 DIMTEDIT。
- 在【标注】工具栏中选择【编辑标注文字】命令图标，如图 6-96 所示。

图 6-96

激活【编辑标注文字】命令后，AutoCAD 提示如下：
  命令：DIMEDIT
  选择标注：选择要修改的尺寸对象
在屏幕上将会出现标注的预览图像，文字位于光标处。接着 AutoCAD 提示：
  指定标注文字的新位置或 [左(L)/右(R)/中心(C)/默认(H)/角度(A)]:
  确定标注文字的新位置或选择合适的选项

默认情况下，AutoCAD 允许用光标确定标注文字的位置，并在拖动过程中动态更新。下面介绍各个选项的意义和功能。
- 默认选项：将标注文字移回默认位置。
- 左（L）：沿尺寸线靠左对齐标注文字。本选项只适用于线性、直径和半径标注。
- 右（R）：沿尺寸线靠右对齐标注文字。本选项只适用于线性、直径和半径标注。
- 中心（C）：将标注文字放在尺寸线的中间。
- 角度（A）：修改标注文字的角度。选择此项后，AutoCAD 继续提示如下：

　　指定标注文字的角度：

用户可以输入文字倾斜的角度。文字的中心点并没有改变。如果移动文字或重新生成标注，AutoCAD 将保持由文字角度设置的方向。输入 0° 角将使标注文字以默认方向放置。

6.3.3 【编辑标注】

在 AutoCAD 中可以使用【编辑标注】命令沿尺寸线修改标注文字的位置和角度。

激活【编辑标注】命令，可以使用以下任意一种方法：
- 在命令行中输入 DIMEDIT。
- 在【标注】工具栏中选择【编辑标注】命令图标，如图 6-97。

图 6-97

激活【编辑标注】命令后，AutoCAD 提示如下：

　　命令：DIMEDIT

　　输入标注编辑类型 [默认（H）/ 新建（N）/ 旋转（R）/ 倾斜（O）] < 默认 >：

按 Enter 键选择【默认】选项或选择合适的选项

下面详细介绍各个选项的意义以及功能。

1. 默认（H）选项

该选项的功能是将旋转标注文字移回默认位置。选择此方式，AutoCAD 继续提示如下：

　　选择对象：

用户可以使用对象选择方式选择标注对象，选中的标注文字移回到由当前标注样式指定的默认位置和旋转角用户标注以后的编辑操作将会无效；

2. 新建（N）选项

该选项可以对原始的标注文字进行修改。选择该选项后，AutoCAD 将显示多行文字输入框。在该输入框中 AutoCAD 用尖括号 < > 表示默认测量值。要给默认的测量值添加前缀或后缀，请在尖括号前后输入前缀或后缀。用控制代码和 Unicode 字符串来输入特殊字符或符号。

要编辑或替换默认测量值，请删除尖括号，输入新的标注文字然后选择【确定】按钮进行确认。

第6章 创建与编辑尺寸标注

3. 旋转（R）选项

该选项的功能就是旋转标注文字。选择此项后，AutoCAD 继续提示如下：

　　指定标注文字的角度：指定标注文字的角度

　　选择对象：选择一个对象

输入 0 将标注文字按默认方向放置。输入角度后，用户还需要使用对象选择方式选择标注对象，旋转后的标注如图 6-98 所示。

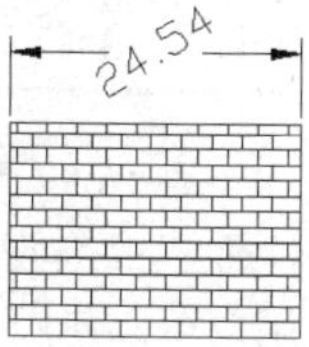

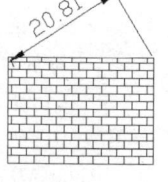

图 6-98

4. 倾斜（O）

该选项用来调整线性标注尺寸界线的倾斜角度。AutoCAD 创建尺寸界线与尺寸线方向垂直的线性标注。当尺寸界线与图形的其他部件冲突时【倾斜（O）】选项将很有用处。选择此项后，AutoCAD 继续提示如下：

　　选择对象：用户需要使用对象选择方式选择标注对象

　　输入倾斜角度（按 ENTER 表示无）：

用户需要输入角度，倾斜后的角度如图 6-99 所示。

图 6-99

6.3.4 倾斜

有时候，可能要求图形中某一尺寸标注与其他尺寸明显区别开来，此时就可以用【倾斜】命令，将一个线性尺寸标注的尺寸界线倾斜一个指定的角度，而尺寸线保持原来的方向，以达到加亮的目的。这也是标注轴测图的惯用方法。

单击菜单【标注】|【倾斜】菜单项，激活【倾斜】命令后，AutoCAD 提示如下：

　　命令：_DIMEDIT

　　输入标注编辑类型 [默认(H)/新建(N)/旋转(R)/倾斜(O)] <默认>:_o

　　　选择对象：选择要倾斜的尺寸对象

　　　选择对象：按回车键结束选取

　　　输入倾斜角度（按 ENTER 表示无）：指定一个角度值或按回车键表示不倾斜

所选择的尺寸标注的尺寸界线将以指定的角度倾斜，如图 6-100 所示。

图 6-100

6.4 尺寸标注样式管理

每次在绘制尺寸标注时，都使用当时正在起作用的标注系统变量的设置。当创建并命名一个标注样式后，所有尺寸标注系统变量除了 DIMASO 和 DIMSHO，都会被记录在标注样式中。标注系统变量 DIMASO 和 DIMSHO 的设置值将被保存在图形中而与标注样式分开。在【标注样式管理器】对话框的【修改标注样式】子对话框中，修改相应的设置可以修改标注系统变量的值。

137

6.4.1 【标注样式管理器】对话框

在 AutoCAD 中,【标注样式管理器】对话框中提供了多个子对话框用于创建新的标注样式或修改已存在的标注样式。这些子对话框依次编译和保存标注系统变量的设置。用户可以使用 DIMSTYLE 命令调用【标注样式管理器】对话框,很方便地创建标注样式,或者根据需要修改标注样式,而不用记忆和查找尺寸标注系统变量。

AutoCAD 提供了如下 3 种方法,打开【标注样式管理器】对话框:

· 在命令行中输入 DIMSTYLE。

· 单击菜单【标注】|【标注样式】或者【格式】|【标注样式】。

· 在【标注】工具栏上单击【标注样式】按钮,如图 6-101 所示。

AutoCAD 显示的【标注样式管理器】对话框,如图 6-102 所示。

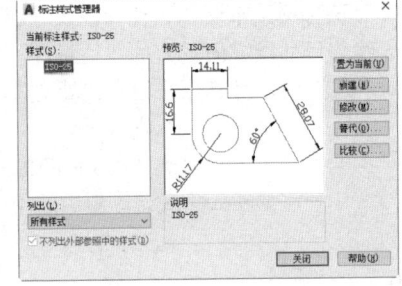

图 6-101   图 6-102

下面详细介绍该对话框中各个选项的意义和功能。

1.【当前标注样式】

显示了当前绘制的尺寸标注正在使用的标注格式的名称,图中是【标准】格式。

2.【样式】列表框

该区显示当前的标注样式名和在框中列出的可以使用的标注样式。被选中的样式名将显示蓝底白字。选择其中的一个格式名称单击按钮【置为当前】|【新建】|【修改】|【替代】或【比较】就可以对该样式进行相应的操作。

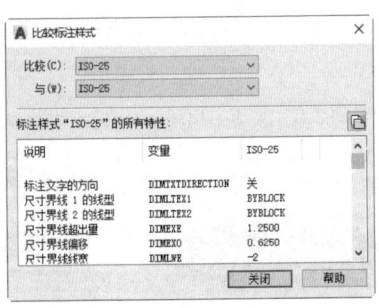

图 6-103

3.【预览】

预览窗口可看到被选中的标注样式的预览图像。

4.【说明】

这个可以理解为一个过滤器,是显示在 Style 框中的全部样式的限制条件。

5.【比较】

单击此按钮可弹出【比较标注样式】对话框其用于比较不同标注样式的区别,如图 6-103 所示。

6.【说明】

显示选择标注样式的注释信息。

7.【置为当前】

选择【置为当前】按钮,可以将选中的【样式】列表中的样式设置为当前标注样式。

8.【新建】

选择【新建】按钮,AutoCAD 将显示【创建新标注样式】对话框,如图 6-104 所示。

第6章　创建与编辑尺寸标注

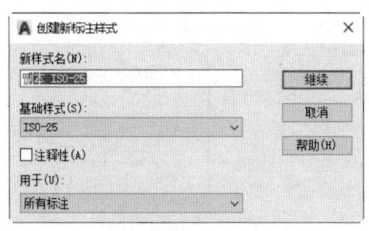

- 【新样式名】：此文本框用于输入新建样式的名字。
- 【基础样式】：此列表框用于在创建一个新的样式时，选择一个已存在的样式作为新样式的基础样式。在修改标注系统变量的设置值前，它们的值与在基础样式列表框中列出的标注样式的变量值完全相同。这样创建新样式时只需修改其中一部分设置。
- 【用于】：这个列表框用于选择新创建的标注样式作用的尺寸类型。

图 6-104

6.4.2 【修改标注样式】对话框

因为一般的工程制图的标注都是要依据制图标准绘制的，所以其实用户一般需要的只是对当前的标注样式进行数值设置上的修改，常用的就是【修改】按钮。选择此按钮，AutoCAD 将显示【修改标注样式】对话框，如图 6-105 所示。

在这个对话框中有 7 个选项卡，选择每一个选项卡将显示对应的子对话框。下面进行详细介绍。

1.【线】

【线】选项卡用于修改构成尺寸标注的几何元素，如尺寸线、尺寸界线、箭头和圆的圆心标记。

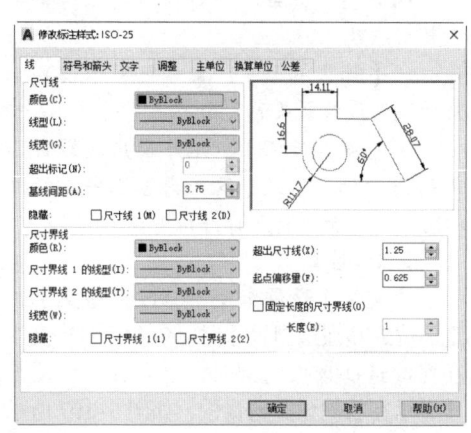

图 6-105

在修改这些选项的同时，将有一个可视的预览尺寸显示在右侧的预览窗口中。

- 【颜色】：此列表框用于确定尺寸线和尺寸界线的颜色。选择 ByBlock 将使尺寸线和尺寸界线的颜色与它们所在的图层的颜色一致；选择 ByBlock，则当尺寸线和尺寸界线是块参照中的一部分时，尺寸线和尺寸界线的颜色与它们所在的块参照的颜色一致；另外，还可以选择标准颜色或者其他颜色。
- 【线宽】：此列表框用于确定尺寸线和尺寸界线的宽度。选择 ByBlock 将使尺寸线和尺寸界线的线宽与它们所在的图层的线宽一致；选择 ByBlock，则如果尺寸线和尺寸界线是块参照中的一部分，将使尺寸线和尺寸界线的线宽与它们所在的块参照的线宽一致；用户还可以选择任一个标准的线宽或者输入任意一个线宽值。
- 【超出标记】：此文本框用于指定当箭头使用建筑标记小斜线时尺寸线超出尺寸界线的距离。
- 【基线间距】：此文本框用于设置在用基线标注命令绘制的基线标注的尺寸线间的距离。
- 【隐藏】：此复选框用于确定绘制尺寸时是否隐藏一条或两条尺寸线或尺寸界线。

139

- 【超出尺寸线】：此文本框用于指定尺寸界线在尺寸线上方伸出的距离。
- 【起点偏移量】：此文本框用于指定尺寸界线到定义该标注的原点的偏移距离。

2. 【符号和箭头】

【符号和箭头】选项卡用于修改尺寸标注的符号和箭头，如图6-106所示。

- 【第一个】【第二个】和【引线】：这3个列表框用于确定在绘制尺寸界线或引线时是否绘制箭头以及箭头的形状。除非首先修改第二个箭头的类型，否则当改变第一个箭头的类型时，第二个箭头自动保持与第一个箭头一致。
- 【箭头大小】：文本框用于设置绘制尺寸或引线时箭头的大小。
- 【圆心标记】：允许用户选择自己满意的圆心标记形式，这一内容已经在标注圆心标记一小节进行了详细讲解。

图6-106

3. 【文字】

【文字】选项卡用于修改标注文字的外观、位置和在绘制尺寸时应包含的对齐文字。在修改这些选项的同时，也会有一个预览尺寸显示在右侧预览窗口中，如图6-107所示。

- 【文字样式】：此列表框用于选择标注文字的样式。

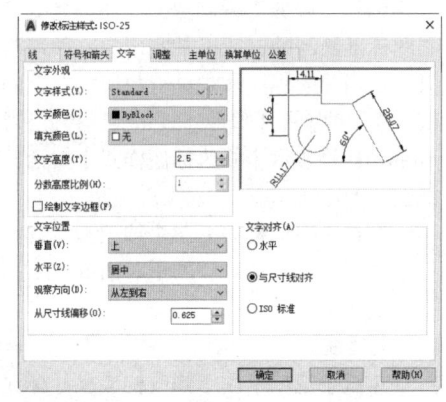

图6-107

> **注意**：不能将文字样式与标注样式混淆。图形中的尺寸标注是根据当前的标注样式绘制的，而作为尺寸标注一部分的标注文字要符合文字样式的设置。

- 【文字颜色】：此列表框用于确定标注文字的颜色。选择随层将使标注文字的颜色与它所在的图层的颜色一致；如果标注文字是块参照中的一部分，那么随块将使标注文字的颜色与它所在的块参照的颜色一致；用户还可以选择其中的标准颜色作为标注文字的颜色。
- 【文字高度】：此文本框用于确定标注文字的高度。
- 【分数高度比例】：此文本框中的比例值用于在绘制尺寸时，控制作为标注文字一部分的分数文字的高度，该比例值是普通文字高度与分数文字高度的比值。
- 【绘制文字边框】：选此复选框会使AutoCAD将文字绘制在一个矩形边框中。
- 【垂直】：此列表框用于选择相对于尺寸线如何绘制标注文字，选项包括置中、上方、外部和JIS。
- 【水平】：此列表框用于选择相对于尺寸界线如何绘制标注文字，其中选项包括：

置中、第一条尺寸界线、第二条尺寸界线、第一条尺寸界线上方和第二条尺寸界线上方。

- 【从尺寸线偏移】：此文本框用于显示和设置标注文字到尺寸线之间的距离值。

- 【文字对齐】：用于控制标注文字是保持水平还是与尺寸线平行，其中的选项包括水平、与尺寸线对齐和 ISO 标准。

4.【调整】

在绘制尺寸标注时，【调整】选项卡用于控制各尺寸标注元素的放置位置。在设置这些选项的同时，在预览窗口中将显示当前设置的预览效果，如图 6-108 所示。

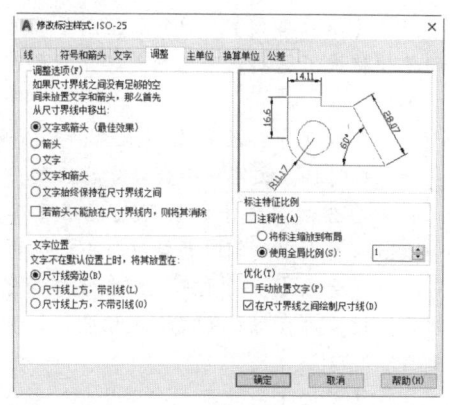

图 6-108

- 【文字或箭头（最佳效果）】：选择此按钮，AutoCAD 放置文字和箭头的原则是：当尺寸界线间的距离足够大时，把文字和箭头都放在尺寸界线内。

- 【箭头】：选择此按钮，AutoCAD 放置文字和箭头的原则是：当尺寸界线间距离仅够放下箭头时，箭头放在尺寸界线内而文字放在尺寸界线外。

- 【文字】：选择此按钮，AutoCAD 放置文字和箭头的原则是：当尺寸界线间距离仅够放下文字时，文字放在尺寸界线内而箭头放在尺寸界线外。

- 【文字和箭头】：选择此按钮，如果尺寸线强制绘制在尺寸界线外时，AutoCAD 将文字和箭头都放在尺寸界线外；当尺寸界线间的距离足够放下文字和箭头时，AutoCAD 将文字和箭头都放在尺寸界线内。

- 文字始终保持在尺寸界线之间：选择此按钮，AutoCAD 将总是在尺寸界线之间放置文字。

- 【若不能放在尺寸界线内，则将其消除】：选择此复选框，若尺寸界线内没有足够的空间，则隐藏箭头。

- 【文字位置】区中有 3 个按钮，用于当标注文字不在默认位置由标注样式定义的位置时，如何放置标注文字。这些选项包括【尺寸线旁边】【尺寸线上方，带引线】和【尺寸线上方，不带引线】。

- 【使用全局比例】：选择此按钮，将激活文本窗口，输入的数值作为图纸尺寸与实际尺寸的比值供 AutoCAD 使用。若要以不同的比例创建图形的不同部分，而又要保持尺寸元素大小上的统一，使用该选项是非常有用的。但这不包括距离、坐标、角度或公差。

5.【主单位】

【主单位】选项卡用于在绘制尺寸标注时，确定距离值和角度值的外观和格式。在设置这些选项的同时，在预览窗口中将显示当前设置的预览效果，如图 6-109 所示。

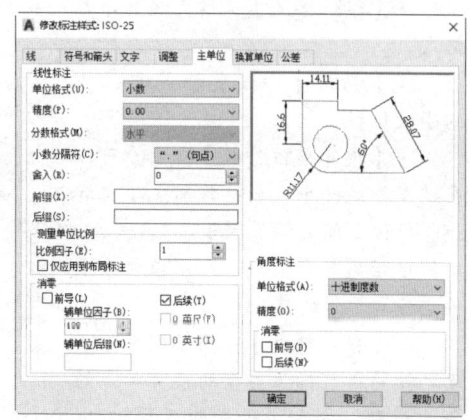

图 6-109

·【单位格式】：此列表框用于确定在绘制尺寸标注中的标注文字时 AutoCAD 使用的单位格式。这些选项包括科学记数制、十进制、工程制、建筑制、分数和 Windows 桌面单位。

·【精度】：此列表框用于确定 AutoCAD 在使用科学记数制、十进制和 Windows 桌面单位时标注文字中小数部分的位数。

·【分数格式】：此列表框用于确定 AutoCAD 在使用科学记数制、十进制或者 Windows 桌面单位制时整数位与小数位的分隔符。可选择的分隔符有句点、逗点和空格。

·【含入】：此文本框用于设置除角度外的所有标注类型的标注测量值的四舍五入规则。设置时在文本框里输入相应的数值。如果输入 0.5，表示所有标注距离被四舍五入到 0.5 个单位。

·【前缀】：此文本框用于指定标注文字中包含的前缀，输入的前缀将覆盖所有在直径和半径等标注中使用的默认前缀。可以输入文字或用控制代码显示特殊符号。

·【后缀】：此文本框用于指定标注文字中包含的后缀，输入的后缀将覆盖所有在直径和半径等标注中使用的默认后缀。可以输入文字或用控制代码显示特殊符号。如果指定了公差，AutoCAD 也给公差添加后缀。

·【比例因子】：此文本框，用于确定实际尺寸距离与绘制尺寸距离的比值，或者控制线性尺寸标注中的比例因子，而不影响标注元素、角度或公差值。

·【仅应用到布局标注】：选择此复选框，AutoCAD 将会仅对在布局里创建的标注应用线性比例值。

·【消零】：该选项控制不输出前导零和后续零以及具有值为零的英尺和英寸。

6.【换算单位】

【换算单位】选项卡，如图 6-110 所示，用于指定标注测量值中换算单位的显示并设置其格式和精度。

·【显示换算单位】：此复选框用于为标注文字添加换算测量单位。

·【换算单位】区用于设置除角度之外的所有标注类型的当前换算单位格式。

·【单位格式】：设置换算单位格式。

·【精度】：设置换算单位中的小数位数。

·【换算单位倍数】：用户可以在这里指定一个乘数，作为主单位和换算单位之间的换算因子。AutoCAD 用线性距离与当前线性比例值相乘来确定换算单位的值。

·【含入精度】：用于设置除角度之外的所有标注类型的换算单位的含入规则。例如，如果输入 0.5，则

图 6-110

AutoCAD 会将所有标注距离都以 0.5 为单位进行舍入。

- 【前缀】：给换算标注文字指示一个前缀。可以输入文字或用控制代码显示特殊符号。例如，输入控制代码%%C，AutoCAD 会显示直径符号 Φ。
- 【后缀】：在换算标注文字中包含后缀。同样可以输入文字或用控制代码显示特殊符号。
- 【消零】用于控制不输出前导零和后续零以及具有值为零的英尺和英寸。

7.【公差】

【公差】选项卡如图 6-111 所示，其用于设置标注文字中公差的格式及外观显示。各选项意义如下详释。

- 【方式】：设置计算公差的方法。可以选择如下方式：

【无】：没有添加公差。

【对称】：添加公差的正负表达式，AutoCAD 通过此表达式将单个变量值应用到标注测量值。AutoCAD 将在标注后显示 ± 号。用户需要在上偏差中输入公差值，标注格式如图 6-112 所示。

【极限偏差】：添加正负公差表达式。AutoCAD 将不同的正负变量值应用到标注测量值。正号（+）位于在上偏差中输入的公差值前面。负号（-）位于在下偏差中输入的公差值前面，标注格式如图 6-113 所示。

- 【极限尺寸】：创建极限标注，在这种标注中 AutoCAD 显示一个最大值和一个最小值，一个在上，另一个在下。最大值等于标注值加上在上偏差中输入的值。最小值等于标注值减去在下偏差中输入的值，标注格式如图 6-114 所示。
- 【基本尺寸】：创建基本标注，在这种标注中 AutoCAD 在整个标注范围周围绘制一个框，标注格式如图 6-115 所示。
- 【精度】：设置小数位数。
- 【上偏差】：设置最大公差或

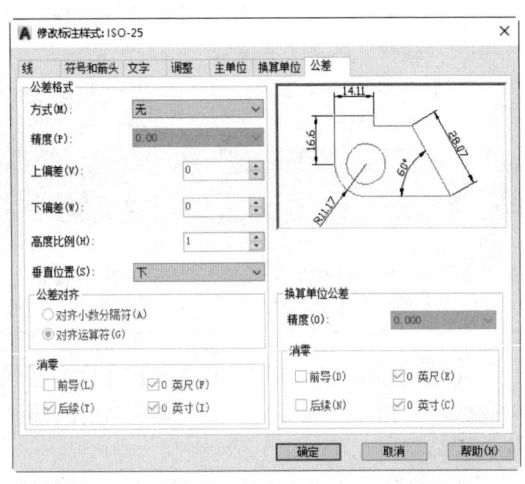

图 6-111

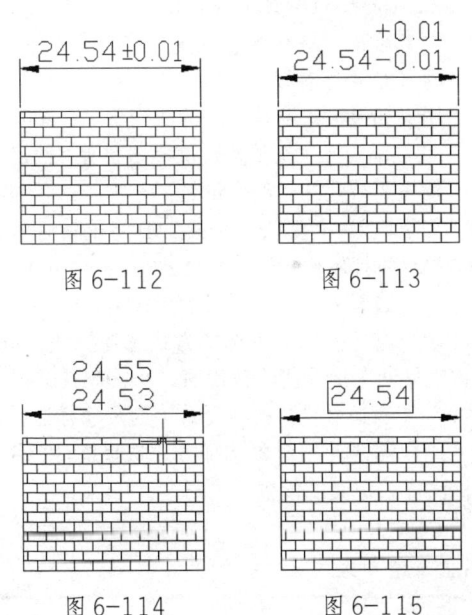

图 6-112   图 6-113

图 6-114   图 6-115

上偏差。当在方式中选择对称时，AutoCAD 将该值用作公差。

- 【下偏差】：设置最小公差或下偏差。
- 【高度比例】：设置公差文字的当前高度。
- 【垂直位置】：控制对称公差和极限公差的文字对正方式。

【上】：公差文字与主标注文字的顶部对齐。
【中】：公差文字与主标注文字的中间对齐。
【下】：公差文字与主标注文字的底部对齐。

- 【消零】：控制不输出前导零和后续零以及具有值为零的英尺和英寸，前面选项卡有相同选项，这里不再赘述。
- 【换算单位公差】：设置换算公差单位的精度和消零规则，前面已经讲述。

6.5 尺寸标注实用命令

6.5.1 【替代】命令

在 AutoCAD 中，可以使用【替代】命令替代尺寸标注系统变量，替代与标注对象相关联的尺寸标注系统变量，但不影响当前的标注样式。还可以使用该命令清除标注的替代值。

在命令提示中输入 DIMOVERRIDE，然后按空格键或回车键，这样就激活了【替代】命令，此时 AutoCAD 提示如下：

命令：DIMOVERRIDE

输入要替代的标注变量名或 [清除替代（C）]：用户可以输入标注变量名，或输入 C 清除替代。

用户如果输入要替代的标注变量名，AutoCAD 继续提示如下：

输入标注变量的新值 <当前值>：用户需要输入值或按回车键保留当前数值
输入要替代的标注变量名：
如果输入一个新值，AutoCAD 将重新显示要替代的标注变量名提示。如果按回车键，AutoCAD 将提示用户选择标注：

选择对象：选择尺寸标注对象

用户需要使用对象选择方式选择标注，AutoCAD 将替代值应用到选定的标注。如果用户直接回车选择清除替代值，AutoCAD 会提示：

选择对象：选择要清除的尺寸标注对象

用户需要使用对象选择方式选择标注，AutoCAD 将会清除替代值，标注对象返回到由标注样式定义的设置。

6.5.2 更新尺寸标注

在 AutoCAD 中，可以使用【标注更新】命令将已经存在的尺寸标注按照当前的尺寸标注样式进行更新。激活【标注更新】命令，可以使用以下任意一种方法：

- 在命令行中输入 DIMSTYLE。
- 单击菜单【标注】|【更新】。
- 在【标注】工具栏中选择【标注更新】命令图标，如图 6-116 所示。

图 6-116

激活【标注更新】命令后，AutoCAD 提示如下：

  命令：DIMSTYLE
  当前标注样式：ISO-25　注释性：否
  输入标注样式选项
  [注释性（AN）/保存（S）/恢复（R）/状态（ST）/变量（V）/应用（A）/?]
<恢复>:APPLY
  选择对象：找到 1 个
下面介绍各个选项含义。

1.【注释性】选项

把标注设置为可更新的模式。

2.【保存（S）】选项

将当前尺寸系统变量作为一种尺寸标注样式保存，选择【保存】选项，AutoCAD 继续提示如下：输入新标注样式名或 [?]：

输入名字，AutoCAD 会将新的标注格式保存下来，输入【?】则会显示当前已有的标注样式。

3.【恢复（R）】选项

将尺寸标注系统变量设置恢复为选定标注样式的设置。选择【恢复（R）】选项，AutoCAD 继续提示如下：输入标注样式名、[?] 或 <选择标注>：

用户需要输入名称、输入 [?] 或按回车键选择标注。

- 样式名：将输入的标注样式设置为当前标注样式。
- ?：列出当前图形中命名的标注样式，选择该选项，AutoCAD 继续提示如下：

  输入要列出的标注样式 <*>：
  输入名称列表或按回车键，列出所有样式：
  命名标注样式：
    Standard
    ISO-25

列出标注样式后，AutoCAD 返回上一个提示。

- 选择标注：将选定对象的标注样式设置为当前标注样式。选择该选项，AutoCAD 继续提示如下：

  选择标注：用户需要在当前视图中选择需要恢复的标注对象。

4.【状态（ST）】选项

此项显示所有标注系统变量的当前值。列出变量后，命令结束。

5.【变量（V）】选项

列出某个标注样式或选定标注的标注系统变量设置，但不修改当前设置。选择该选项，AutoCAD 继续提示如下：

输入标注样式名、[?] 或 <选择标注>：用户需要输入名称、输入 [?] 或按回车键选择标注。

- 样式名：将输入的标注样式设置为当前标注样式。
- ?：列出当前图形中命名的标注样式，选择该选项，AutoCAD 继续提示如下：

输入要列出的标注样式 <*>：

输入名称列表或按回车键，列出所有样式：

命名标注样式：

    Standard

    ISO-25

列出标注样式后，AutoCAD 返回上一个提示。

- 选择标注：将选定对象的标注样式设置为当前标注样式。选择该选项，AutoCAD 继续提示如下：

选择标注：用户需要在当前视图中选择需要恢复的标注对象。

6.【应用（A）】选项

将当前尺寸标注系统变量设置应用到选定标注对象，永久替代应用于这些对象的任何现有标注样式。选择该选项，AutoCAD 继续提示如下：

选择对象：用户需要使用对象选择方法选择标注对象应用当前标注样式。

6.6 提高训练——阶梯轴的尺寸标注

本实例主要用来讲解标注样式命令、线性标注命令、直径标注命令、半径标注命令、角度标注命令等命令的基本用法。本例中的使用的命令主要有 DIMSTYLE、DIMLINEAR、DIMDIAMETER、DIMRADIUS、DIMANGULAR、LINE 和 CIRCLE 等。

本例最后的效果如图 6-117 所示。

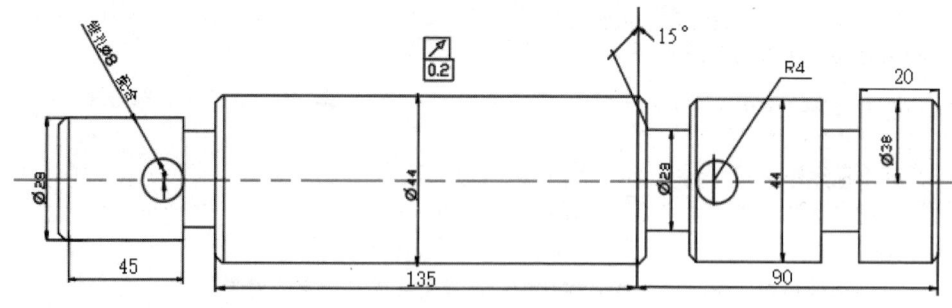

图 6-117

第6章 创建与编辑尺寸标注

操作步骤如下：

（1）执行【文件】→【新建】命令，或者单击【快捷工具栏】上的【新建】图标，新建一个图文件。

（2）执行【层】命令建立3个新图层。定义需要的线型、颜色和宽度。

命令：LAYER↙

（3）执行【直线】命令，在中心线所在的【图层1】绘制中心线；执行【直线】命令在粗实线所在的【图层2】绘制阶梯轴，如图6-118所示。

（4）执行【倒角】命令进行倒角；执行【镜像】命令绘制轴的另一侧，如图6-119所示。

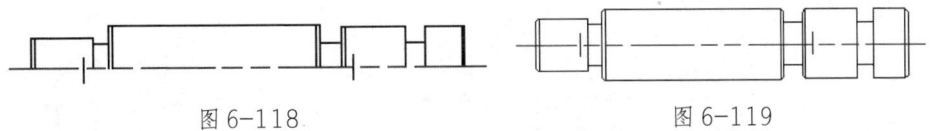

图6-118 　　　　　　　　　图6-119

（5）执行【圆】命令完成阶梯轴的绘制，如图6-120所示。

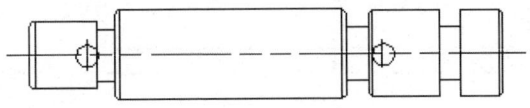

图6-120

（6）变换到【尺寸标注】图层，执行【标注样式】命令修改标注的箭头和文字的大小。

命令：DIMSTYLE↙（输入DIMSTYLE命令或者单击【标注】工具栏中的【标注样式】图标）

在弹出的对话框中单击【修改】按钮，随后单击【文字高度】按钮，填入所需要的文字高度。再单击【符号和箭头】选项卡，填入所需要的箭头大小，如图6-121所示。单击【确定】按钮，完成对箭头和文字的修改。

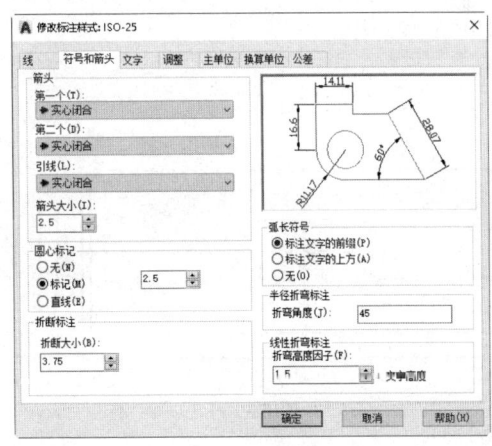

图6-121

（7）执行【线性标注】命令进行线性标注。

命令：DIMLINEAR✓（输入DIMLINEAR命令或者单击【标注】工具栏中的【线性】图标 ）

指定第一条尺寸界线原点或＜选择对象＞：110，88✓

指定第二条尺寸界线原点：155，86✓

指定尺寸线的位置或

[多行文本（M）/文字（T）/角度（A）/水平（H）/垂直（V）/旋转（R）]：155，70✓

按照这样的步骤，对阶梯轴承所有需要【线性标注】尺寸进行标注，包括轴的直径和长度，如图6-122所示。

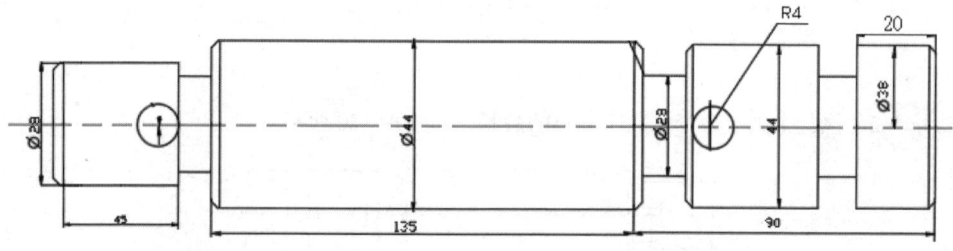

图6-122

（8）执行【直径标注】命令标销孔的直径。

命令：DIMDIAMETER✓（输入DIMDIAMETER命令或者单击【标注】工具栏中的【直径】图标 ）

此时会出现与线性标注相同的多行文本编辑器，在【多行文本编辑器】中对标注进行修改。其内容为：

【锥孔％％C8配合】

指定尺寸线的位置或 [多行文本（M）/文字（T）/角度（A）]：147，124

此时屏幕的显示如图6-123所示。

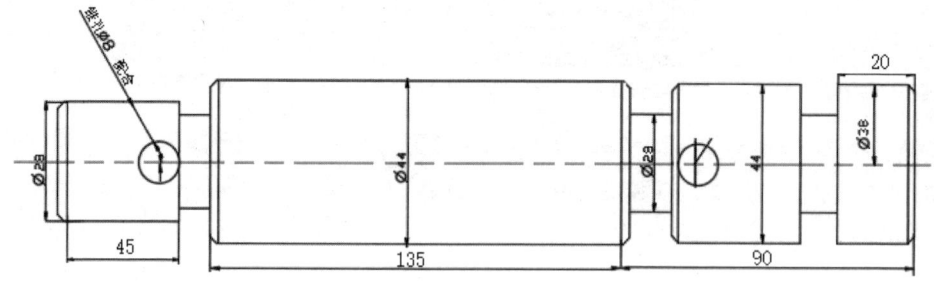

图6-123

（9）执行【半径标注】命令对轴的另一个孔进行标注。

第6章 创建与编辑尺寸标注

命令: DIMRADIUS↙（输入 DIMRADIUS 命令或者单击【标注】工具栏中的【半径】图标）

选择圆弧或圆：

指定尺寸线的位置或 [多行文本（M）/文字（T）/角度（A）]: 350, 132↙

此时屏幕的显示如图 6-124 所示。

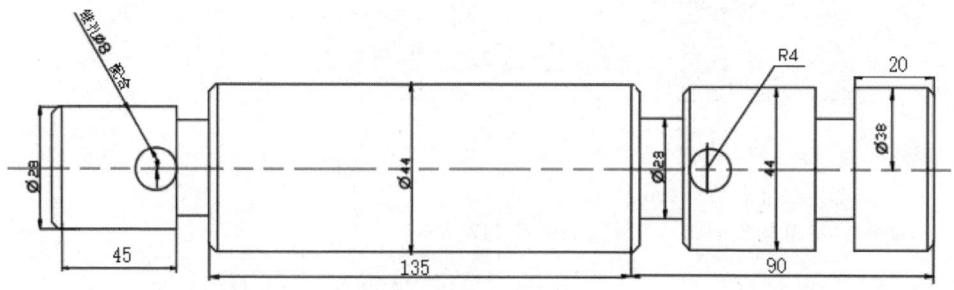

图 6-124

（10）执行【角度标注】命令对角度进行标注。

命令: DIMANGULAR↙（输入 DIMANGULAR 命令或者单击【标注】工具栏中的【角度】图标）

选择圆弧、圆、直线或 <指定顶点>：

选择第二条直线：

指定标注弧线位置 [多行文本（M）/文字（T）/角度（A）]: 293, 150↙

此时，屏幕的显示如图 6-125 所示。

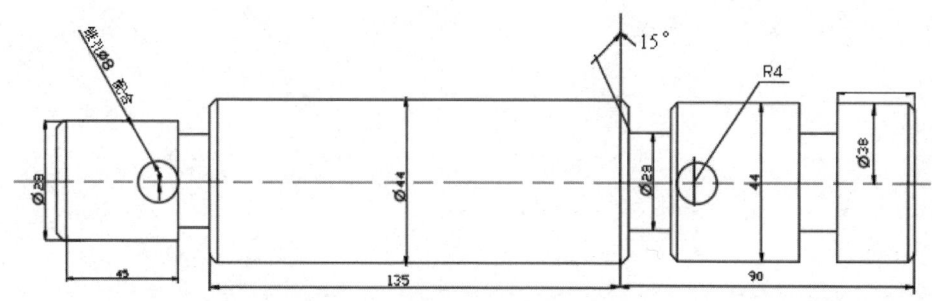

图 6-125

（11）执行【公差】命令标注公差。

命令: TOLERANCE↙（输入命令 TOLERANCE 或者单击【标注】工具栏中的【公差】图标）

弹出【形位公差】对话框，如图 6-126 所示。

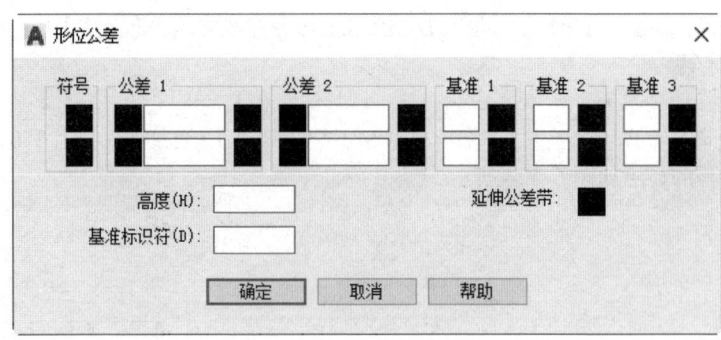

图 6-126

输入公差位置：190，138↙
此时，屏幕的显示如本节开头的图 6-117 所示。

6.7 本章回顾

本章首先介绍了 AutoCAD 中尺寸标注的标注思路，尺寸标注由尺寸线、箭头、尺寸界线、标注文字、引线以及圆心标记等等构成。然后详细讲解了在 AutoCAD 中如何创建线性尺寸标注、圆半径的标注、圆直径的标注、角度的标注、点的坐标标注、对齐尺寸标注、基线尺寸标注、继续尺寸标注、引线标注、公差标注、标注圆心标记、快速标注等等标注。同时穿插讲解了常见的标注选项的设置，诸如问题替换、文字对齐、文字旋转角度等。最后讲述了如何使用标注样式管理器对话框设置标注各式的界面。

第 7 章

块和外部参照

本章主要内容与学习目的

在使用 AutoCAD 绘图时,如果图形中有大量相同或相似的内容。或者所绘制的图形与已有的图形文件相同,则可以把要重复绘制的图形创建成块,在需要时直接插入它们;也可以将已有的图形文件直接插入到当前图形中,从而提高绘图效率。此外,用户还可以根据需要,为块创建属性,用来指定块的名称、用途及设计者等信息。

外部参照是把已有的图形文件以参照的形式插入到当前图形中。在绘制图形时,如果一个图形需参照其他图形或者图像来绘图,而又不希望占用太多的存储空间,这时就可以使用 AutoCAD 2020 的外部参照功能。此外,AutoCAD 2020 设计中心提供了一个直观、高效的工具,与 Windows 资源管理器相类似,用户利用它可以方便地对图形文件进行各种管理。

7.1 创建与编辑块

块在图形中可多次插入，而且存储的文件容量也只有一个图形（块）那么大。AutoCAD 中的【创建块】命令是一个功能很强大的设计与绘图工具。【创建块】命令用于由一个或多个对象创建一个新的对象，并按指定的名称保存，以后可将它插入到图形中。

当使用【创建块】命令创建块时，AutoCAD 将把此操作当作定义块。其结果是将该块定义存储在图形数据库中。同一个块参照可根据需要插入多次。创建块参照时，第一步是给块参照下定义。

7.1.1 使用对话框

在 AutoCAD 中使用【创建块】命令将所选择的对象定义成块参照。通过使用该命令以对话框的形式来创建块。激活【创建块】命令，可以使用以下任意一种方法：

- 在命令行输入 BLOCK。
- 选择【绘图】|【块】|【创建】命令。
- 在【绘图】工具栏中选择【创建块】命令图标，如图 7-1 所示。

激活【创建块】命令后，AutoCAD 将显示【块定义】对话框。如图 7-2 所示。

图 7-1

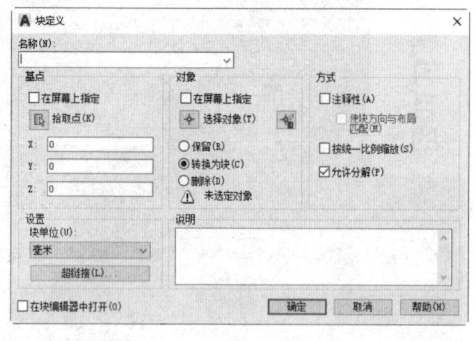

图 7-2

下面详细介绍【块定义】对话框中各个选项的意义及功能。

1. 【名称】文本框

用于输入块参照的名称。单击【名称】文本框右侧的向下箭头，可以列出当前图形中所有的块参照的名称。块名以及其定义将保存到当前图形中。

2. 【基点】选项组

在对话框中的【基点】选项组中，用户可以指定块的插入点。在创建块参照时的基准点将成为以后插入块参照时的插入点，同时它也是块参照被插入时旋转或缩放的基准点。

可以在屏幕上指定插入点的位置，或输入 X、Y、Z 的坐标值。如果要在屏幕上指定插入点，则可以单击该选项区中【拾取点】按钮，AutoCAD 将暂时关闭该对话框并提示如下信息：

　　_BLOCK 指定插入基点：

用户选择对象后，将重新显示【块定义】对话框。

3.【对象】选项组

在【块定义】对话框的【对象】选项组中，用户可以指定包括在新的块中的对象，并且可以指定在创建块定义之后是否保留、删除所选择的对象或者将它们转换成为一个新块。

该选项组中包括以下几个选项，其意义如下：

·【选择对象】按钮：用于选择包括在块参照中的对象。

·【快速选择】按钮：选择组成块参照的对象。在【对象】区中选择 3 个单选按钮中的一个，以确定组成块参照的对象是在图形中保留还是被删除，或者这些对象在创建块参照后被转换为块参照。

·【保留】单选按钮：如果选择了【保留】单选按钮，那么在图形中创建块参照后，块参照中的对象会保留在图形中，而不会被删除。并且它们依然作为独立的对象被保存。

·【转换为块】单选按钮：如果选择了【转换为块】单选按钮，那么在完成定义块操作后，这些块定义中的对象将转换成为一个块参照而被插入到图形中去。

·【删除】单选按钮：如果选择了【删除】单选按钮，那么在完成定义块操作后，定义块的对象将被删除。

4.【超链接】按钮

单击【超链接】按钮，则会弹出如图 7-3 所示的【插入超链接】对话框。通过该对话框，用户可以给块指定一个超级链接。超级链接的目的地址为现有文件或 Web 页面，还可以是本图形的视图或布局，也可以是电子邮件地址。

在给块参照定义一个名称后，单击【确定】按钮完成创建块参照操作。如果给定的块名与已有的块名相同，则显示如图 7-4 所示的警告对话框。AutoCAD 在创建块参照并命名后，将删除被选对象，使屏幕更加清晰明了。在【创建块】命令操作完成后，立即使用【OOPS】命令可将被删除对象重新显示在图形中。

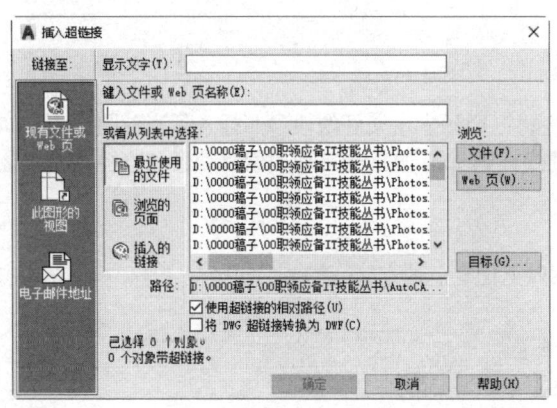

图 7-3

图 7-4

7.1.2 以命令行

用户也可以使用 –BLOCK 命令来创建块。在命令提示行输入 –BLOCK，然后按空格键或回车键。激活 –BLOCK 命令后，AutoCAD 提示如下：

输入块名或 [?]：　　// 指定一个块名，或输入 [?] 列出当前图形中所有块名
指定插入点：　　// 指定一个点作为插入点
选择对象：　　// 选择包含块定义中的对象
选择对象：　　// 按回车键，结束选择对象

AutoCAD 将使用给定的名字创建块，然后从屏幕上删除形成块定义的对象。如果需要恢复这些对象，可以在 –BLOCK 命令之后立即使用【OOPS】命令。

命令：-BLOCK
输入块名或 [?]：machine
指定插入基点或 [注释性（A）]：
选择对象：找到一个　　// 然后按 Enter 键
窗口（W）套索　按空格键可循环浏览选项 找到 73 个，总计 74 个

如果给定的块名与已有的块名相同，AutoCAD 提示如下：

块 XX 已存在。是否重定义？[是（Y）/ 否（N）] <N>：

块 XX 已经存在，询问是否再定义。如果选择【否（N）】选项或直接按回车键，则 AutoCAD 将退出块定义操作；如果选择【是（Y）】选项，则 AutoCAD 将对块重新定义，旧块将被覆盖。

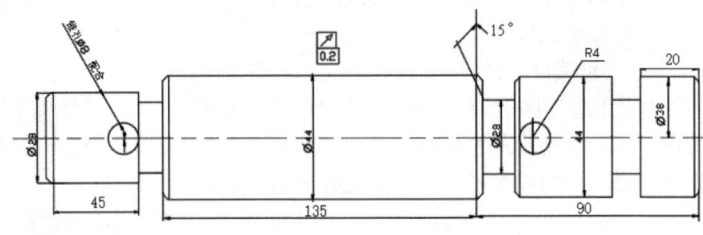

图 7-5

7.1.3 插入块

在 AutoCAD 中可以使用插入命令将已经预先定义好的块参照插入到当前图形中。如果在当前的图形中不存在指定名称的块，则 AutoCAD 会自动搜索驱动器和路径寻找到该名称的图形并把它插入到当前图形中。

1. 使用对话框插入块

激活【插入块】命令，可以使用以下任意一种方法：

· 在命令行中输入 INSERT。
· 单击菜单【插入】|【块选项板】。
· 在绘图工具栏中选择【插入块】命令图标。

激活【插入块】命令后，AutoCAD 将显示插入对话框。如图 7-6 所示。

【最近使用】和【当前图形】选项卡：用于选择包括在块参照中的对象。单击选项卡中的【浏览】按钮，在【选择图形文件】对话框中选择所需要的图形文件，如图 7-7 所示。

【插入点】选项组：在该选项组中，用户可以指定包括在新的块中的对象，并且可以指定在创建块定义之后是否保留、删除所选择的对象或者将它们转换成为一个新块。

【缩放比例】选项组：用于指定插入的块参照的缩放比例。默认的缩放比例值为1（原图比例）。如果指定了一个负的比例值，那么AutoCAD将在插入点处插入一个块参照的镜像图形。

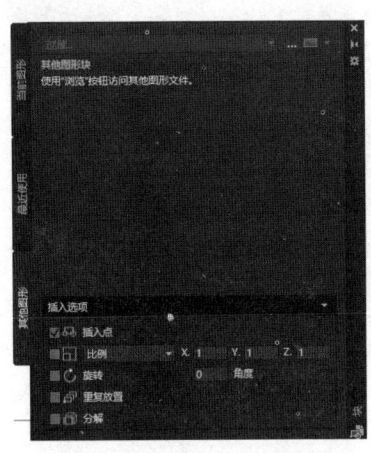 

图 7-6　　　　　　　　　　　　　　　图 7-7

【旋转】选项组：用于指定块参照插入时的旋转角度。指定的块参照的旋转角度不论为正或者为负，都是参照于块的原始位置。

【分解】复选框：用于在插入块参照的过程中，将块参照中的对象分解成各自独立的对象，而不是作为一个整体。

如果要将一个图形文件作为一个块定义插入到当前图形中，在【最近使用】或【当前图形】选项卡的列表中选择要插入的图形文件，或单击选项卡中的【浏览】按钮，在【选择图形文件】对话框中选择所需要的图形文件。

最后单击【确定】按钮，完成插入块参照的操作。

2. 使用命令行插入块

要从命令行调用插入命令，以实现插入块参照的操作，则需在命令名前加连接符【-】。激活插入命令后，AutoCAD 提示如下：

命令：-INSERT

输入块名或 [?]：　//指定一个块名，或输入【？】列出当前图形中所有块名

指定插入点或 [比例（S）/X/Y/Z/ 旋转（R）/ 预览比例（PS）/PX/PY/PZ/ 预览旋转（PR）]：　//输入一个数，或指定一个点或空响应

输入 X 比例因子，指定对角点，或 [角点（C）/XYZ]<1>：

输入 Y 比例因子或 < 使用 X 比例因子 >：　　//输入一个数，或指定一个点或空响应

指定旋转角度 <0>：　　// 输入一个角度值，或指定一个点或空响应

下面对上述命令行的作用进行说明。

- 如果在【输入块名或 [?]: 】提示下输入【?】，AutoCAD 则会列出当前图形中所有块名。

- 如果在【输入块名或 [?]: 】提示下输入【~】并按回车键，AutoCAD 则会显示【指定图形文件】对话框，通过该对话框可以方便地找到所需要的块。

- 如果在【输入块名或 [?]: 】提示下输入【*块名】，AutoCAD 则会将指定的图块以分解的方式插入。

- 如果在【输入块名或 [?]: 】提示下直接输入块名，AutoCAD 则会首先寻找相应的块。如果在当前的图形中不存在指定名称的块，AutoCAD 会自动搜索驱动器和路径寻找到该名称的图形并把它插入到当前图形中。

- 在【输入块名或 [?]: 】提示下直接输入块名时，如果在块名后面输入一个【=】，AutoCAD 则会重新定义插入的块。

- 如果在【输入 X 比例因子，指定对角点，或 [角点（C）/XYZ]<1>：】提示下输入【C】，AutoCAD 会让用户通过在屏幕上指定两点的方法来确定系数比例。

- 如果在【输入 X 比例因子，指定对角点，或 [角点（C）/XYZ]<1>：】提示下输入【XYZ】，AutoCAD 会提示用户输入 X、Y、Z 三个方向上的比例系数来插入一个三维图形。

3. 使用拖放的方法插入图块

在 AutoCAD 2020 中，用户可以使用鼠标的拖动将某一图形文件插入到当前图形中，如图 7-8 所示。

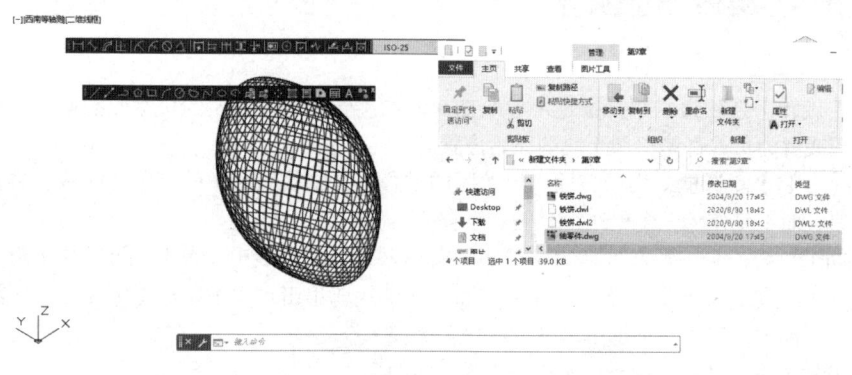

图 7-8

使用拖放方法插入图块的步骤如下：

（1）启动 AutoCAD 并打开当前图形。

（2）启动 Widows 资源管理器，找到需要插入的图形文件。

（3）单击要插入的图形文件，然后按住鼠标左键将其拖曳到 AutoCAD 图形窗口中，AutoCAD 将提示如下：

指定插入点或 [基点（B）/ 比例（S）/X/Y/Z/ 旋转（R）]：　　// 指定一个点

输入 X 比例因子，指定对角点，或 [角点（C）/XYZ]<1>：

输入 Y 比例因子或 < 使用 X 比例因子 >：　　// 输入一个数，或指定一个点或空响应

指定旋转角度<0>：   // 输入一个角度值，或指定一个点或空响应

在相应的提示下进行适当的输入或选择后，所选择的图形按指定的缩放比例和旋转角度插入到当前文件中指定的位置。

4．多重插入

在 AutoCAD 中可以使用【多重插入】命令生成块参照的矩形阵列。这样的块除了不能被分解外，其余功能与普通的块参照一样。具体操作步骤如下：

命令：MINSERT

输入块名或 [?]<块 1>：   // 输入块名

指定插入点或 [比例（S）/X/Y/Z/ 旋转（R）/ 预览比例（PS）/PX/PY/PZ/ 预览旋转（PR）]：   // 指定插入点或选择合适的选项

输入 X 比例因子，指定对角点，或 [角点（C）/XYZ]<1>：   // 指定 X 轴比例值或指定对角点

输入 Y 比例因子或 < 使用 X 比例因子 >：   // 指定 Y 轴比例值，或按回车键接受默认 X 轴比例值

指定旋转角度 <0>：   // 指定旋转角度值或指定对角点

输入行数（---）<1>：   // 输入行数值

输入列数（|||）<1>：   // 输入列数值

输入行间距或指定单位单元（---）：   // 指定两行间的距离

指定列间距（|||）：   // 指定两列间的距离

下面是利用多重插入的实例：

命令：MINSERT

输入块名或 [?]<1>：1

指定插入点或 [比例（S）/X/Y/Z/ 旋转（R）/ 预览比例（PS）/PX/PY/PZ/ 预览旋转（PR）]：   // 指定一点作为插入点

输入 X 比例因子，指定对角点，或 [角点（C）/XYZ]<1>：   // 按回车键接受默认比例值

输入 Y 比例因子或 < 使用 X 比例因子 >：   // 按回车键接受默认 X 轴比例值

指定旋转角度 <0>：   // 按回车键

输入行数（---）<1>：3

输入列数（|||）<1>：4

输入行间距或指定单位单元（--）：20

指定列间距（|||）：20

完成的结果如图 7-9 所示。

图 7-9

7.1.4 存储块

在 AutoCAD 中使用【写块】命令组合一组对象，并将对象输出成一个文件。这些对象变成一个新的、独立的图形文件。这个新的图形文件可以由当前图形中定义的块创建，也可以由当前图形中被选择的对象组成，甚至可以将全部的当前图形输出成一个新的图

形文件。无论选择上述哪种情况，新图形将图层、线型、样式以及其他项目当作当前图形的系统变量进行设置。

在命令提示行输入 WBLOCK，然后按空格键或回车键，即可激活【写块】命令，激活该命令后，AutoCAD 将显示【写块】对话框。

如果在激活【写块】命令时，没有进行任何选择，则显示的【写块】对话框如图 7-10 所示。在该对话框中的【源】选项组中，【对象】单选按钮是默认选择。

如果在激活【写块】命令时，选择了一个单个图块，则显示的【写块】对话框如图 7-11 所示。此时，对话框默认设置如下：

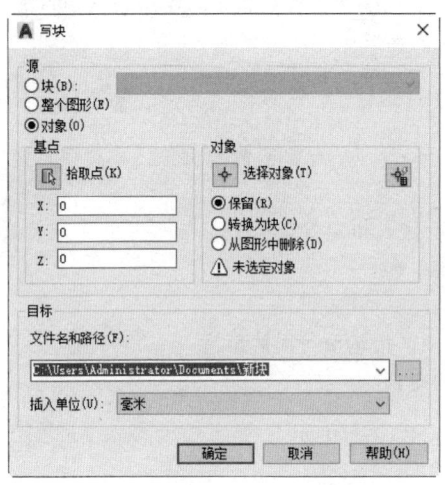
图 7-10

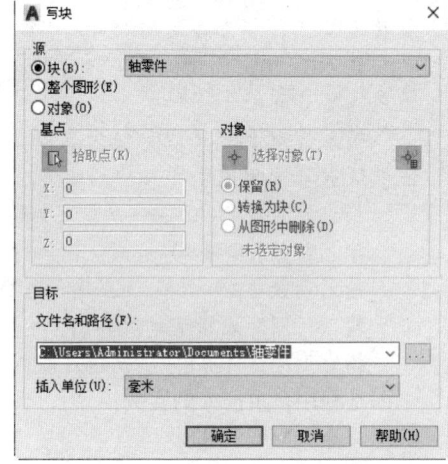
图 7-11

· 在【源】选项组中，【块】单选按钮是默认选择。
· 所选择图块的名称出现在【源】选项组的【名称】下拉列表框中。
· 所选择图块的名称出现在【目标】选项组的【文件名和路径】下拉列表框中。

如果在激活【写块】命令时，选择了图形中的对象，则显示的【写块】对话框如图 7-12 所示。此时，对话框默认设置如下：

· 在【源】选项组中，【对象】单选按钮是默认选择。
· 在【目标】选项组的【文件名和路径】文本框中设置文件名和路径。

【写块】对话框主要分为【源】和【目标】两个选项组。下面对这两个选项组进行介绍。

1.【源】选项组

· 【块】单选按钮用于使用当前图形中已经存在的块创建一个新的图形文件。
· 【整个图形】单选按钮用于使用当前的全部图形创建一个新的图形文件。
· 【对象】单选按钮用于使用当前图形中的部分对象创建一个新图形。
· 【名称】下拉列表框用于让用户从中选择要输出的图块名称。

该选项组中的其他选项跟【块定义】对话框中相应选项的作用完全相同，此处不再介绍。

第7章 块和外部参照

2.【目标】选项组

在【目标】选项组中，可以指定输出的文件名称、位置以及文件的单位。

· 【文件名和路径】文本框用于指定块或输出对象的文件名称和文件保存的路径。

· 【浏览】按钮......用于打开如图 7-13 所示的【浏览图形文件】对话框，在该对话框中，用户可指定块或输出对象的文件名称和文件保存的路径。

· 【插入单位】下拉列表框用于指定当新文件作为块插入时的单位。

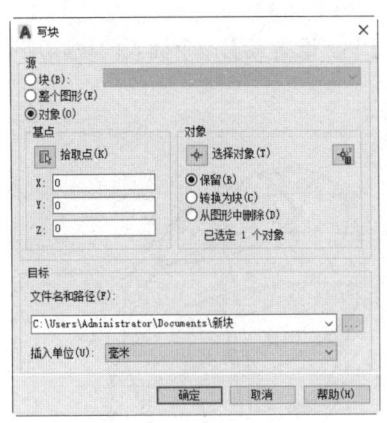

图 7-12

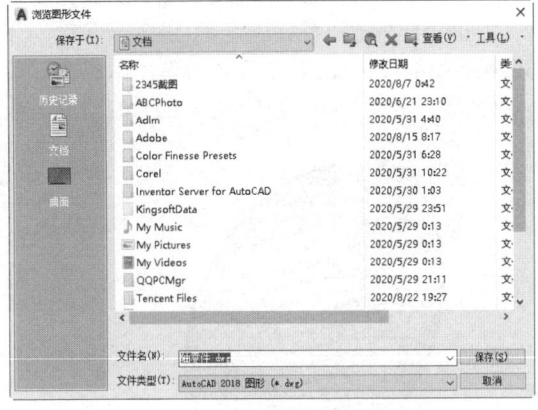

图 7-13

7.1.5 基准点命令

在 AutoCAD 中可以使用【基点】命令给整个图形指定一个基准插入点，方法与用【块】命令指定块中元素的基准插入点相同。目的是创建一个基准点，以便用插入命令将该图形插入到其他图形中时，使基准点与插入点重合。

激活【基点】命令，可以使用以下任意一种方法：

· 在命令行中输入 BASE。

· 单击菜单【绘图】|【块】|【基点】。

激活【基点】命令后，AutoCAD 提示如下：

输入基点 <0.0000,0.0000,0.0000>：　　// 指定一点或按回车键接受其默认值

图形的默认基准点是坐标原点（0，0，0）。可以指定一个二维点，AutoCAD 将把当前的标高作为基点的 Z 坐标，或者直接指定一个三维点。

7.1.6 分解块

在 AutoCAD 中可以使用分解块参照、填充图案和关联性尺寸标注，使它们变成定义前的各自独立的状态。该命令叮使多段线或多段弧线以及多线分解为独立的直线和圆弧对象。【分解】命令还可以使三维多边形网格变成三维面，使三维多面网格变成三维面和简单的直线与点对象。激活【分解】命令，可以使用以下任意一种方法：

- 在命令行中输入 Explode。
- 单击菜单【修改】|【分解】。
- 在【修改】工具面板中单击【分解】命令图标，如图 7-14 所示。

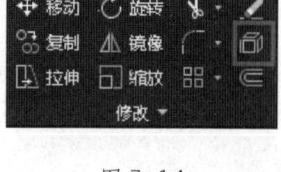

激活【分解】命令后，AutoCAD 提示如下：

命令：EXPLODE

选择对象：// 选择将被分解的对象，按回车键结束

图 7-14

AutoCAD 将把块分解成独立的图形元素。对于用【多重插入】命令插入的块以及外部参照依赖的块，AutoCAD 不能分解。

图 7-15 和图 7-16 分别为分解前后的图形效果。

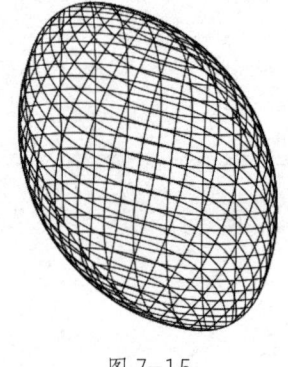
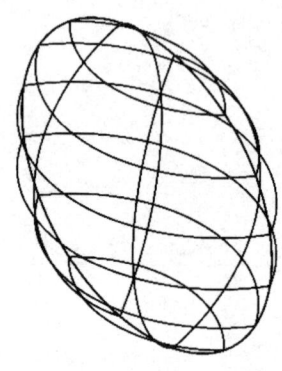

图 7-15　　　　　　　　　　　　　　　图 7-16

7.2 编辑与管理块属性

块的属性用于为块参照添加文本注释。在创建一个块定义时，属性是预先被定义在块中的特殊文本对象。

属性具有两种基本用途：第一个是在插入附着有属性信息的块参照时，属性作为块参照的注释信息。根据属性定义的不同方式，在插入块参照时，系统会自动显示预先设置的文本字符串，或者提示用户输入字符串。

第二个是取出保存在图形数据文件中的块参照的数据。可以使用【属性提取】命令去提取图纸中的数据或者以数据库处理程序的形式写入到一个文件中。可以根据需要将任意多个属性附着在一个块参照中。

7.2.1 定义属性

当创建块时，所选择的对象将全部包括在块中。这些对象如直线、圆、圆弧、文字等通过它们各自的命令被绘制在图形中。正如图形中的对象一样，属性在被定义到块中

之前必须在图形中已经绘制完成。AutoCAD 定义属性是通过【属性定义】命令完成的。

在执行【块】命令时，属性是该命令选择的对象之一。最后，在插入块时，属性也将附着到块中，属性也将通过定义的属性定义的方法成为图形中的一部分。

7.2.2　4 个要素

在创建属性定义前，应该明白与属性相关的 4 个要素：属性标记、属性值、属性提示和默认值。下面分别对这 4 个要素进行描述。

1．属性标记

每一个属性定义都有一个标记。属性标记实际上是属性定义的标识符，并显示在属性的插入位置处，它描述文本尺寸、文字样式和旋转角度。在属性标记中不能包含空格。两个名称相同的属性标记不能出现在同一个块定义中，属性标记仅在块定义前出现，在块被插入后不再显示该标记。但是，当块参照被分解后，属性标记将重新显示。如果需要在块中定义多个属性，那么块中的每一个属性标记必须是唯一的。

2．属性值

在插入块参照时，属性值实际上就是一些显示的字符串文本。属性值是直接附着于属性上的，并与块参照关联。当执行提取属性数据的操作时，虽然写入到文件中的是属性值，但正是属性标记指导提取属性值。

3．属性提示

属性提示是在插入带有可变的或预置的属性值的块参照时，系统显示的提示信息。在定义属性过程中，可以指定一个文本字符串，在插入块参照时该字符串将显示在提示行中，提示输入相应的属性值。

4．默认值

在定义属性时可以指定一个属性的默认值。在插入块参照时，该默认值就会出现在提示后面的括号中，例如，<默认值>。如果按回车键响应提示的话，那么该值就会自动成为该提示的属性值。

7.2.3　管理属性

在 AutoCAD 中，有 4 类如下管理属性的命令：

·创建属性定义；

·控制属性显示；

·属性编辑；

·属性提取。

在 AutoCAD 中，可以使用【属性定义】命令用来创建一个属性定义。这个属性定义是在使用【块】命令时选择的对象。使用【属性显示】命令控制属性的可见性。【编辑属性】命令提供了多种方法编辑未被分解的块参照。【属性提取】命令用于从图形中提取一些属性数据，并将这些数据写入到一个固定的数据库管理程序中。

7.2.4 创建属性

在 AutoCAD 中，可以使用【属性定义】命令来创建一个属性定义，而【-ATTDEF】命令是通过命令提示行创建一个属性定义。

激活【属性定义】命令，可以使用以下任意一种方法：

·在命令行中输入 ATTDEF。

·单击菜单【绘图】|【块】|【定义属性】。

激活【属性定义】命令后，AutoCAD 将显示【属性定义】对话框，如图 7-17 所示。

下面介绍该对话框中各个选项的意义。

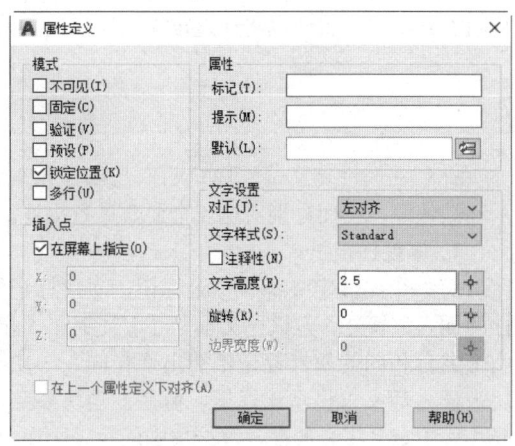

图 7-17

1.【模式】选项组

该对话框中的【模式】选项组可以选择以下 4 种模式：

·【不可见】：如果将【不可见】复选框设置为【开】，则在插入块参照时，属性值不可见。即使开始可见，到完成插入操作后属性值也是不可见的。

·【固定】：如果将【固定】复选框设置为【开】，则在定义属性时必须输入具体的属性值。在每一次插入带有该属性的块时，都会使用该属性值。

·【验证】：如果将【验证】复选框设置为【开】，则在块插入时检验输入的属性值。

·【预设】：如果选中【预设】复选框，则在定义属性时指定的默认值将自动赋予该属性。当选中【预设】复选框时，可以插入默认值为空的属性块。但是它不会显示任何信息，也不会从图形中被清除。

2.【属性】选项组

该选项组用于设置属性。在文本框中输入属性标记、提示及默认值。

·【标记】文本框用于识别每一个出现在图形中的属性。属性标记可以由除了空格以外的任何字符或符号组成。AutoCAD 会将小写字母转变成大写字母。

·【提示】文本框提示在插入一个带有属性定义的块参照时，系统会显示有关的提示。如果属性提示为空，AutoCAD 将使用属性标记作为提示。如果在【模式】中选择了【固定】模式，属性【提示】选项将不可用。

·【默认】文本框用于指定属性的默认值。

3.【插入点】选项组

用于为图形中的属性输入位置。可以选择【拾取点】按钮在屏幕上指定一个位置，也可以在文本框中输入坐标值以指定属性在图中的位置。

4.【文字设置】选项组

用于设置属性文字的对正、文字样式、高度和旋转角度等。选择【确定】按钮完成属性定义操作。当关闭【属性定义】对话框后,属性标记将出现在图形中。

在命令提示行输入 -ATTDEF,然后按空格键或回车键。激活【-ATTDEF】命令,AutoCAD 提示如下:

命令:-ATTDEF

当前属性模式:不可见 =N　　固定 =N　　验证 =N　　预置 =N

输入要修改的选项 [不可见(I)/ 固定(C)/ 验证(V)/ 预置(P)] < 完成 >:
// 输入 I、C、V 或 P,改变属性的当前设置

输入属性标记名:　　// 输入名称

输入默认属性值:　　// 输入值

回答完上述【属性定义】提示后,系统将提示放置属性标记,除了用属性标记代替文本字符串外,其他方式与放置文本的方式一样。后面的属性可用与放置文字相似的方法放置,指定文本的插入点、文本行间距以及文本的对齐方式。按回车键重复执行属性定义。

7.2.5　属性的显示

在 AutoCAD 中可以使用【属性显示】命令用于控制属性的可见性。如果在定义属性时取消 Invisible 复选框,则属性值不可见。

激活【属性显示】命令,可以使用以下任意一种方法:

·在命令行中输入 ATTDISP。

·单击菜单【视图】|【显示】|【属性显示】。

激活【属性显示】命令后,AutoCAD 提示如下:

命令:ATTDISP

输入属性的可见性设置 [普通(N)/ 开(ON)/ 关(OFF)] < 普通 >:　　// 选择其中的一个选项,或按回车键接受默认选项

如果选择了【开(ON)】选项,所有的属性均可见;如果选择了【关(OFF)】选项,则所有属性均不可见。一般在创建属性时,属性值均设置为可见。【属性显示】的设置可以影响 ATTMODE 系统变量的设置。

如果【自动重生成】设置成【开(ON)】,修改【属性显示】的设置将会使图形重新生成。

7.2.6　编辑属性

插入一个带有属性的块参照的方法与插入标准的块参照的方法相似。如果存在不固定值的属性,则在插入该块参照时,会提示输入每一个属性的值。可以将系统变量 ATTREQ 设置成 0,由此可以关掉输入属性值提示。此时,属性值可以是空,也可以是已经设置好的默认属性值。随后可以使用【编辑属性】命令创建或修改属性值。将 ATTDIA 系统变量设置成一个非零值,AutoCAD 将显示对话框以输入属性值。

属性是块参照中可以独立于块参照被编辑的,这与其他对象不同。此外,还可以集

中地编辑一组属性。

在 AutoCAD 中可以使用【编辑属性】命令编辑已经附着到块上并插入到图形中的属性。【编辑属性】命令可以单独地编辑无固定属性值的与指定的块相关的属性。而【-ATTEDIT】命令可以全部地或者单独地编辑独立于块参照的属性，通过这种方式既可以编辑属性值也可以编辑属性的特性。

激活【编辑属性】命令，可以使用以下任意一种方法：

·在命令行中输入 EATTEDIT。

·在【修改Ⅱ】工具栏（执行【工具】|【工具栏】|【AutoCAD】|【修改Ⅱ】命令打开）中单击【编辑属性】命令图标，如图 7-18 所示。

图 7-18

激活【编辑属性】命令后，AutoCAD 提示如下：

命令：EATTEDIT

选择块：（选择一个块）

AutoCAD 将显示一个【增强属性编辑器】对话框。

如果所选择的对象不是块参照或者块参照中没有附带属性，AutoCAD 将会提示一个出错信息。【增强属性编辑器】对话框中列出了所有选定的块参照中定义的属性值。把光标移动到文本框中，可修改属性值。输入新的属性值后，选择【确定】或者单击回车保存所做的修改。

用户可以调用【-ATTEDIT】命令修改属性的一些特性，如位置、高度和类型。【-Attedit】命令提供了多种指定所要编辑的属性的方法，另外还允许选择多个要编辑的特性。

激活【-ATTEDIT】命令，可以使用以下任意一种方法：

·在命令行中输入 -ATTEDIT。

·单击菜单【修改】|【对象】|【属性】|【全局】。

AutoCAD 提示如下：

命令：-ATTEDIT

是否一次编辑一个属性？[是（Y）/否（N）]<Y>：

如果对上面的提示用【Y】响应，那么 AutoCAD 允许单个编辑可见的属性，可以用指定的块名、标记或者属性值来限制选择符合条件的属性。除了属性值以外，在一次编辑一个属性的方式下，还有其他一些特性可以被修改，如位置、高度和旋转角度。如果对上面的提示用【N】响应，那么 AutoCAD 仅允许编辑属性值而不能编辑其他特性。

接着，AutoCAD 继续提示如下：

输入一个选项 [值（V）/位置（P）/高度（H）/角度（A）/类型（S）/图层（L）/颜色（C）/下一个（N）]<N>： // 确定修改的内容

输入修改的类型 [保留（C）/清除（R）]<R>： // 确定修改的类型

在 AutoCAD 提示下，用户可以修改属性值、属性文字的位置、高度、旋转角度、文字样式、图层、颜色等。选择【保留（C）】将保留原来的文字，而【清除（R）】则自动清除了原来的文字。接着，AutoCAD 继续提示如下：

输入需要修改的属性内容：

第7章 块和外部参照

输入新的属性内容：

按回车键后，AutoCAD 继续提示如下：

输入一个选项[值（V）/位置（P）/高度（H）/角度（A）/类型（S）/图层（L）/颜色（C）/下一个（N）]<N>：

用户可以选择其他要修改的属性内容，或选择【N】（回车），进行下一属性的修改。也可以按下 ESC 退出该命令。

> **说明：** 在编辑块的属性时，一定要先把属性加入到块中，否则，系统将提示【没有可编辑的属性】。

7.3 使用外部参照

外部参照与块有相似的地方，但它们的主要区别是：一旦插入了块，该块就永久性地插入到当前图形中，成为当前图形的一部分。而以外部参照方式将图形插入到某一图形（称为主图形）后，被插入图形文件的信息并不直接加入主图形中，主图形只是记录参照的关系。例如，参照图形文件的路径等信息。另外，对主图形的操作不会改变外部参照图形文件的内容。当打开具有外部参照的图形时，系统会自动把各外部参照图形文件重新调入内存并在当前图形中显示出来。

在 AutoCAD 的图形数据文件中，有用来记录块、图层、线型及文字样式等内容的表，表中的项目称为命名目标；对于那些位于外部参照文件中的这些组成项，则称为外部参照文件的依赖符。在插入外部参照时，系统会重新命名参照文件的依赖符，然后再将它们加到主图形中。例如，假设 AutoCAD 的图形文件 Drawingdwg 中有一个名称为【图层1】的图层，而 Drawingdwg 被当作外部参照文件，那么在主图形文件中，【图层1】的图层被命名为【Drawing→图层1】层，同时系统将这个新图层名字加入主图形中的依赖列表中。

AutoCAD 的自动更新外部参照依赖符名字的功能使用户非常方便地看出每一个命名目标来自哪一个外部参照文件，而且主图形文件与外部参照文件中具有相同名字的依赖符不会混淆。

在 AutoCAD 2020 中，用户可以使用【参照】工具栏和【参照编辑】工具栏编辑和管理外部参照，如图 7-19 所示。

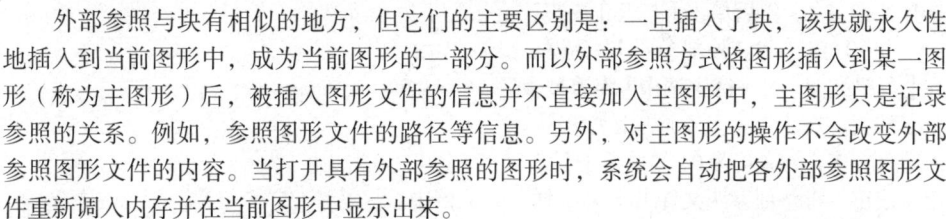

图 7-19

7.3.1 附着外部参照

选择【插入】→【外部参照】命令，或在【参照】工具栏中单击【附着外部参照】

按钮 ![icon]，打开【选择参照文本】对话框选择参照文件后将打开【附着外部参照】对话框，利用该对话框可以将图形文件以外部参照的形式插入到当前图形中，如图7-20所示。

举例说明：使用如图7-21所示的图形创建一个图形。图7-21中的图形分别为文件Ref1.dwg、Ref2.dwg和Ref3.dwg中的图形，其中心点都是坐标原点（0，0）。

（1）选择【文件】→【新建】命令新建一个文件。

（2）选择【插入】→【外部参照】命令，打开【选择参照文件】对话框。选择Ref1.dwg，然后单击【打开】按钮。

（3）打开【附着外部参照】对话框，在【参照类型】选项区中选中【附着型】单选按钮，在【插入点】选项区中确认当前坐标X、Y、Z均为0，然后单击【确定】按钮，将外部参照文件Ref1.dwg插入到文档中。

（4）重复步骤（2）~（3），将外部参照文件Ref2.dwg插入到文档中，结果如图7-22所示。

（5）重复步骤（2）~（3），将外部参照文件Ref3.dwg插入到文档中，结果如图7-23所示。

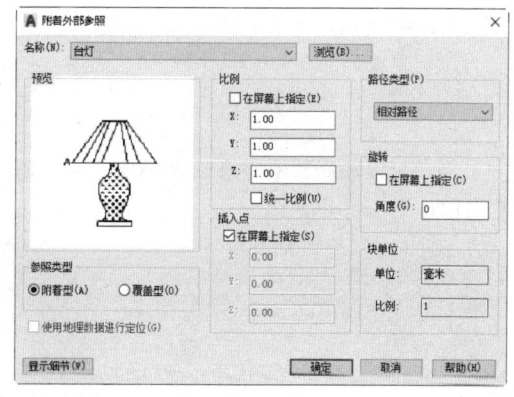

图 7-20

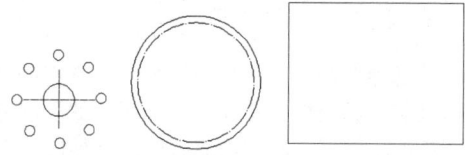

图 7-21

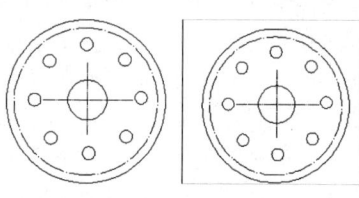

图 7-22　　　　图 7-23

7.3.2　剪裁外部参照

选择【修改】→【剪裁】→【外部参照】命令，可以定义外部参照或块的剪裁边界，并设置前后剪裁面。执行该命令，选择参照图形后，命令行将显示如下提示信息：

　　　输入剪裁选项

［开（ON）/关（OFF）/剪裁深度（C）/删除（D）/生成多段线（P）/新建边界（N）]＜新建边界＞：

各选项的功能如下：

（1）【开（ON）】选项：用于打开外部参照剪裁功能。为参照图形定义了剪裁边界及前后剪裁面后，在主图形中仅显示剪裁边界、前后剪裁面之内的参照图形部分。

（2）【关（OFF）】选项：用于关闭外部参照剪裁功能，选择该选项可显示全部参照图形，不受边界的限制。

（3）【剪裁深度（C）】选项：用于为参照的图形设置前后剪裁面。

（4）【删除（D）】选项：用于删除指定外部参照的剪裁边界。

（5）【生成多段线（P）】选项：用于自动生成一条与剪裁边界相一致的多段线。

（6）【新建边界（N）】选项：用于设置新的剪裁边界。选择该选项后命令将显示如下提示信息：

指定剪裁边界：

[选择多段线（S）/多边形（P）/矩形（R）] ＜矩形＞：

其中，选择【选择多段线（S）】选项可以选择已有的多段线作为剪裁边界；选择【多边形（P）】选项可以定义一条封闭的多段线作为剪裁边界；选择【矩形（R）】选项可以矩形作为剪裁边界。

设置剪裁边界后，利用系统变量 XCLIPFRAME 可控制是否显示该剪裁边界。当 XCLIPFRAME 为 0 时不显示，为 1 时显示。

7.3.3 绑定外部参照

选择【修改】→【对象】→【外部参照】→【绑定】命令，打开【外部参照绑定】对话框，在该对话框中可以把从外部参照文件中选出的一组依赖符永久地加入主图形，成为主图形中不可分割的一部分，如图 7-24 所示。

在该对话框中，用户可以将块、尺寸样式、图层、线型以及文字样式中的依赖符添加到主图形中。当绑定依赖符后，它们会永久地加入主图形中，且原依赖符中的【→】符号换成了【0】符号。

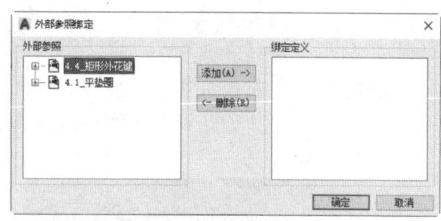

图 7-24

7.4 提高训练——插入台灯"块"

绘制如图 7-25 所示图形，然后用内部图块命令 BLOCK 将图 7-25 所示的灯定义成一个图块，块名为【灯】，以 A 点为插入点，然后以 1：2 的比例插入。

具体操作步骤如下：

（1）在命令行输入 BLOCK 命令并按回车键，打开【块定义】对话框。

（2）在【名称】文本框中输入块名【灯】。

（3）单击【选择对象】按钮，系统暂时关闭【块定义】对话框，此时在绘图区，鼠标变成了小方块的形式。

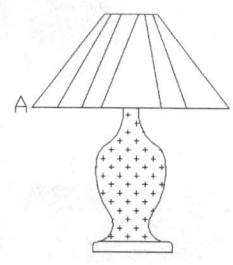

图 7-25

（4）用窗口选择方式选择整个图形，然后按回车键，返回【块定义】对话框，此时在【对象】栏显示【已选择 13 个对象】。

（5）单击【拾取点】按钮，系统隐藏【块定义】对话框，捕捉图 7-25 中的 A 点作为图块插入基点，返回【块定义】对话框，此时在【基点】栏显示 A 点的坐标值，

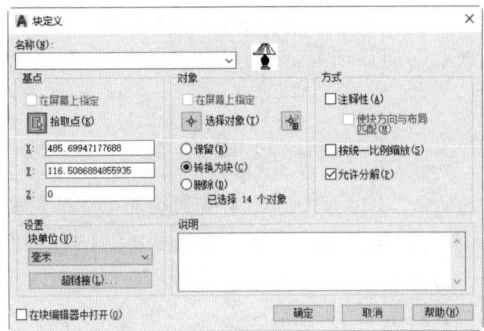

图 7-26

指定 XYZ 轴的比例因子 <1>: 2
即以 1 : 2 的比例插入内部图块
指定插入点或 [基点（B）/ 比例（S）/X/Y/Z/ 旋转（R）]: R
指定旋转角度 <0>: 0

最后【块】面板如图 7-27 所示。

如图 7-26 所示。

（6）单击【确定】按钮即可。

（7）在命令行中输入【INSERT】命令，系统打开【块】面板。

（8）在【最近使用的块】下拉列表框中选择【灯】。

（9）在命令提示行进行如下操作：
指定插入点或 [基点（B）/ 比例（S）/X/Y/Z/ 旋转（R）]: B
指定基点：指定插入点或 [基点（B）/ 比例（S）/X/Y/Z/ 旋转（R）]: S
// 或者在【块】面板的 X 文本框中输入【2】，

（10）在绘图窗口中适当的位置单击，得到如图 7-28 所示的效果。

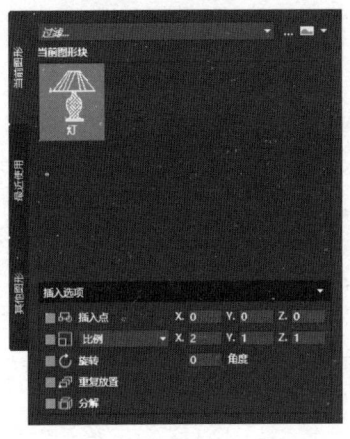

图 7-27

图 7-28

7.5 本章回顾

本章首先介绍了如何使用对话框创建块和从命令行中创建块。然后详细讲解了编辑块属性的标记名、怎样插入块以及插入具有属性的块并为属性赋值、从插入块中提取属性值的方法和技巧、如何控制块属性的显示、如何进行块属性的全局与独立编辑。最后介绍了如何使用外部参照的方法和技巧。

第 8 章
使用面域与图案填充

本章主要内容与学习目的

面域是使用形成闭合环的对象创建的二维闭合区域，它是具有边界的平面区域，它是一个面对象，内部可以包含孔。环可以是直线、多段线、圆、圆弧、椭圆、椭圆弧和样条曲线的组合。组成环的对象必须闭合或通过与其他对象共享端点而形成闭合的区域，虽然从外观来说，面域和一般的封闭线框没有区别，但实际上面域就像是一张没有厚度的纸，除了包括边界外，还包括边界内的平面。

图案填充则是一种使用指定线条图案来充满指定区域的图形对象，常常用于表达剖面和不同类型物体对象的外观纹理等，被广泛应用在绘制机械图、建筑图、地质构造图等各类图形中。

8.1 使用面域

面域是具有边界的平面区域，它的内部可以包含孔。在 AutoCAD 2020 中，能够把由某些对象围成的封闭区域创建成面域，这些封闭区域可以是圆、椭圆、封闭的二维多段线和封闭的样条曲线等对象，也可以是由圆弧、直线、二维多段线、椭圆弧及样条曲线等对象构成的封闭区域。

8.1.1 创建面域

执行【绘图】|【面域】命令，或在【绘图】工具栏中单击【面域】按钮图标，也可以在命令行直接输入 REGION 命令，然后选择一个或多个用于转换为面域的图形，按 Enter 键即可将它们转换为面域。在创建面域时应注意以下几点：

（1）面域总是以线框的形式显示。
（2）可以对面域进行诸如复制、移动等编辑操作。
（3）在创建面域时，如果系统变量 DELOBJ 的值为 1，AutoCAD 在定义了面域后将删除原始对象；如果系统变量 DELOBJ 的值为 0，则不删除原始对象。
（4）执行【修改】|【分解】命令，能够把面域的各个环转换成相应的线、圆等对象。
（5）执行【绘图】|【边界】命令，可以打开【边界创建】对话框来定义面域。此时，应在【边界创建】对话框的【对象类型】下拉列表框中选择【面域】选项，如图 8-1 所示，这样，创建的图形将是一个面域，而不是边界。

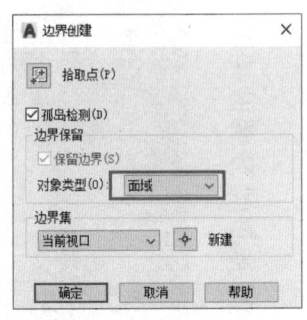

图 8-1

8.1.2 面域的布尔运算

布尔运算是一种数学上的逻辑运算，用在 AutoCAD 绘图中，对提高绘图效率具有很大作用，尤其是当绘制较复杂的图形时。布尔运算的对象只包括实体和其面的面域，因此对普通的图形对象无法使用布尔运算。

面域可以执行【并集】【差集】及【交集】3 种布尔运算，其效果如图 8-2 所示。

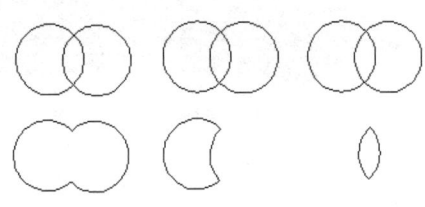

图 8-2

（1）【并集】运算：执行【修改】|【实体编辑】|【并集】命令，可以创建面域的并集，此时，需要连续选择要合并面域的对象，直到按 Enter 键，即将选择的面域合并为一个图形并结束命令。

（2）【差集】运算：执行【修改】|【实体编辑】|【差集】命令，可以创建面域的差集，即用一部分面域减去另一部分面域。

（3）【交集】运算：执行【修改】|【实体编辑】|【交集】命令，可以创建多个面域的交集，即各个面域的公共部分，此时需要同时选择两个或两个以上面域对象，然后按 Enter 键。

8.1.3 从面域中提取数据

由于自身的特点，面域对象除了具有一般图形对象的特性外，还具有作为面对象所具备的特性，其中一个重要的特性就是质量特性。

执行【工具】|【查询】|【面域/质量特性】命令，并选择要提取数据的面域对象，然后按 Enter 键，这时 AutoCAD 将自动切换到文本窗口，并显示选择的在域对象的数据特性，如图 8-3 所示。

从图 8-3 中可以看到，命令行显示如下提示信息：

是否将分析结果写入文件？[是（Y）/否（N）]＜否＞：

询问用户是否要将分析结果保存到一个文件中。按 Enter 键可结束命令操作；输入 Y，可将分析结果存入文件，这时将打开【创建质量与面积特性文件】对话框，通过该对话框可确定文件保存的位置与文件名称，如图 8-4 所示。

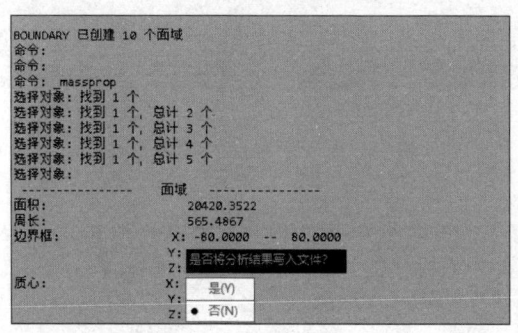

图 8-3

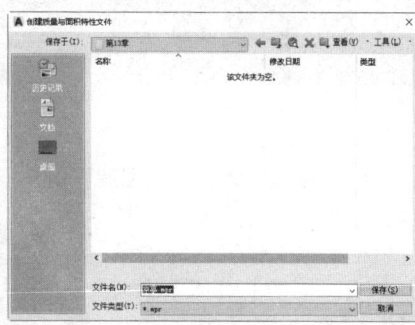

图 8-4

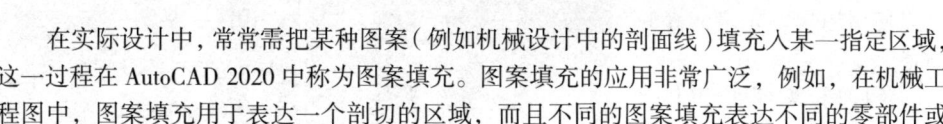

8.2 使用图案填充

在实际设计中，常常需把某种图案（例如机械设计中的剖面线）填充入某一指定区域，这一过程在 AutoCAD 2020 中称为图案填充。图案填充的应用非常广泛，例如，在机械工程图中，图案填充用于表达一个剖切的区域，而且不同的图案填充表达不同的零部件或者材料。

8.2.1 图案填充的基本概念

1. 边界定义

当进行图案填充时，需要确定填充的边界，定义边界的对象可以是直线、多段线、圆、圆弧、样条曲线等。

2. 图案填充方式

（1）普通方式。如图 8-5a 所示，从边界开始，由每条填充线的两端向里画，遇到内部对象与之相交时，断开填充线，直到遇到下一次相交时再继续画。

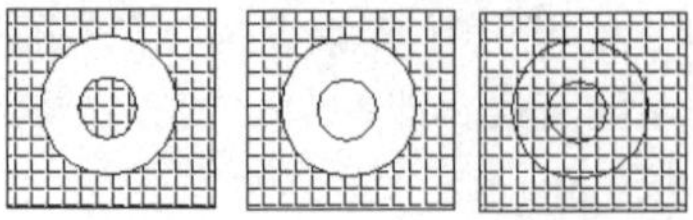

（2）外部方式。如图 8-5b 所示，从边界向里画剖面线，只要在边界内部与对象相交，剖面线则由此断开，并且不再继续画。

（3）忽略方式。如图 8-5c 所示，该方式忽略边界内的对象，所有内部结构都被剖面线覆盖。

图 8-5

8.2.2 创建图案填充

选择【绘图】|【图案填充】命令，或在【绘图】工具栏中单击【图案填充】按钮图标，打开【图案填充创建】面板，在该对话框中可以设置图案填充时的图案特性、填充边界以及填充方式等，如图 8-6 所示。

图 8-6

1. 使用【实体】和【图案】填充

【图案填充类型】下拉列表框：用于设置填充的图案类型，包括【实体】【渐变色】【图案】和【用户定义】4 个选项，分别对应 4 种类型的图案类型，如图 8-7 所示。其中，选择前面 3 个选项，可以使用 AutoCAD 提供的图案；选择【用户定义】选项，可以使用用户事先定义好的图案。

（1）【实体】和【图案】填充：使用纯色填充区域，从提供的 70 多种符合 ANSI、ISO 和其他行业标准的填充图案中进行选择，或添加由其他公司提供的填充图案库。

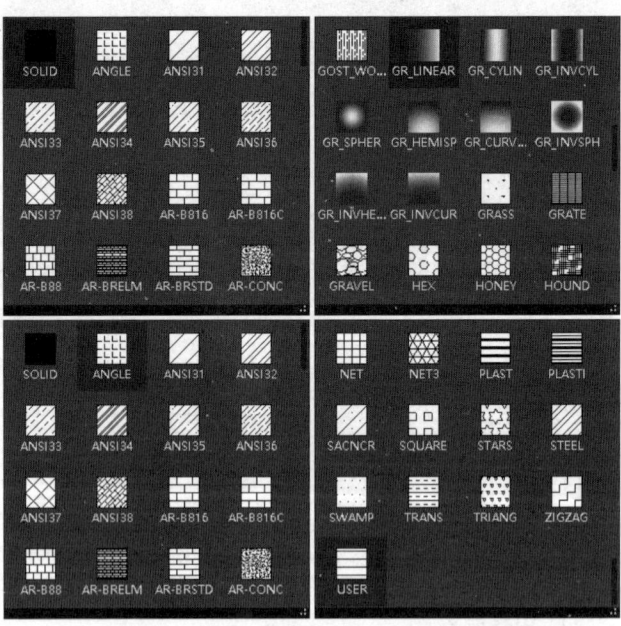

图 8-7

第8章 使用面域与图案填充

（2）【渐变色】填充：以一种渐变色填充封闭区域。渐变填充可显示为明（一种与白色混合的颜色）、暗（一种与黑色混合的颜色）或两种颜色之间的平滑过渡。

（3）【用户定义】填充：填充图案在 acad.pat 和 acadiso.pat（对于 AutoCAD LT，则为 acadlt.pat 和 acadltiso.pat）文件中定义。可以将自定义填充图案定义添加到这些文件。

（4）【角度】下拉列表框：用于设置图案填充时的比例值。每种图案在定义时的初始比例为1，用户可以根据需要放大或缩小。如果在【图案填充类型】下拉列表框中选择【用户定义】选项则不可用。

（5）【图案填充颜色】【背景色】【图案填充透明度】【角度】和【图案填充比例】：分别用于设置图案填充的颜色、背景色、透明度、角度和填充比例。

（6）【设定原点】：指定新原点，用于移动填充图案以便与指定原点对齐。

2. 使用渐变色填充

在 AutoCAD 2020 中，使用渐变色填充图案，可以使用一种或两种颜色形成的渐变色来填充图形，如图8-8所示。

（1）渐变色1：指定两种渐变色中的第一种渐变色来填充图形。

此时，双击其后的颜色框，将打开【选择颜色】对话框，在该对话框中可选择所需要的渐变色，来调整渐变色的渐变程度，如图8-9所示。

（2）渐变色：可以使用两种颜色产生的渐变色来填充图形，如图8-10所示。

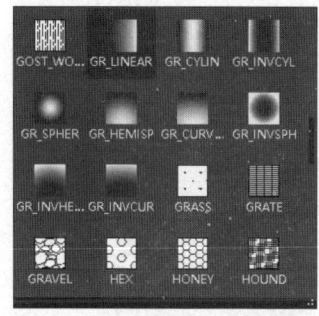
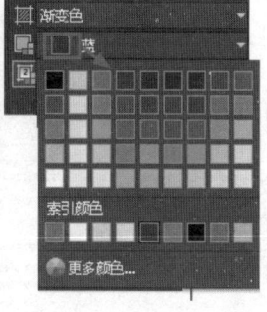

图8-8　　　　　　图8-9　　　　　　图8-10

（3）渐变色角度：相对于 WCS 的 X 轴指定渐变色的角度。

（4）渐变明暗：指定要用于单色渐变填充的颜色的明或暗。

（5）【居中】按钮：选中该复选框，所创建的渐变色为均匀渐变。

在 AutoCAD 2020 中，尽管可以使用渐变色来填充图形，但该渐变色最多只能由两种颜色创建，并且仍然不能使用位图填充图形。

3. 设置其他参数

在图案填充创建面板中，使用拾取点、选择对象、继承特性及组成等选项，可以选择填充区域以及进行其他相关设置。

（1）【拾取点】按钮：单击该按钮，可以以拾取点的形式来指定填充区域的边界。单击该按钮，AutoCAD 将切换到绘图窗口，用户可在需要填充的区域内任意指定一点，系统会自动计算出包围该点的封闭填充边界，同时亮显该边界。如果在拾取点后系统不能形成封闭的填充边界，则会显示错误提示信息。

（2）【选择边界对象】按钮：单击该按钮，切换到绘图窗口，可以通过选择对象的方式来定义填充区域的边界。

（3）【删除边界对象】按钮 删除：单击该按钮可以取消系统自动计算或用户指定的孤岛，图8-11所示为孤岛与删除孤岛时的效果对比图。

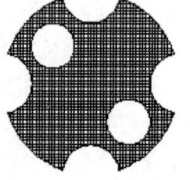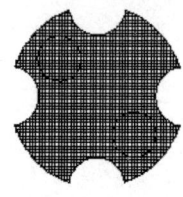

图 8-11

（4）【注释性比例】按钮：指定根据视口比例自动调整填充图案的比例。

（5）【关联边界】按钮：控制当用户修改图案填充边界时，是否自动更新图案填充。

（6）【特性匹配】按钮：使用选定图案填充对象的特性设置图案填充特性，但是图案填充原点除外。

8.2.3 编辑图案填充

创建图案填充后，如果需要修改填充图案或修改图案区域的边界，可选择【修改】|【对象】|【图案填充】命令，然后在绘图窗口中单击需要编辑的图案填充，这时将打开【图案填充编辑】对话框，如图8-12所示。

从图8-12所示的对话框中可以看出，【图案填充编辑】对话框与图案填充创建面板的内容相同，但是图案填充操作只能修改图案、比例、旋转角度和关联性等，而不能修改它的边界。

举例说明：绘制如图8-13所示的房屋平面图，并将其进行填充。

操作步骤如下：

（1）选择【视图】|【缩放】|【圆心】命令，然后在命令行输入指定中心点：7000，4000，输入比例或高度＜1011.2398＞：18000。

（2）在绘图工具栏中单击【直线】按钮，绘制水平直线a、b、c、d，其间距分别为1300、2350和2950；绘制垂直直线e、f、g、h、i、j，其间距分别为2000、3200、4200和1500（在绘制这些直线时，可以通过偏移得到），结果如图8-14所示。

（3）选择【绘图】|【多线】命令，并在命令行输入J，再输入Z，将对正方式设置为【无】。

（4）在命令行输入S，再输入240，将多线

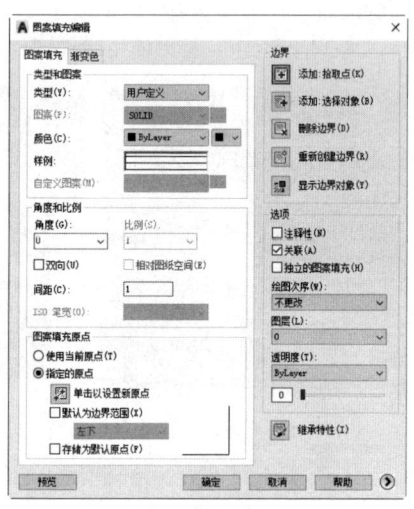

图 8-12

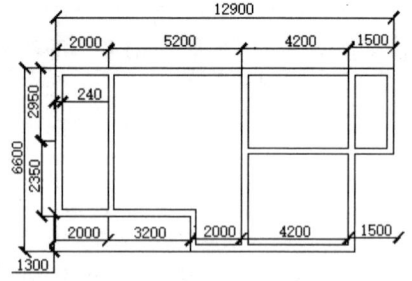

图 8-13

比例设置为240，然后单击直线的起点和端点，绘制多线，如图8-15所示。

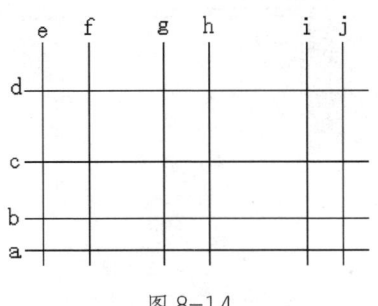

图 8-14

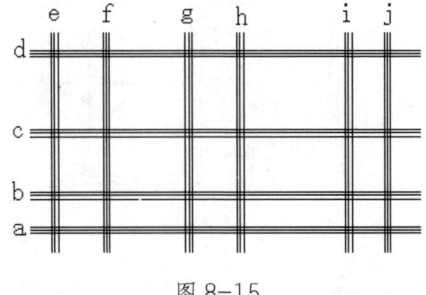

图 8-15

（5）选择【修改】|【对象】|【多线】命令，打开【多线编辑工具】对话框，单击对话框中的【角点结合】工具，然后单击【确定】按钮。

（6）参照图8-16所示对绘制的多线修直角。

（7）使用同样方法，在【多线编辑工具】对话框中单击【T形打开】工具，参照图8-17所示对多线修T形。

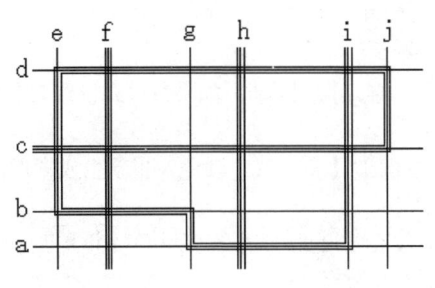

图 8-16

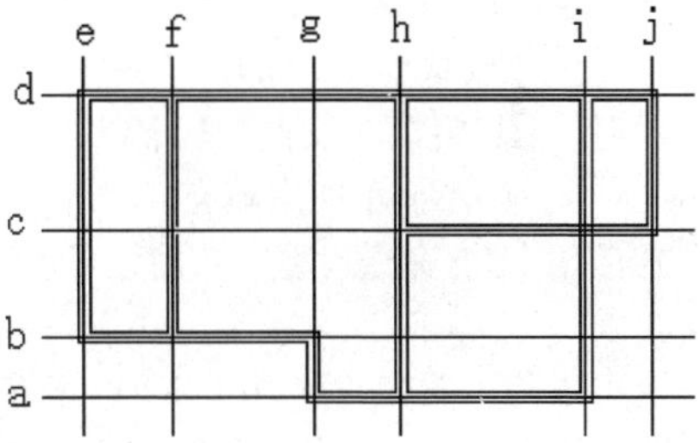

图 8-17

（8）使用同样方法，在【多线编辑工具】对话框中单击【十字合并】工具，参照图8-17所示对i和c处的多线进行十字合并。

（9）选择绘制的所有直线，按Delete键将其删除即可得到如图8-18所示的图形。

（10）选择【绘图】|【图案填充】命令，或在【绘图】工具栏中单击【图案填充】按钮图标，打开【图案填充创建】面板。

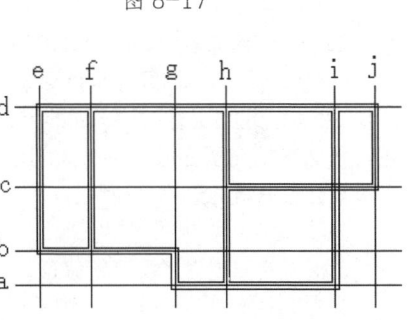

图 8-18

（11）在【图案填充创建】面板，单击【图案填充类型】右侧的向下箭头，在下拉列表中选择【图案】，然后在【图案】选项卡中单击按钮，打开图案选项板。单击ANSI31选项将其选中。

（12）在【特性】选项卡的【填充图案比例】对下拉列表框中，输入比例【100】，然后单击【拾取点】按钮，切换到绘图窗口，并在图形中需要填充的图形内部单击，选择填充区域，如图8-19所示。

（13）按 Enter 键关闭【图案填充创建】面板，则填充效果如图 8-20 所示。

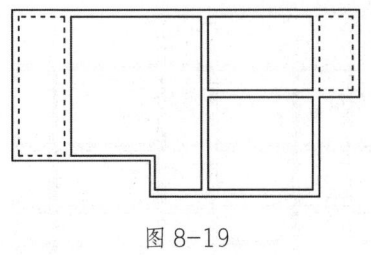

图 8-19

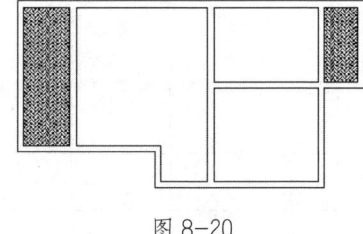

图 8-20

8.2.4 控制图案填充的可见性

图案填充的可见性是可以控制的。对用户来说，可以用两种方法来控制图案填充的可见性，一种是用命令 FILL（填充）或系统变量 FILLMODE（填充模式）来实现，另一种是利用图层来实现。

1. 使用 FILL 命令

在命令行中输入命令 FILL，将显示如下提示信息。

输入模式 [开（ON）/关（OFF）] <开>：

此时，如果将模式设置为【开（ON）】，则可以显示图案填充；如果将模式设置为【关（OFF）】，则不显示图案填充。

在使用 FILL 命令设置模式后，可以选择【视图】|【重生成】命令，重新生成图形以观察效果。

也可以使用系统变量 FILLMODE 来控制图案填充的可见性。系统变量 FILLMODE 为 0，隐藏图案填充；系统变量 FILLMODE 为 1，显示图案填充。

2. 用图层控制

对于能够熟练使用 AutoCAD 的用户来说，应该充分利用图层功能，将图案填充单独放在一个图层上。当不需要显示该图案填充时，将图案所在层关闭或者冻结即可。使用图层控制图案填充的可见性时，不同的控制方式会使图案填充与其边界的关联关系发生变化。

当图案填充所在的图层被关闭后，图案与其边界仍保持着关联。即边界修改后，填充图案会根据新的边界自动调整位置。

当图案填充所在的图层被冻结后，图案与其边界脱离关系。即边界修改后，填充图案不会根据新的边界自动调整位置。

当图案填充所在的图层被锁定后，图案与其边界脱离关联关系。即修改边界后，填充图案不会根据新的边界自动调整位置。

8.3 提高训练——绘制木板画

如图 8-21 所示，本实例绘制了由不同颜色的木板拼接成的图画，木板之间的接缝用黑色的实体填充，其他部分主要由多段线绘制并填充而成。本例使用的命令主要有

PLINE、BHTACH、ARRAY、MIRROR、CIRCLE、TRIM、COPY、OFFSET 和 LINE 等。

操作步骤如下：

（1）执行【文件】|【新建】命令，或者单击【快捷工具栏】上的【新建】图标，新建一个图形文件。

（2）执行【直线】【圆】【偏移】等命令绘制画框。不限制尺寸和位置，绘制如图 8-22 所示的画框边框。

（3）执行【填充】【阵列】【复制】【镜像】等命令完成画框的绘制。

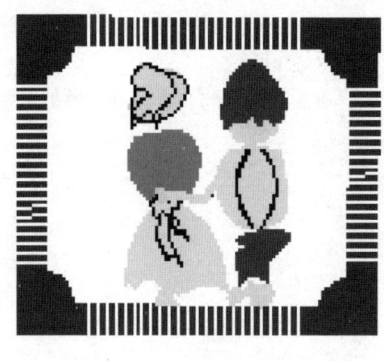

图 8-21

选择画框的上边中点为起始位置，偏移两次中心线，在形成的区域内分别填充深浅不同的实体。

对填充的实体进行矩形阵列，列偏移与填充区域的长度相同。复制阵列后的对象到中心线的另一侧。相对宽度中心线，镜像画框上边的栅格和填充对象。

画框宽度方向上的条纹操作与此相同。将画框四角的区域也进行填充，最后效果如图 8-23 所示。

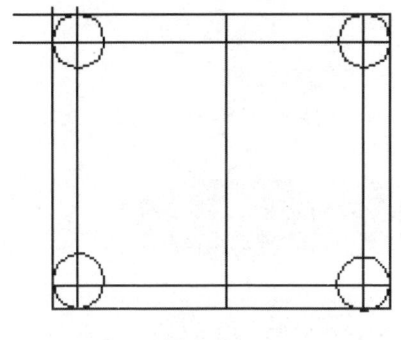

图 8-22

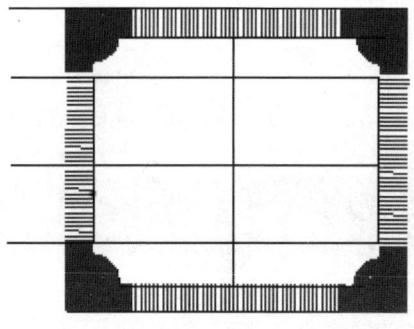

图 8-23

（4）执行【多段线】【修剪】和【填充】等命令绘制木版画。

执行【椭圆】命令绘制帽顶和帽檐，【多段线】命令绘制帽子的飘带和木板的拼缝。这里将详细介绍一下填充的操作步骤：

单击【绘图】工具栏中的【图案填充】按钮，会弹出【图案填充创建】面板，如图 8-24 所示。从【图案】选项卡中选择【SOLID】样式，并将当前颜色设置为淡绿色，再单击拾取点按钮，这时回到了绘图区域，选择帽子按 Enter 键确认，关闭【图案填充创建】面板。

图 8-24

将拼缝处填充为黑色，其他部分填充为淡绿色，修剪多余部分的线段，帽子的效果如图 8-25 所示。

（5）执行与步骤（4）类似的操作绘制其他部分的内容，效果如图 8-26 所示。

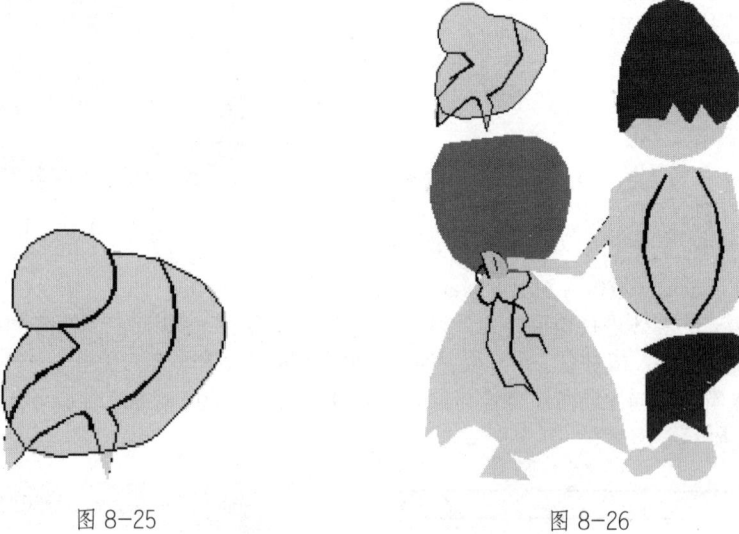

图 8-25　　　　　　　　　　　图 8-26

（6）删除辅助线，调整好人物在画框中的位置，效果如图 8-21 所示。

8.4　本章回顾

本章主要内容有：创建面域、面域的布尔运算、从面域中提取数据、图案填充的基本概念、创建与编辑图案填充及控制图案填充的可见性。

第 9 章
绘制三维图形

本章主要内容与学习目的

本章将为读者讲解三维绘图基础，三维对象、表面模型、实体模型的创建，通过布尔运算创建复合实体，绘制等轴测图、铁饼和轴零件的绘制等内容。

9.1 三维绘图基础

9.1.1 三维分类

AutoCAD 2020 支持三种类型的三维建模：线框模型、曲面模型和实体模型。每种模型都有自己的创建方法和编辑技术，且用途也不相同。

（1）线框模型描绘三维对象的骨架。线框模型中没有面，只有描绘对象边界的点、直线和曲线。用 AutoCAD 可以在三维空间的任何位置放置二维（平面）对象来创建线框模型。AutoCAD 也提供一些三维线框对象，例如三维多段线（只能显示 CONTINUOUS 线型）和样条曲线。由于构成线框模型的每个对象都必须单独绘制和定位，因此，这种建模方式可能最为耗时。

（2）曲面模型比线框建模更为复杂，它不仅定义三维对象的边而且定义面。

AutoCAD 曲面模型使用多边形网格定义镶嵌面。由于网格面是平面的，因此网格只能近似于曲面。使用 Mechanical Desktop® 可以创建真正的曲面。为了区分这两种曲面，AutoCAD 称镶嵌面为网格。

（3）实体模型是最容易使用的三维建模类型。利用 AutoCAD 实体模型，可以通过创建下列基本三维形状来创建三维对象：长方体、圆锥体、圆柱体、球体、楔体和圆环体实体。然后对这些形状进行合并，找出它们的差集或交集（重叠）部分，结合起来生成更为复杂的实体。也可以将二维对象沿路径延伸或绕轴旋转来创建实体。通过 Mechanical Desktop，还可以定义参数化实体，保留三维模型与从其中生成的二维视图之间的关联性。

> **提示：** 由于各种建模采用不同的方法来构造三维模型，并且各种编辑方法对不同类型的模型产生的效果也不同，因此建议不要混合使用建模方法。不同的模型类型之间只能进行有限的转换，可以从实体到曲面或从曲面到线框，但不能从线框转换到曲面，或从曲面转换到实体。

9.1.2 三维坐标及三维图形

在二维绘图的过程中，用户输入的坐标是二维坐标，即(X、Y)，Z 坐标默认为缺省值；而在绘制三维图形时，也可以直接输入三维坐标，即（X、Y、Z）。

屏幕是一个二维平面，用它来表达三维图形，只能得到一个方向的投影图像。以下将绘制一个简单的三维实例，用户可以从中体会 AutoCAD 的三维功能，并通过改变视图的方法从各个角度来观察这个三维图形。绘制的图形是一个具有一定厚度的矩形，即长方体。绘制步骤如下：

命令：RECTANG
指定第一个角点或 [倒角(C)/标高(E)/圆角(F)/厚度(T)/宽度(W)]: t

第9章 绘制三维图形

指定矩形的厚度 <0.0000>: 30
指定第一个角点或 [倒角（C）/标高（E）/圆角（F）/厚度（T）/宽度（W）]: 在绘图区指定一个点
指定另一个角点或 [尺寸（D）]: @50, 40

此时的绘图区看到的仍然只是一个二维的图形，如图9-1所示。其实这个图形只是屏幕上的投影。

单击【视图】|【视口】|【新建视口】菜单项，从【新建视口】选项卡中的【标准视口】列表框中，选择【四个：相等】，再从【设置】下拉菜单中选择【三维】选项，分别指定各个视口为：主视、左视、西南等轴测和东南等轴测，如图9-2所示。

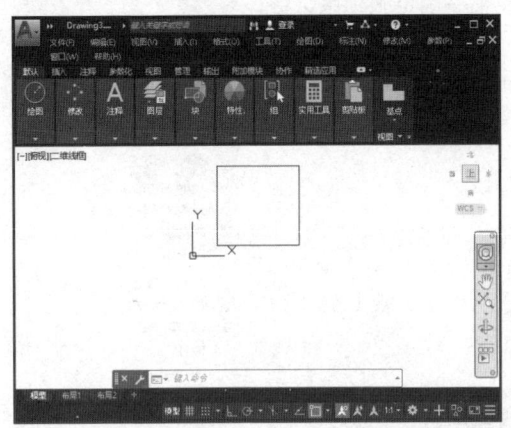

图 9-1

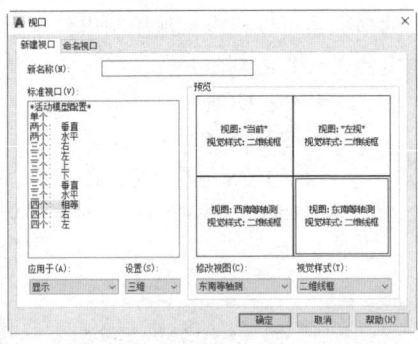

图 9-2

单击【确定】按钮后，即可将设置的新建视口应用于绘图区，得到的图形如图9-3所示，从中可以感觉到三维绘图与二维绘图的不同。

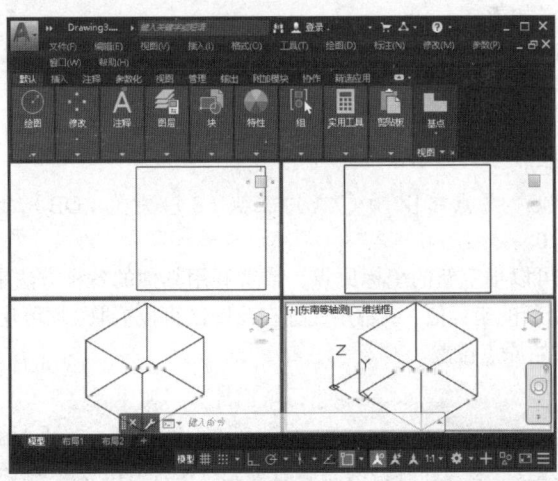

图 9-3

9.2 用户坐标系的设置

9.2.1 建立用户坐标系

在二维绘图的过程中，基本上都是在世界坐标系下完成的，但在绘制三维图形时，由于每个点的 X、Y、Z 坐标值都可能互不相同，因此，如果仍使用世界坐标系或某一固定坐标系，将给绘制三维实体带来极大的不方便。

在 AutoCAD 中，用户可以根据需要定制坐标系统。利用适当的坐标系可以很容易地绘制出各个平面内的三维面、体，从而组合成三维立体图。

命令：UCS

当前 UCS 名称：*世界*

指定 UCS 的原点或 [面（F）/命名（NA）/对象（OB）/上一个（P）/视图（V）/世界（W）/X/Y/Z/Z 轴（ZA）]<世界>：

说明：以上各个选项都有相应的菜单选项与之对应。打开【工具】菜单，其中包括【命名 UCS】和【新建 UCS】，利用这两个选项以及其子菜单，可实现与【UCS】命令相同的功能，如图 9-4 所示。

各个选项的含义如下：

- 上一个：选择该选项，将选用上一次所采用的坐标系统。
- 世界：使用世界坐标系。

利用新建选项可以创建新的用户坐标系。选择该选项后，命令行将给出以下提示：

指定新 UCS 的原点或 [Z 轴（ZA）/三点（3）/对象（OB）/面（F）/视图（V）/X/Y/Z]<0, 0, 0>：

从该提示中，可以指定新的坐标原点，或者利用其他的各种方法来建立新的用户坐标系。可以输入一个新的坐标值，或者用光标在绘图区直接拾取，均可建立新的坐标原点，（0，0，0）表示初始原点位置。

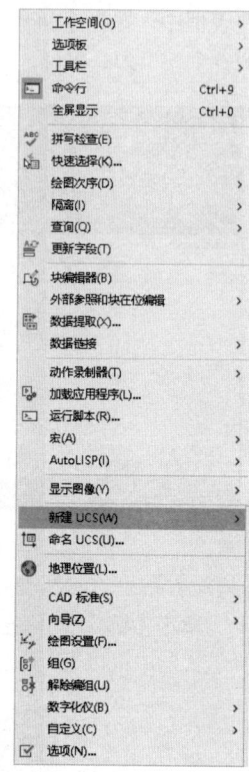

图 9-4

说明：在指定新的坐标原点时，可以输入二维坐标，也可以输入三维坐标。坐标原点改变后，UCS 图表即可移动到新的位置，但 X、Y、Z 三轴的方向保持不变。

第9章 绘制三维图形

建立新坐标系的其他各种方法分别为：

· Z轴（ZA）：确定新的 Z 轴起点及方向，从而建立新的坐标系。选择该选项后，命令行将给出以下提示：

  指定新原点 <0,0,0>： // 输入新的原点位置
  在正 Z 轴范围上指定点： // 输入位于 Z 轴正方向上的一点

· 三点（3）：通过指定 3 个点来确定用户坐标系。3 点分别为原点、X 轴正方向上的一点和坐标轴为正的 XOY 平面上的一点。选择该选项后，命令行提示如下：

  指定新原点 <0,0,0>： // 要求输入新的原点位置
  在正 X 轴范围上指定点 <***>： // 输入新的坐标系中 Z 正方向上的任意一点
  在 UCSXY 平面的正 Y 轴范围上指定点 <***>： // 输入新坐标系中 XOY 平面上一点。

· 对象（OB）：指定实体来定义新的坐标系。被指定的实体将与新坐标系具有相同的 Z 轴方向。

· 视图（V）：该选项将坐标系的 XY 平面设置为与当前视窗平行，且 X 轴指向当前视窗中的水平方向，原点位置保持不变。

· X/Y/Z：这 3 个选项可以将当前坐标系分别绕 X、Y、Z 轴旋转一个指定的角度。

· 面（F）：利用三维实体的表面建立 UCS 坐标系。选择该选项后，将允许创建一个与已知实体某一个面平行或垂直的坐标系，且坐标原点将是所选择实体的一个角点。选择该选项后，命令行提示如下：

  选择实体对象的面：
  输入选项 [下一个（N）/X 轴反向（X）/Y 轴反向（Y）]<接受>：

9.2.2 管理已定义的 UCS

除了刚才介绍的几种创建新用户坐标系的方法外，还可以通过 UCS 对话框将坐标系设置为任一种标准的正交坐标系。另外，UCS 对话框还列出了保存的用户坐标系，并且允许修改 UCS 图标的设置及视口的 UCS 设置。

在 AutoCAD 2020 中，用户可以使用【命名 UCS】命令通过对话框的形式来管理已定义的用户坐标系，主要包括恢复已保存的 UCS 或正交 UCS、指定视口的 UCS 图标和 UCS 设置、命名和重命名当前的 UCS。

激活【命名 UCS】命令，可以使用以下任意一种方法：

  · 在命令行中输入 UCSMAN。
  · 单击菜单【工具】|【命名 UCS】菜单项。
  · 在【UCS Ⅱ】工具栏中单击【命名 UCS】命令图标。

激活【命名 UCS】命令后，AutoCAD 则会显示【UCS】对话框，如图 9-5 所示。可以看到该

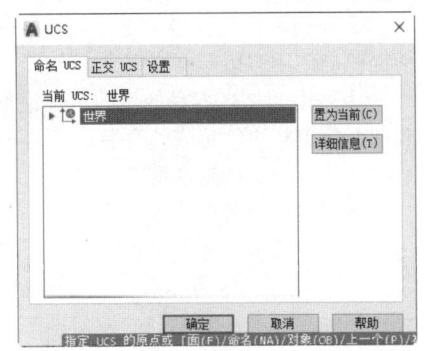

图 9-5

对话框中有3个选项卡。下面对这3个选项卡分别进行介绍。

- 【命名UCS】选项卡：该选项卡主要用于恢复已保存的任一坐标系，在该选项卡中列出了当前图形中保存的用户坐标系的名称。
- 【正交UCS】选项卡：【正交UCS】选项卡对应的【UCS】对话框，如图9-6所示，可用于将当前UCS改变为6个正交UCS中的一个。它包括7个选项。
- 【设置】选项卡：该选项卡用于修改UCS图标及视口的UCS设置，如图9-7所示。

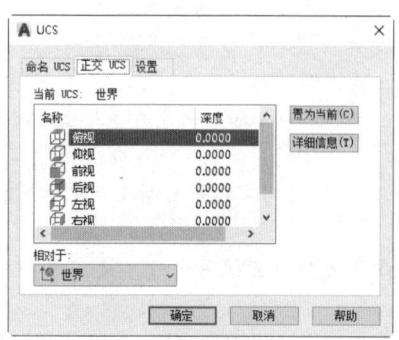

图 9-6

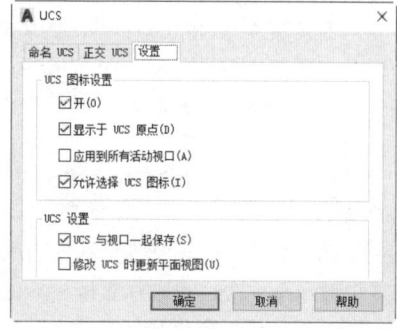

图 9-7

9.3 创建三维对象

　　创建三维对象有很多优点：可从任意角度观察对象、自动生成二维工程图、对模型进行渲染和消隐以及进行干涉检查和工程分析。

　　前面已经介绍了AutoCAD支持3种类型的三维模型：线框模型、曲面模型和实体模型。

　　线框模型中没有面，只有描绘对象边界的点、直线和曲线。在AutoCAD中，可在三维空间的任何位置创建二维对象以生成线框模型。另外，AutoCAD还提供了其他命令创建线框模型，如【三维多段线】命令。

　　曲面模型比线框模型更为复杂，它不仅定义三维对象的边而且定义面。AutoCAD的曲面模型使用多边形网格定义镶嵌面，可以创建平面或曲面网格。

　　实体模型是最容易使用的三维模型。它的信息最完整，不会产生歧义。与线框模型和曲面模型相比，实体模型主要有以下两方面不同：

- 实体模型的信息最完整。
- 实体模型的创建方式最直接。

　　在生成线框模型与曲面模型时，可以通过在三维空间中放置直线或曲面来创建。在实体建模中，必须从头到尾考虑并绘制三维实体。由于可采用不同的方法来构造三维模型，并且每种编辑方法对不同的模型也产生不同的效果，因此建议不要混合使用建模方法。在AutoCAD中，不同的模型类型之间只能进行有限的转换，即从实体到曲面或从曲面到线框，而不能从线框转换到曲面，或从曲面转换到实体。

9.3.1 设置高度和厚度

前面章节学习的大部分绘图命令只要输入 Z 坐标值,就可以应用于三维空间。但某些二维对象,如二维多段线、圆、圆弧和二维填充多边形只能绘制在当前用户坐标系的 XY 平面上。对于这些对象,Z 坐标只表示它们相对于当前平面的标高,是在平面上方,还是在下方。当用户使用对象捕捉方式指定一个点时,指定点的 Z 坐标将与捕捉点的 Z 坐标相同。

如果在创建新对象之前预先设置了标高值(Z 值),那么以后绘制的所有对象,当需要输入三维点时,即使只输入了 X、Y 坐标值,系统都会把当前标高值作为该点的 Z 坐标值。

如果预先设置了厚度值,那么创建的新对象将带有拉伸厚度。以后绘制的所有对象,如直线、二维多段线、圆、圆弧及二维填充多边形都将沿着 Z 轴方向按当前的厚度值拉伸。例如,可以绘制一个带有厚度的圆得到一个圆柱体,绘制一个带有厚度的长方形得到一个长方体。

> **注意:** 厚度值可为正值或负值,对于二维对象,厚度值沿 Z 轴方向。对于三维对象,它们的厚度值总是相对于当前用户坐标系而言的,即如果它们不与当前用户坐标系平行,那么它们将倾斜显示。文本和尺寸标注对象,不管当前的设置如何,AutoCAD 均将其厚度指定为 0。

在 AutoCAD 中可以使用【标高】命令设置新对象的拉伸厚度和标高特性。在【命令:】提示下,输入【ELEV】,然后按空格键或回车键,即可激活该命令,同时,AutoCAD 提示如下:

命令:ELEV
指定新的默认标高 <0.0000>: //指定标高值或按回车键接受默认的高度设置
指定新的默认厚度 <0.0000>: //指定厚度值或按回车键接受默认的厚度设置

下面通过一个具体的实例来说明该命令的使用方法。在该实例中,在标高为 0 的平面上绘制一个圆盘半径为 4,高度为 0.2,然后在圆盘上绘制两个圆柱体,两个圆的半径都为 1,其中一个标高为 0.8,另一个圆的半径为 1.2,如图 9-8 所示。

AutoCAD 命令行如下:

命令:ELEV
指定新的默认标高 <0.0000>:
指定新的默认厚度 <1.0000>: 0.2
命令:CIRCLE   //绘制一个半径为 1 的圆
指定圆的圆心或 [三点(3P)/两点(2P)/相切、相切、半径(T)]: //在屏幕上选取一点
指定圆的半径或 [直径(D)]: <6.2258>: 4
命令:ELEV

图 9-8

指定新的默认标高 <0.0000>：
指定新的默认厚度 <5.0000>：0.8
命令：CIRCLE   //绘制一个半径为 1 的圆
指定圆的圆心或 [三点（3P）/两点（2P）/相切、相切、半径（T）]：   //在屏幕上选取一点
指定圆的半径或 [直径（D）]：<100.0000>：1
命令：ELEV
指定新的默认标高 <0.0000>：
指定新的默认厚度 <5.0000>：1.2
命令：CIRCLE   //绘制一个半径为 1 的圆
指定圆的圆心或 [三点（3P）/两点（2P）/相切、相切、半径（T）]：   //在屏幕上选取一点
指定圆的半径或 [直径（D）]：<100.0000>：1

如果要修改对象的标高和厚度，可使用【特性】命令，有关【特性】命令的使用方法，将在后面的相关章节中介绍。

9.3.2　创建三维多段线

在 AutoCAD 中可以使【三维多段线】在三维空间中用连续线型创建多段线，多段线各点的 X、Y 和 Z 坐标值是相互独立的。【三维多段线】命令与【多段线】命令大体上相似，但是前者只能绘制直线，而且不能改变直线段的宽度。三维多段线不能进行连接、不能用于绘制圆弧、不能调整线段宽度。

激活【三维多段线】命令，可以使用以下任意一种方法：
· 在命令行中输入 3DPOLY。
· 单击【绘图】|【三维多段线】。

激活【三维多段线】命令后，AutoCAD 提示如下：
命令：3DPOLY
指定多段线的起点：   //指定起点或输入三维坐标
指定直线的端点或 [放弃（U）]：   //指定端点
指定直线的端点或 [放弃（U）]：   //指定端点
指定直线的端点或 [闭合（C）/放弃（U）]：   //输入端点或闭合或放弃

> 说明：【多段线】命令不仅可以绘制曲线段，而且各段宽度可变；而【三维多段线】只能绘制不可变宽度的直线段。除个别选项外，编辑三维多段线与编辑二维多段线的命令一样，都使用【多段线】命令，但不能连接和用圆弧拟合三维多段线，也不能赋予宽度和切向信息。

9.3.3　创建三维面

在创建三维模型时，有时需要创建一些实心填充面用于消隐与着色，这些实心面用【三

维面】命令创建。用【三维面】创建实心面的命令提示与【填充】命令的提示相似。与【填充】命令不同的是，【三维面】命令可以为每一个角点指定不同的Z坐标，以创建空间的三维面。

激活【三维面】命令，可以使用以下任意一种方法：

- 在命令行中输入 3DFACE。
- 单击【绘图】|【建模】|【网格】|【三维面】。

激活【三维面】命令后，AutoCAD 提示如下：

命令：3DFACE

命令：_3DFACE 指定第一点或 [不可见（I）]：I

指定第二点或 [不可见（I）]：I

指定第一点后，AutoCAD 将依次提示输入第二点、第三点和第四点，然后 AutoCAD 将连接第四点与第一点，接着提示输入第三点。如果在第三点提示时按回车键，AutoCAD 将用 3 条边封闭一个面，同时结束【三维面】命令，返回到【命令：】提示下。

如果要在一个命令中绘制多个面，那么第一个面的第三点和第四点将成为第二个面的前两个端点，第二个面的第三点和第四点将成为第三个面的前两个端点，依此类推。

下面通过一个具体的实例来说明该命令的使用方法。其具体的命令行如下：

命令：3DFACE

指定第一点或 [不可见（I）]：0,0,0   // 点 A

指定第二点或 [不可见（I）]：0,0,20   // 点 B

指定第三点或 [不可见（I）]＜退出＞：0,30,20   // 点 C

指定第四点或 [不可见（I）]＜创建三侧面＞：0,30,0   // 点 D

指定第三点或 [不可见（I）]＜退出＞：50,30,0   // 点 E

指定第四点或 [不可见（I）]＜创建三侧面＞：50,30,20   // 点 F

指定第三点或 [不可见（I）]＜退出＞：50,0,20   // 点 G

指定第四点或 [不可见（I）]＜创建三侧面＞：50,0,0   // 点 H

指定第三点或 [不可见（I）]＜退出＞：   // 回车

由于上一个面的第三、四点成为下一个面的前两个端点，重新用【三维面】命令画面 ADEH。

命令：3DFACE

指定第一点或 [不可见（I）]：0,0,0   // 点 A

指定第二点或 [不可见（I）]：0,30,0   // 点 D

指定第三点或 [不可见（I）]＜退出＞：50,30,0   // 点 E

指定第四点或 [不可见（I）]＜创建三侧面＞：50,0,0   // 点 H

指定第三点或 [不可见（I）]＜退出＞：   // 回车

此时还无法看清面的位置，可用【VPOINT】命令观察。

命令：-VPOINT

当前视图方向：   VIEWDIR=5.9629,1.3880,-0.1029

指定视点或 [旋转（R）]＜显示指南针和三轴架＞：1,1,1;

正在重生成模型。绘图效果如图 9-9 所示。

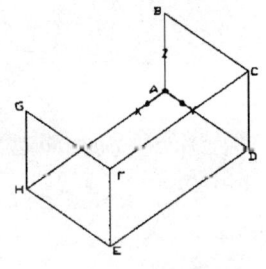

图 9-9

> **注意：** 如果要创建一个带有曲面的对象，不能使用【三维面】命令，但可使用【三维网格】命令。

9.3.4 控制三维面的边的可见性

AutoCAD 中，可使用【边】命令修改三维面边的可见性，可以打开或关闭边的显示。
激活【边】命令，可以使用以下任意一种方法：

· 在命令行中输入 EDGE。

激活【边】命令后，AutoCAD 提示如下：

命令：EDGE
指定要切换可见性的三维表面的边或 [显示（D）]： //选择一条边，按回车键结束选择或选择【显示（D）】选项

下面说明上述命令行中各个选项的意义和功能。

1.【指定要切换可见性的三维表面的边】选项

该选项是默认选项，需要用户选择边界，控制它的可见性。

2.【显示（D）】选项

【显示（D）】选项将加亮三维面中的不可见边，这样用户就可以修改这些边的可见性了。选择该选项后，AutoCAD 继续提示如下：

输入用于隐藏边显示的选择方法 [选择（S）/ 全部选择（A）]< 全部选择 >：

· 【选择（S）】选项

选择该选项后，AutoCAD 继续提示如下：

选择对象：

此时，用户可以选择显示出来的三维平面的边界。选取某边界后，该边界所在的平面中当前可见边界都加亮显示。如果再按回车键，AutoCAD 继续提示如下：

输入用于隐藏边显示的选择方法 [选择（S）/ 全部选择（A）]< 全部选择 >：

此时，当前可见的边界恢复正常亮度，而当前不可见的边界将加亮显示。

· 【全部选择（A）】选项

该选项是默认选项，将加亮所有的不可见边。一旦这些边显示出来，AutoCAD 允许用户修改它的可见性。

> **注意：** 如果系统变量【SPLFRAME】的值设置为1(打开)，所有边都是可见的，而不考虑当前的可见性设置。如果需要，可以使用【特性】命令修改三维面的可见性。

9.4 创建表面模型

三维网格是用平面镶嵌面表示对象的曲面。每一个网格由一系列横线和竖线组成，

第9章 绘制三维图形

可以定义行间距与列间距。通过定义曲面的边界可以创建平直的或弯曲的曲面。用这种方式创建的曲面叫作几何曲面。曲面的尺寸和形状由定义它们的边界及确定边界点所采用的公式决定。AutoCAD 提供了【直纹网格】|【旋转网格】|【平移网格】和【边界网格】4 个命令创建几何曲面。另外，AutoCAD 还提供了两个命令创建多边形网格：【三维网格】和【三维拓扑网格】。这几种类型的网格的区别在于连接成曲面的对象的类型不同。

9.4.1 创建自由多边形网格

在 AutoCAD 中可以使用【三维网格】命令创建任意形状的三维多边形网格。首先，AutoCAD 提示输入网格的行数（用 M 表示）与列数（用 N 表示），然后输入网格每个顶点的位置，该网格由 M×N 个点组成。形成网格的行数和列数的最小值为 2，最大值为 256。

激活【三维网格】命令，可以使用以下任意一种方法：

- 在命令行中输入 3DMESH。
- 单击【绘图】|【建模】|【网格】|【三维网格】命令。

激活【三维网格】命令后，AutoCAD 提示如下：

命令：3DMESH
输入 M 方向上的网格数量：   // 输入一个 2～256 之间的整数
输入 N 方向上的网格数量：   // 输入一个 2～256 之间的整数

下面的命令提示为创建一个 4×4 的多边形网格。

命令：3DMESH
输入 M 方向上的网格数量：4
输入 N 方向上的网格数量：4
指定顶点（0,0）的位置：45,70,20
指定顶点（0,1）的位置：129，85，91
指定顶点（0,2）的位置：140,40,30
指定顶点（0,3）的位置：126，148，246
指定顶点（1,0）的位置：36，96，65
指定顶点（1,1）的位置：85，23，46
指定顶点（1,2）的位置：270,150,75
指定顶点（1,3）的位置：150，120，95
指定顶点（2,0）的位置：20，14，68
指定顶点（2,1）的位置：70,130,70
指定顶点（2,2）的位置：120,160,80
指定顶点（2,3）的位置：147，221，39
指定顶点（3,0）的位置：30,210,20
指定顶点（3,1）的位置：123，45，69
指定顶点（3,2）的位置：125，49，87
指定顶点（3,3）的位置：46，29，73

命令：VPOINT
当前视图方向： VIEWDIR=5.9629,1.3880,-0.1029
指定视点或 [旋转（R）] < 显示坐标球和三轴架 >： 1,1,1；

> **注意：** 用这种方式创建三维网格十分麻烦，用户应该尽量使用其他命令。如可使用几何曲面命令中的一些命令创建网格曲面。【三维网格】命令一般用于 AutoLISP 与 ADS 程序设计中。

9.4.2 创建三维拓扑网格

在 AutoCAD 中可以使用【三维拓扑网格】（Pface）命令来构造任意拓扑网格，这个命令和【三维面】命令相似，但是它所建立的曲面带有不可见的内部分隔。用户可以指定任意数量的顶点和三维面。

AutoCAD 首先提示用户选取所有的顶点，然后依次指定每个面是由哪些顶点组成的。这样就可以得到多个不相关的多边形网格，而且这种形式的网格面可以避免用户生成多个重复不相关的三维面，从而加快了图形的生成和显示速度。

【三维拓扑网格】命令只能在命令行中激活，在【命令：】提示下，输入 PFACE，然后按空格键或回车键，AutoCAD 提示如下：

命令：PFACE
为顶点 1 指定位置： //指定第一个顶点
为顶点 2 或 < 定义面 > 指定位置： //指定第二个顶点
为顶点 3 或 < 定义面 > 指定位置： //指定第三个顶点
……
为顶点 M 或 < 定义面 > 指定位置： //指定第 M 个顶点
为顶点 M＋1 或 < 定义面 > 指定位置： //直接按回车键以定义面
面 1，顶点 1：
输入顶点编号或 [颜色（C）/图层（L）]： //输入分配到表面 1 的顶点 1 的序列号
面 1，顶点 2：
输入顶点编号或 [颜色（C）/图层（L）] < 下一个面 >： //输入分配到表面 1 的顶点 2 的序列号
……

如果需要，用户还可以让网格的一条边不可见。只要在输入这些边的起点时输入一个负数就可以了。默认情况下，网格绘制在当前图层上，并使用颜色。但是用户可以采用不同于当前的颜色将网格绘制在非当前图层上。用户可以在【输入顶点编号或 [颜色（C）/图层（L）] < 下一个面 >：】提示下输入【颜色（C）】用于确定颜色。然后 AutoCAD 将提示用户输入图层名和颜色名。接着会提示用户输入顶点号码。用户确定的图层和颜色将用于正在建立的后面建立的曲面。

9.4.3 绘制直纹面

在 AutoCAD 中可以使用【直纹网格】命令用于在两个对象之间创建曲面网格。组成直纹曲面边的两个对象可以是：直线、点、圆弧、圆、二维多段线、三维多段线或样条曲线。如果其中的一个对象是闭合的，如圆，那么另一个对象也必须是闭合的。如果其中的一个对象不是闭合的，直纹网格总是从曲线上离选取点最近的端点开始绘制。

使用【直纹网格】命令可以创建一个 M 行、N 列的网格，M 值是一个定值，等于 2，N 值根据所需的面的数量改变。这个值可由系统变量 Surftab1 来控制。默认状态下，Surftab1 的值为 6。

系统变量 Surftab1 的使用方法如下，下面的命令提示为如何将 Surftab1 的值由 6 改为 8 和其他数值：

  命令：SURFTAB1
  输入 SURFTAB1 的新值 <6>: // 输入 8 和其他数值

激活【直纹网格】命令，可以使用以下任意一种方法：

- 在命令行中输入 RULESURF
- 单击菜单【绘图】|【建模】|【网格】|【直纹网格】。

激活【直纹网格】命令后，AutoCAD 提示如下：

  命令：RULESURF
  当前线框密度：SURFTAB1=10
  选择第一条定义曲线： // 指定第一条曲线椭圆
  选择第二条定义曲线： // 指定第二条曲线圆，回车

图 9-10 中 Surftab1 的值为 18，用【直纹网格】命令在样条曲线和样条曲线之间、圆和椭圆之间创建网格。

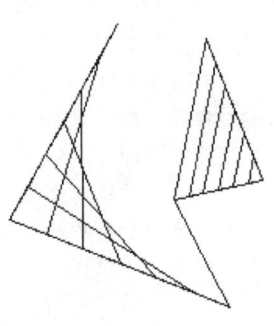

图 9-10

9.4.4 创建平移网格

在 AutoCAD 中可以使用【平移网格】命令用于将一个对象沿特定的矢量方向和长度延展出一个曲面。这个对象被称为定义曲线，它可以是直线、圆弧、圆、椭圆、二维多段线和三维多段线。该命令与【直纹网格】命令相似，系统变量 Surftab1 控制路径曲线的点数，Surftab1 的默认值为 6。

激活【平移网格】命令，可以使用以下任意一种方法：

- 在命令行中输入 TABSURF。
- 单击菜单【绘图】|【建模】|【网格】|【平移网格】。

激活【平移网格】命令后，AutoCAD 提示如下：

  命令：TABSURF
  选择用作轮廓曲线的对象： // 选择曲线轨迹
  选择用作方向矢量的对象： // 选择方向矢量

方向矢量的指定点的位置将决定最后构造的网格的方向。网格是按照距离方向矢量指定点的端点到最远的端点的方向建立的，如图 9-11 所示。

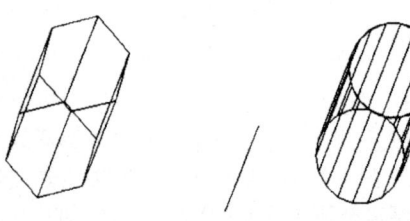

图 9-11

> **说明：** 被延展的对象叫作路径曲线，可以是直线、圆弧、圆、二维多段线、三维多段线。方向矢量可以是直线或开放的二维或三维多段线。三维曲面网格的长度与方向矢量的长度相等。

9.4.5 创建旋转网格

在 AutoCAD 中可以使用【旋转网格】命令绕指定的轴旋转对象创建旋转曲面。旋转的对象叫作路径曲线，它可以是直线、圆弧、圆、二维多段线或三维多段线。生成旋转曲面的旋转轴可以是直线或二维多段线，且可以是任意长度和沿任意方向。

激活【旋转网格】命令，可以使用以下任意一种方法：

- 在命令行中输入 REVSURF。
- 单击【绘图】|【建模】|【网络】|【旋转网格】。

```
命令：REVSURF
当前线框密度：Surftab1=24   Surftab2=6
选择要旋转的对象：      //选择路径曲线
选择定义旋转轴的对象：   //选择旋转轴
选择起始角度 <0>：      //按回车键接受默认值
指定包含角（+=ccw, -=cw）<360>：   //按回车键接受默认值
```

将 Surftab1 设置为 38，Surftab2 设置为 12，图 9-12 为样条曲线绕直线旋转后得到的结果。

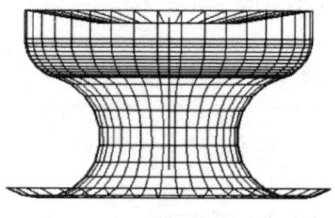

图 9-12

> **说明：** 在【旋转网格】命令中，系统变量 Surftab1 和 Surftab2 分别用于控制网格的 M 值与 N 值。变量 Surftab1 的值决定了环绕旋转轴的面的数量。变量 Surftab2 的值决定了路径曲线由多少段圆弧或圆组成。Surftab1 和 Surftab2 的默认值均为 6。

9.4.6 使用 4 个邻接的边创建表面

在 AutoCAD 中可以使用【边界网格】命令构造一个三维多边形网格，它由 4 条邻接边作为边界创建。激活【边界网格】命令，可以使用以下任意一种方法：

- 在命令行中输入 EDGESURF。
- 单击菜单【绘图】|【建模】|【网格】|【边界网格】。

激活【边界网格】命令后，AutoCAD 提示如下：

  命令：EDGESURF
  当前线框密度：Surftab1= 当前值 Surftab2= 当前值
  选择用作曲面边界的对象 1： // 选择第一条边界
  选择用作曲面边界的对象 2： // 选择第二条边界
  选择用作曲面边界的对象 3： // 选择第三条边界
  选择用作曲面边界的对象 4： // 选择第四条边界

在选择 4 条边界时，必须确保每一条多段线都选择它们的起点，如果一条边界选择了起点，另一条边界选择了终点，那么生成的曲面网格将会出现交叉。

图 9-13 所示的就是使用【边界网格】命令构造的曲面。

图 9-13

> **说明：** 用【边界网格】命令创建曲面网格，边可以是圆弧、直线、多段线、样条曲线和椭圆弧，但必须首尾相连以形成封闭的边界。与【旋转网格】命令相同，在【边界网格】命令中，系统变量 Surftab1 和 Surftab2 控制网格的 M 值与 N 值。

9.5 创建实体模型

9.5.1 创建长方体

BOX 命令用于创建实心的长方体或正方体。默认状态下，长方体的底面总是与当前的用户坐标系的 X、Y 平面平行。调用 BOX 命令的步骤如下：

- 在命令行中输入 BOX。
- 单击【绘图】|【建模】|【长方体】菜单。
- 在【建模】工具栏中单击【长方体】命令图标。

  命令：BOX
  指定第一个角点或 [中心点（CE）]:
    指定其他角点或 [立方体（C）/ 长度（L）]:
    指定高度或 [两点（2P）] < 20.000 >：

默认状态下首先提示输入长方体的第一个角点，该点确定后，长方体的尺寸由 3 种输入方式确定。各选项含义如下：

  ·指定角点：该选项是输入长方体底面的对角线的另一点，然后输入长方体的高度。

下面的命令提示为用默认选项创建如图 9-14 所示的长方体的步骤：

  命令：BOX

图 9-14

指定长方体的角点或 [中心点（CE）]<0, 0, 0>: 8, 8
指定角点或 [立方体（C）/ 长度（L）]: 5, 5
指定高度: 4

- **立方体**: 该选项用于创建一个各边都相等的立方体。

下面的命令提示为用【立方体】选项创建图 9-15 所示立方体的步骤:

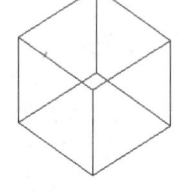

图 9-15

命令: BOX
指定长方体的角点或 [中心点（CE）]<0, 0, 0>: 8, 8
指定角点或 [立方体（C）/ 长度（L）]: c
指定长度: 8

- **长度**: 该选项用于按指定的长、宽和高创建长方体。

下面的命令提示为用【长度】选项创建一个长方体的步骤:

命令: BOX
指定长方体的角点或 [中心点（CE）]<0, 0, 0>: 5, 5;
指定角点或 [立方体（C）/ 长度（L）]: // 输入 L 选项
指定长度: 2;
指定宽度: 6;
指定高度: 4。

> **注意**: 用长方体命令绘出的长方体的长、宽、高分别平行于当前的 X、Y、Z 轴。输入长、宽、高时，其值可以是负值，负值表示方向与坐标轴的正方向相反。

- **中心点**: 该选项用于通过指定中心点创建长方体。中心点确定后，将拉出一条拖引线以确定矩形的大小，然后 AutoCAD 将提示用下面两种方式之一确定长方体的尺寸:

指定角点或 [立方体（C）/ 长度（L）]: // 指定点或输入一个选项

> **注意**: 一旦创建长方体，就不能拉伸或改变其尺寸。但是可以用 SOLIDEDIT 命令拉伸长方体的面。

9.5.2 创建圆锥体

默认状态下，圆锥体的底面平行于当前用户坐标系的 X-Y 平面，且对称地变细直至交于 Z 轴上的一点。下面是调用 CONE 命令的步骤:

- 在命令行中输入 CONE。
- 单击【绘图】|【建模】|【圆锥体】菜单。
- 在【建模】工具栏中单击【圆锥体】命令图标 。

激活【圆锥体】命令后，AutoCAD 提示如下:

命令: CONE
当前线框密度: ISOLINES=20;

指定圆锥体底面的中心点或[椭圆(E)]<0,0,0>: //指定一点或输入e选择【椭圆】选项

在默认状态，AutoCAD 提示输入圆锥底面的中心点，并假定底面是圆，然后提示输入圆的半径，底面确定后提示输入圆锥的顶点或高度值。【高度】是默认选项。【Apex 顶点】选项提示输入一个点，AutoCAD 由此得出圆锥的高度与方向。

图 9-16 所示的图形，从左向右依次是：以底边为圆绘制圆锥；以底边为椭圆绘制圆锥；用【顶点】选项指定圆锥体的高度与方向绘制圆锥。

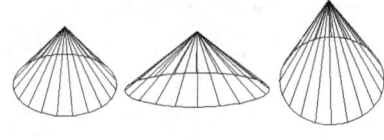

图 9-16

> **技巧**：对于 ISOLINES（当前线框密度）=4，线框过于疏松，为此可在命令行输入：ISOLINES，输入新值以改变 ISOLINES 的设值。

9.5.3 创建圆柱体

圆柱体是与拉伸圆或椭圆相似的一种基本实体，但它没有拉伸斜角。激活【圆柱体】命令，可以使用以下任意一种方法：

- 在命令行中输入 CYLINDER。
- 单击【绘图】|【建模】|【圆柱体】菜单。
- 在【建模】工具栏中选择【圆柱体】命令图标 。

激活【圆柱体】命令后，AutoCAD 提示如下：

命令：CYLINDER
当前线框密度：ISOLINES=20
指定圆柱体底面的中心点或[椭圆(E)]<0,0,0>: //指定中心点或输入e选项

下面是创建圆柱体的实例，操作步骤如下：

命令：CYLINDER
当前线框密度：ISOLINES=20
指定圆柱体底面的中心点或[椭圆(E)]<0,0,0>: e
指定圆柱体底面椭圆的轴端点或[中心点(C)]: //用鼠标拾取一点
指定圆柱体底面椭圆的第二个轴端点: //用鼠标拾取一点
指定圆柱体底面的另一个轴的长度: //用鼠标拾取一点
指定圆柱体高度或[另一个圆心(C)]: 70

完成的效果如图 9-17 所示。

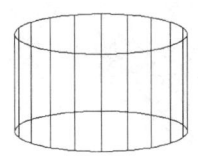

图 9-17

9.5.4 创建球体

在 AutoCAD 中可以使用【球体】命令用于创建一个三维球体。三维球体表面上的所有点到中心的距离都相等。激活【球体】命令，可以使用以下任意一种方法：

- 在命令行中输入 SPHERE。
- 单击菜单【绘图】|【建模】|【球体】。
- 在【建模】工具栏中单击【球体】命令图标 。

激活【球体】命令后，AutoCAD 提示如下：

命令：_SPHERE

当前线框密度： ISOLINES=20

指定球体球心 <0,0,0>： // 指定球心或输入三维坐标

指定球体半径或 [直径（D）]：

下面是创建球体的实例，操作步骤如下：

命令：_SPHERE

当前线框密度： ISOLINES=20

指定球体球心 <0,0,0>： // 指定一个点

指定球体半径或 [直径（D）]：40

完成的效果如图 9-18 所示。

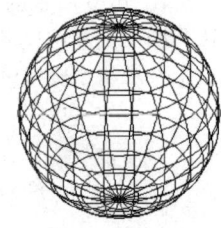

图 9-18

9.5.5 创建圆环体

创建的圆环实体平行于当前 UCS 的 XY 平面上，并且被 XY 平面平分。激活【圆环体】命令，可使用以下任一方法：

- 在命令行中输入 TORUS。
- 单击【绘图】|【建模】|【圆环体】。
- 在【建模】工具栏中单击【圆环体】命令图标 。

激活【圆环体】命令后，AutoCAD 提示如下：

命令：TORUS

当前线框密度：ISOLINES=20

指定圆环体中心 <0,0,0>： // 指定圆环圆心

下面是创建圆环体的实例，操作步骤如下：

命令：TORUS

当前线框密度：ISOLINES=20

指定圆环体中心 <0,0,0>： // 用鼠标拾取一点、输入坐标

指定圆环体半径或 [直径（D）]：30

指定圆管半径或 [直径（D）：6

完成的效果如图 9-19 所示。

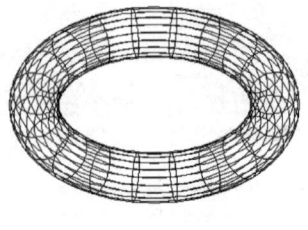

图 9-19

9.5.6 创建楔形体

在 AutoCAD 中可以使用【楔体】命令创建楔形体，其形状类似于将长方体沿某一面的对角线方向切去一半。楔形体的底面平行于当前用户坐标系的 XY 平面，其倾斜面尖端沿 Z 轴正向。激活【楔体】命令，可以使用以下任意一种方法：

- 在命令行中输入 WEDGE。
- 单击菜单【绘图】|【建模】|【楔体】。
- 在【建模】工具栏中单击【楔体】命令图标 。

激活【楔体】命令后，AutoCAD 提示如下：

命令：WEDGE

指定楔体的第一个角点或 [中心点（CE）] <0,0,0>： //指定一点或输入 ce 指定楔体中心

下面是创建楔形体的实例，操作步骤如下：

命令：WEDGE

指定楔体的第一个角点或 [中心点（CE）] <0,0,0>：ce

指定楔体的中心点 <0,0,0>：L：

指定对角点或 [立方体（C）/长度（L）]： //指定对角点

指定高度：60

完成的效果如图 9-20 所示。

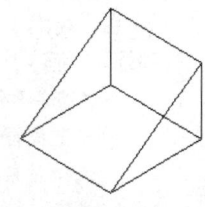

图 9-20

> 提示： 使用【楔体】命令创建楔体，其长宽高分别与 3 个坐标轴平行，只有利用三维编辑命令，才能使楔体的方向有所改变。

9.5.7 从二维到三维

在 AutoCAD 中可以使用【拉伸】命令用于通过拉伸二维实体创建三维实体。使用【拉伸】命令可创建不规则的实体。

激活【拉伸】命令，可以使用以下任意一种方法：

- 在命令行中输入 EXTRUDE。
- 单击菜单【绘图】|【建模】|【拉伸】。
- 在【建模】工具栏中单击【拉伸】命令图标 。

激活【拉伸】命令后，AutoCAD 提示如下：

命令：EXTRUDE

当前线框密度： ISOLINES=20

选择要拉伸的对象： //选择要拉伸的对象

指定拉伸高度或 [路径（P）]： 指定拉伸的高度或选择路径选项

下面是利用【拉伸】命令创建实体模型的实例，操作步骤如下：

命令：EXTRUDE

当前线框密度： ISOLINES=20

选择对象： //选择要拉伸的对象

指定拉伸高度或 [路径（P）]：60

指定拉伸的倾斜角度 <0>： //按回车或空格

完成的效果如图 9-21 所示。

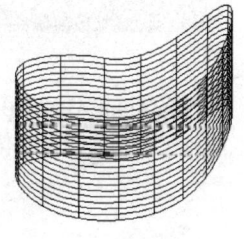

图 9-21

9.5.8 创建旋转三维实体

在AutoACD中可以使用【旋转】命令,通过旋转闭合的多段线、多边形、圆、椭圆、闭合的样条曲线、圆环和面域创建三维对象。不能旋转相交或自交的多段线。激活【旋转】命令,可以使用以下任意一种方法:

- 在命令行中输入REVOLVE。
- 单击【绘图】|【建模】|【旋转】菜单。
- 在【建模】工具栏中单击【旋转】命令图标 。

激活【旋转】命令后,AutoCAD提示如下:

命令:REVOLVE

当前线框密度:ISOLINES=20

选择对象: //选择要回转的对象

指定旋转轴的起点或定义轴依照 [对象(O)/X 轴(X)/Y 轴(Y)]:

指定旋转角度<360>:   //指定一个角度

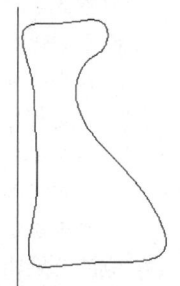

图 9-22

下面是利用【拉伸】命令创建实体模型的实例,操作步骤如下:
先画一个如图 9-22 所示的图形,它是由一条样条曲线和一条直线组成的。

命令:REVOLVE

当前线框密度:ISOLINES=20

选择对象: //选择右边闭合线段

指定旋转轴的起点或定义轴依照 [对象(O)/X 轴(X)/Y 轴(Y)]:o

选择对象: //选择左侧的线

指定旋转角度<360>:   //回车

完成的最终效果如图 9-23 所示。

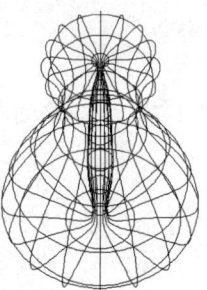

图 9-23

> **注意:** 无论是拉伸还是旋转实体,原二维实体必须为闭合线段,否则将无法拉伸、旋转。

9.6 通过布尔运算创建复合实体

在AutoCAD 2020 中,读者可以对三维实体进行并集、差集、交集、干涉4种布尔运算,从而创建复杂实体。

9.6.1 "并"运算（UNION）

【UNION】命令用于根据一个或多个原始的实体生成一个新的复合实体。所有被选实体将被组合成一个实体，不管它们位于三维空间的什么地方。对于面域，只有在同一平面中（共面）的面域才会被组合成一体。与 AutoCAD 的其他操作一样，新的复合实体继承当前实体对象的层。如果原始实体不在同一层内，新的复合实体继承第一个被选实体的层，或当用选取窗选取时，继承最新实体的层。

执行【修改】|【实体编辑】|【并集】命令，或直接在命令行输入【UNION】命令，或在【实体编辑】工具栏中选择【并集】命令图标，AutoCAD 提示如下：

命令：UNION

选择对象：（选择要组合的对象，按回车键结束选择对象）

举例说明：将图 9-24 所示楔体与长方体连接成复合体操作，结果如图 9-25 所示。

操作步骤如下：

命令：UNION↙

选择对象：（选择所有实体后按回车键）

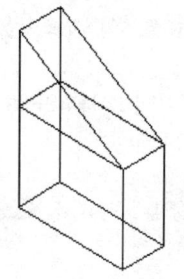 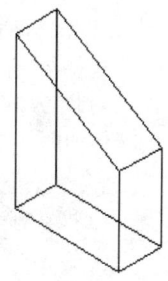

图 9-24　　　　图 9-25

注意： 如果实体重叠，其共同部分将生成一个新的实体，AutoCAD 会生成新实体的边界。如果有实体互相不接触，它们仍将组成一体，尽管它们之间有间隙。有时候互不接触的实体间的联合体在布尔操作时是很有用的。

9.6.2 "差"运算（SUBTRACT）

【SUBTRACT】命令用于从选定的实体中删除与另一个实体的公共部分。可以用该命令修剪实体或打孔。

执行【修改】|【实体编辑】|【差集】命令，或直接在命令行输入【SUBTRACT】命令，或在【实体编辑】工具栏中选择【差集】命令图标，AutoCAD 提示如下：

命令：SUBTRACT

选择被删除的实体或面域…

选择对象：（选择被减的对象并按回车键结束选择）

选择要删除的实体或面域…

选择对象：（选择要减去的对象并按回车键结束选择）

举例说明：图 9-26 所示为从图 9-27 所示的长方体中减去一个圆柱体后，所生成的一个复合体。

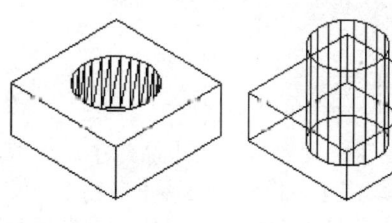

图 9-26　　　　图 9-27

9.6.3 "交"运算（INTERSECT）

【INTERSECT】命令是用于在两个相交实体中产生重叠实体的命令。生成的实体是相交实体共同拥有的那部分。

执行【修改】|【实体编辑】|【交集】命令，或直接在命令行输入【INTERSECT】命令，或在【实体编辑】工具栏中选择【交集】命令图标，AutoCAD 提示如下：

命令：INTERSECT

选择对象：（选择对象并按回车键结束选择）

对图 9-28 用【INTERSECT】命令，所产生的实体如图 9-29 所示。

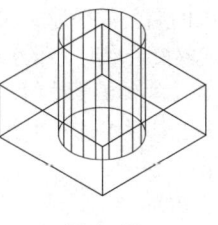
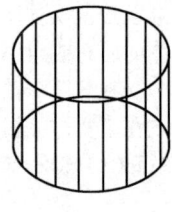

图 9-28　　　　　图 9-29

> **注意**：生成的实体虽然彼此分离，但仍然是一个实体。

9.6.4 通过干涉运算创建实体

在命令行直接输入【INTERFERE】命令，可以对对象进行干涉运算。把原实体保留下来，并用两个实体的交集生成一个新实体。

例如，要对图 9-30 所示的球体和球体求干涉集，要在命令行直接输入【INTERFERE】命令，再在绘图窗口中单击球体，并按 Enter 键作为实体的第一集合，单击圆柱体，按 Enter 键作为实体的第二集合，然后在命令行输入 Y，创建干涉实体，结果如图 9-31 所示。

当生成干涉的实体被创建它的对象挡住而看不清时，可使用【修改】|【移动】命令将其移到某一位置，或创建一个与原实体不同的层，并将该层应用于干涉实体，如图 9-32 所示。

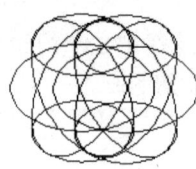
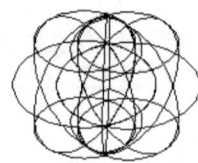
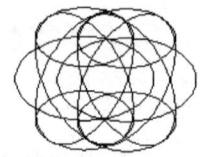

图 9-30　　　　图 9-31　　　　图 9-32

举例说明：绘制如图 9-33 所示的机件图形。

（1）选择【文件】|【新建】命令，新建一空白文档。

（2）选择【格式】|【图层】命令，打开【图层特性管理器】对话框。

（3）单击【新建图层】按钮创建【辅助线层】，设置颜色为【品红】，线型为 ACAD_ISO04W100，线宽为默认；创建【轮廓线层】，设置颜色为【白色】，线型为 Continuous，线宽为 0.2 毫米；创建【标注层】，设置颜色为【蓝色】，线型为

Continuous，线宽为默认。

（4）选择【轮廓线层】，单击【当前】按钮以便将该层设置为当前层，并单击【确定】按钮，关闭【图层特性管理器】对话框。

（5）选择【视图】|【三维视图】|【视点】命令，将视点设置为（-0.5，-1，0.5）。

（6）选择【绘图】|【矩形】命令，设置矩形的圆角半径为15，并以点（0，0）为第一角点，点（148，60）为第二角点，绘制一个长148，宽60的圆角矩形，如图9-34所示。

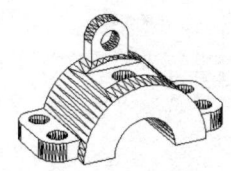
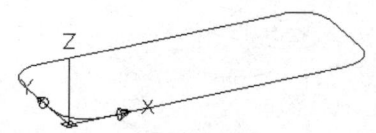

图9-33　　　　　　　　　　　　　　图9-34

（7）在【绘图】工具栏中单击【圆】按钮，以点（15，15）为圆心，绘制一个直径为15的圆，如图9-35所示。

（8）在【修改】工具面板中单击选择【矩形阵列】按钮，打开阵列面板，然后单击【选择对象】按钮，在绘图窗口中单击刚刚绘制的圆，然后按Enter键，设置【行】和【列】都为2，【行偏移】为30，此时命令提示如下：

指定列之间的距离或 [单位单元（U）] <45.0000>: 118　　// 输入118

阵列复制圆，结果如图9-36所示。单击阵列面板中的【关闭】按钮，关闭阵列面板。

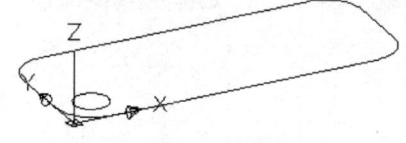
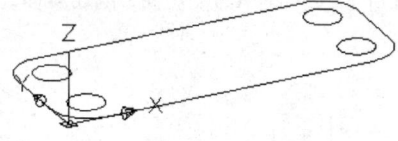

图9-35　　　　　　　　　　　　　　图9-36

（9）在【绘图】工具栏中单击【面域】按钮，然后选择所有绘制的圆后按Enter键，将它们转换为面域。

（10）选择【修改】|【实体编辑】|【差集】命令，然后使用矩形面域减去4个圆形面域。

（11）选择【绘图】|【建模】|【拉伸】命令，选择做差集运算后的面域，并将其向上拉伸14个单位，结果如图9-37所示。

（12）选择【工具】|【移动UCS】命令，并在【对象捕捉】工具栏中单击【捕捉到中点】按钮，将坐标系移到矩形的中点，然后再选择【工具】|【新建UCS】【X】命令，将坐标系延X轴旋转90º，如图9-38所示。

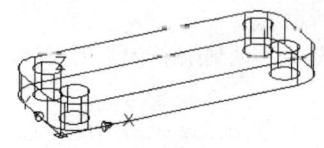
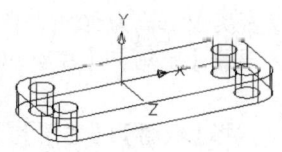

图9-37　　　　　　　　　　　　　　图9-38

(13) 选择【绘图】|【建模】|【圆柱体】命令，以点（0, 0）为基面中心，分别绘制一个半径为 50 和一个直径为 50、高都为 70 的圆柱体，如图 9-39 所示。

(14) 选择【绘图】|【建模】|【长方体】命令，以点（-15, 0, 0）为第一个角点，点（15, 62, 12）为第二个角点，绘制一个 30×62×12 的长方体，如图 9-40 所示。

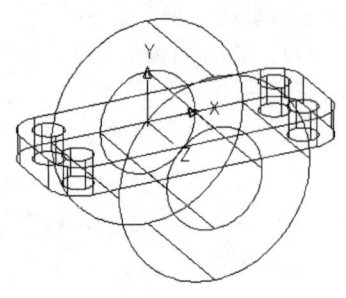
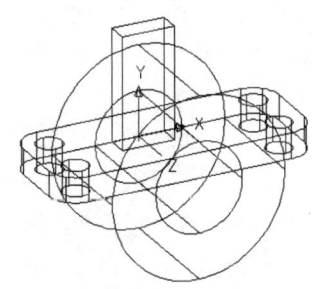

图 9-39　　　　　　　　　　图 9-40

(15) 选择【绘图】|【建模】|【圆柱体】命令，以点（0, 62, 0）为基面中心，分别绘制一个半径为 15 和一个直径为 15、高都为 12 的圆柱体，如图 9-41 所示。

(16) 选择【修改】|【实体编辑】|【并集】命令，然后选择拉伸图形、长方体、半径为 50 和半径为 15 的圆柱体，对它们求并集。

(17) 选择【修改】|【实体编辑】|【差集】命令，使用合并后的图形减去直径为 50 和直径为 15 的圆柱体，结果如图 9-42 所示。

(18) 选择【修改】|【三维操作】|【剖切】命令，选择绘制的图形，然后将过点（0, 0, 0）的 ZX 平面作为剖切面，剖切实体，并保留靠近（0, 62, 0）的部分，结果如图 9-43 所示。

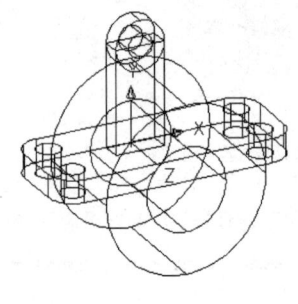
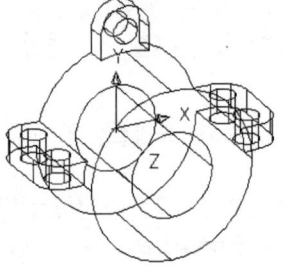
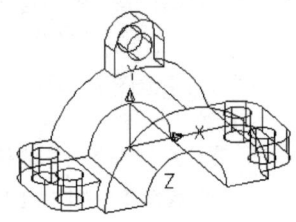

图 9-41　　　　　　图 9-42　　　　　　图 9-43

(19) 选择【工具】|【新建 UCS】|【世界】命令，恢复世界坐标系。

(20) 选择【绘图】|【建模】|【圆柱体】命令，以点（74, 25, 0）为基面中心，绘制一个直径为 18，高为 50 的圆柱体，如图 9-44 所示。

(21) 选择【工具】|【移动 UCS】命令，将坐标系移动到刚刚绘制的圆柱体的上底面圆心处。

(22) 选择【绘图】|【建模】|【长方体】命令，以点（0, 0, 0）为中心，以点（30, 16, -6）为角点，绘制一个长方体，如图 9-45 所示。

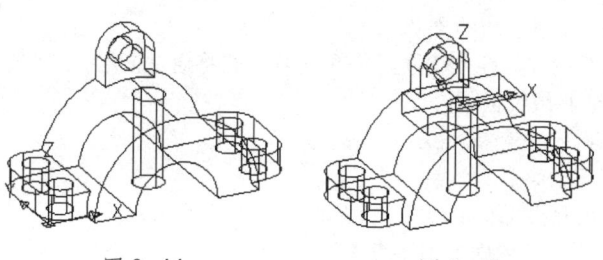

图 9-44　　　　　　　　　图 9-45

（23）选择【修改】|【实体编辑】|【差集】命令，使用前面创建的图形减去刚刚绘制的圆柱体和长方体，结果如图 9-46 所示。

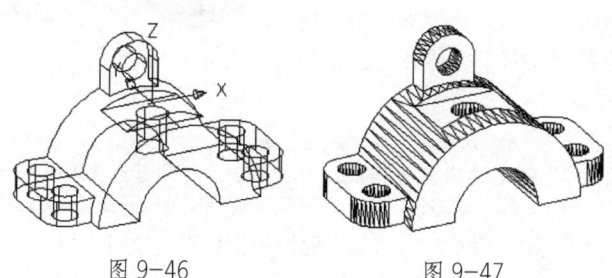

图 9-46　　　　　　　　　图 9-47

（24）选择【工具】|【新建 UCS】|【世界】命令，恢复世界坐标系。
（25）在命令行执行【ISOLINES】（轮廓素线）命令，将该变量值设为 32；执行【Facetres】（表面数）命令，将该变量设置为 9，然后消隐图形，结果如图 9-47 所示。

9.7　通过其他方法创建三维实体

除了上述方法可以创建三维实体以外，还可以通过截面和剖切创建实体。

9.7.1　通过剖切创建实体

所谓剖切创建实体是指切开现有的实体，然后移去指定部分，从而得到一个新的实体。当执行该操作时将保留原实体的图层和颜色特性，读者可选择保留实体的部分或者全部。剖切实体的默认方法为先指定三点定义剪切平面，然后选择要保留的部分；也可以通过其他对象，当前视图、Z 轴或 XY、YZ 或 ZX 平面来定义剪切平面。

当需要使用平面剖切一组实体时，可执行【修改】|【三维操作】|【剖切】命令，或者在命令行中键入 SLICE 并回车，这时将提示：

选择要剖切的对象：　　//用鼠标点选对象后按回车

指定切面的起点或 [平面对象 (O)/ 曲面 (S)/z 轴 (Z)/ 视图 (V)/xy(XY)/yz(YZ)/zx(ZX)/ 三点 (3)]<三点>：

下面来介绍一下各选项的含义。

（1）指定切面的起点：该项是默认的选项，它将通过指定三点来定义切面。当指定一个坐标点之后，将继续提示：

指定平面上的第二个点：

指定平面上的第三个点：

在所需的侧面上指定点或 [保留两个侧面 (B)]

当选择【在所需的侧面上指定点】选项时，可指定一点以确定将剖切后的实体保留在哪一侧，但该点不能位于剪切平面上；而选择【保留两侧（B）】选项时，剖切实体的两侧均保留，它将单个实体剖切为两块，从而在平面的两边各创建一个实体并消隐，其效果如图9-48所示。

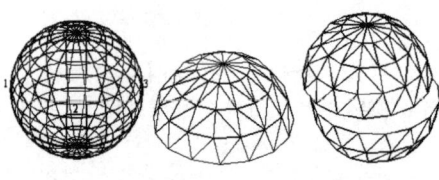

图9-48

提示： 在对每个选定的实体进行剖切操作时，不能创建两个以上新的组合实体。

（2）平面对象：该项表示将所选的平面作为剖切面，这时将提示：

选择用于定义剖切平面的圆、椭圆、圆弧、二维样条线或二维多段线：

读者可选择圆、椭圆、圆弧、椭圆弧、二维样条曲线或二维多段线等对象，这时将会继续提示：

在所需的侧面上指定点或 [保留两个侧面 (B)]

（3）Z轴：选择该项可通过在平面上指定一点和在平面的Z轴（法线）上指定另一点来定义切面，这时会提示：

定剖面上的点：

指定平面Z轴(法向)上的点：

在所需的侧面上指定点或 [保留两个侧面 (B)] <保留两个侧面>：

（4）视图：选择该项表示将与当前视口的视图平面平行的面作为剪切平面，这时将提示：

指定当前视图平面上的点 :<0,0,0>：

在所需的侧面上指定点或 [保留两个侧面 (B)] <保留两个侧面>：

读者可指定一点以定义剪切平面的位置，并且指定保留的部分。

（5）xy(XY)/yz(YZ)/zx(ZX)：这几项表示剖切平面分别与当前UCS的XY面、YZ面和ZX面平行，例如当选择XY选项时，将会提示：

指定XY平面上的点 <0,0,0>：

在所需的侧面上指定点或 [保留两个侧面 (B)] <保留两个侧面>：

后面的这几种剖切方法与通过指定三点的方式大致相同。读者只要根据提示进行操作即可。

9.7.2 通过截面创建实体

当对三维实体执行截面操作时,AutoCAD 将在当前层中创建面域,并将它们插入到剖切截面的位置,如果选择多个实体时,可以为每个实体都创建独立的面域。其默认方法是通过指定 3 个点来定义一个面,也可以通过其他对象、当前视图、Z 轴以及 XY、YZ 或 ZX 平面来定义相交截面平面。AutoCAD 在当前图层上放置相交截面平面。

当执行截面操作时,可在命令行中键入 SECTION 并回车,这时将提示:

指定截面上的第一个点,依照 [对象(O)/Z 轴(Z)/视图(V)/XY(XY)/YZ(YZ)/ZX(ZX)/三点(3)] <三点>:

由其选项与剖切实体选项大部分相同,读者可参考前面的内容,图 9-49 是选择【XY 平面(XY)】选项的截面效果。

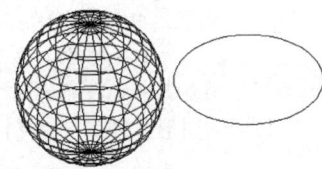

图 9-49

9.8 绘制等轴测图

等轴测图是一种在二维空间中描述三维物体的最简单的方法,它能以人们比较习惯的方式,直观、清晰地反映零件的形状和特征,帮助用户和设计人员理解零件的设计。等轴测图由于其绘制方便的特点,在机械制图中得到了广泛的应用。

9.8.1 设置绘图环境

AutoCAD 可以设置专门用于绘制等轴测图的环境,以提高绘制等轴测图的效率。所谓的等轴测图绘图环境,即将目标捕捉(OSNAP)、栅格(GRID)、正交模式(ORTHO)和十字光标等辅助绘图工具都设置成专门用于绘制等轴测图的模式。正常情况下,AutoCAD 显示的栅格和十字光标均为 90° 正交模式,设置为等轴测捕捉模式后,点的捕捉和正交的方向都变为垂直或与水平成 30° 斜角,此时若打开【正交】模式,则绘制的直线要么是垂直线,要么是 30° 的斜线,这给等轴测图的绘制带来极大的方便。等轴测图绘图环境的设置步骤如下:

命令:SNAP   // 输入命令

指定捕捉间距或 [打开(ON)/关闭(OFF)/纵横向间距(A)/传统(L)/样式(S)/类型(T)] <10.0000>: S// 输入 S

输入捕捉栅格类型 [标准(S)/等轴测(I)] <S>: I   // 输入 I 选择等轴测模式

指定垂直间距 <9-000>:   // 回车采用默认值

命令:CURSORSIZE   // 控制光标大小的参数

输入 CURSORISIZE 的新值 <5>: 20   // 设置新的光标大小

得到的图形如图 9-50 所示,它所显示的是左等轴测平面,用于绘制等轴测图中与左等轴测平面平行的图形,当需要绘制与上等轴测平面或右等轴测平面平行的图形时,可以用【等轴测】命令（ISOPLANE）将十字光标和栅格切换至上面或右面。命令行提示如下：

  命令：ISOPLANE　　//输入命令

  当前等轴测平面：左

  输入等轴测平面设置 [左（L）/上（T）/右（R）]<上>：　　//直接回车选择上模式

  当前等轴测平面：上

  命令：ISOPLANE

  当前等轴测平面：上

  输入等轴测平面设置 [左（L）/上（T）/右（R）]<右>：

  当前等轴测平面：右

得到的图形分别如图 9-51 和图 9-52 所示。

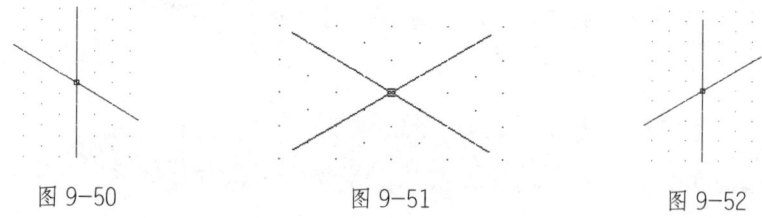

图 9-50　　　　　　　　　图 9-51　　　　　　　　　图 9-52

9.8.2　图形的绘制

下面以一个实例来讲解轴测图的绘制方法，步骤如下：

（1）设置轴测图模式。

  命令：SNAP

  指定捕捉间距或 [开（ON）/关（OFF）/纵横向间距（A）/旋转（R）/样式（S）/类型（T）]<9-000>：s

  输入捕捉栅格类型 [标准（S）/等轴测（I）]<S>：I

  指定垂直间距 <9-000>：　　//回车采用默认值

> 说明：绘制轴测图时，首先要设置成轴测绘图的模式。

（2）绘制立方体的左侧面。

  命令：LINE　　//指定一个点

  指定下一点或 [放弃（U）]：@100<-30

  指定下一点或 [放弃（U）]：@100<90

  指定下一点或 [闭合（C）/放弃（U）]：@100<150

  指定下一点或 [闭合（C）/放弃（U）]：@100<-90

  指定下一点或 [闭合（C）/放弃（U）]：　　//回车，结果如图 9-53 所示。

（3）绘制立方体右侧面。

  命令：LINE　　//捕捉右下角的点，如图 9-54 所示。

  指定下一点或 [放弃（U）]：@100<30

指定下一点或 [放弃（U）]：@100<90
指定下一点或 [闭合（C）/放弃（U）]：@100<-150
指定下一点或 [闭合（C）/放弃（U）]： // 回车，结果如图9-55所示。

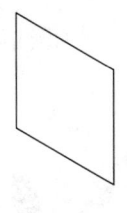

图 9-53

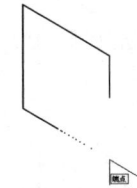

图 9-54

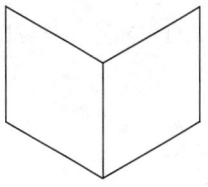

图 9-55

（4）绘制上侧面。

命令：LINE // 捕捉点，如图9-56所示。
指定下一点或 [放弃（U）]：@100<150
指定下一点或 [放弃（U）]：@100<-150
指定下一点或 [闭合（C）/放弃（U）]： // 回车，结果如图9-57所示。

（5）作辅助线。使用【LINE】命令，完成后的效果如图9-58所示。

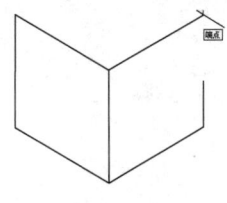

图 9-56

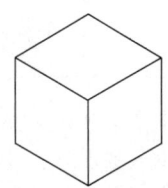

图 9-57

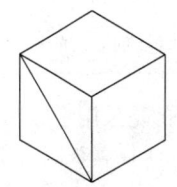

图 9-58

（6）作轴测圆。

命令：ELLIPSE
指定椭圆的端点或 [圆弧（A）/中心点（C）/等轴测圆（I）]：I
指定等轴测圆的圆心： // 选择辅助线的中点
指定等轴测圆的半径或 [直径（D）]：10

完成后的效果如图9-59所示。

（7）利用【COPY】命令，复制轴测圆，如图9-60所示。

（8）按F5切换到右侧平面上，在右侧面上做轴测圆，利用上面的方法绘制一个半径为20的椭圆，如图9-61所示。

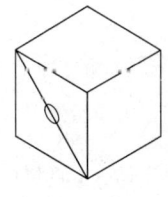

图 9-59

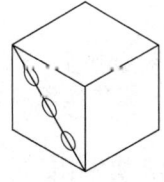

图 9-60

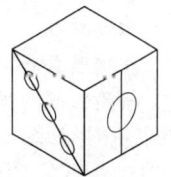

图 9-61

(9) 依照上述方法再绘制辅助线，在顶面上作两个半径为 10 的等轴侧圆，结果如图 9-62 所示。

(10) 圆角处理。使用【FILLET】命令，设置圆角半径为 10，对立方体各条边进行圆角处理，结果如图 9-63 所示。

(11) 删除 3 条辅助线，再为其填充上【SOLID】图案，完成的效果如图 9-64 所示。

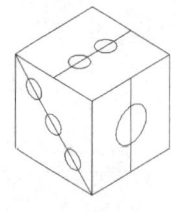
图 9-62

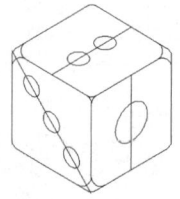
图 9-63

图 9-64

9.9 提高训练

9.9.1 绘制铁饼

本例是采用【球体】命令来绘制铁饼。

(1) 设置视图。单击【视图】|【三维视图】|【西南等轴测】。

(2) 设置【ISOLINES】参数。命令行提示如下：

命令：ISOLINES

输入 ISOLINES 的新值 <4>: 16   // 输入新的数值

(3) 绘制球体。单击【绘图】|【建模】|【球体】，或者单击【建模】工具栏中的【球体】按钮○，或者直接在命令行输入 SPHERE 后回车，AutoCAD 将依次出现如下提示：

命令：_SPHERE

当前线框密度：ISOLINES=16

指定球体球心 <0,0,0>:

指定球体半径或 [直径 (D)]: 120   // 输入 120

(4) 利用【复制】命令将绘制好的圆球水平移动 120，命令行提示如下：

命令：_COPY

选择对象：找到 1 个

选择对象：

指定基点或位移，或者 [重复 (M)]:

指定位移的第二点或 <用第一点作位移>: @0,0,120

得到的图形如图 9-65 所示。

(5) 建立相交实体。单击【绘图】|【实体】|【干涉】，或者单击【实体】工具栏中的【干涉】按钮，或者直接在命令行输入 INTERFERE 后回车，AutoCAD 将依次出现如下提示：

命令：_INTERFERE
选择实体的第一集合： //选择第一部分实体
选择对象：找到一个 //选择球体
选择对象：
选择实体的第二集合： //选择第二部分实体
选择对象：找到一个 //选择另一个球体
选择对象：
比较一个实体与一个实体。
干涉实体数（第一组）： 1
            （第二组）： 1
干涉对数： 1
是否创建干涉实体？[是（Y）/否（N）]<否>：y //输入y，建立相交实体
得到的图形如图9-66所示，中间相交实体部分呈高亮显示。

（6）删除多余的实体，得到的图形如图9-67所示。

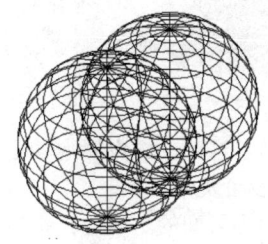 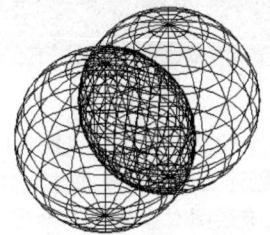 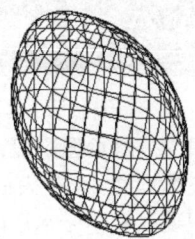

图 9-65　　　　　　　　图 9-66　　　　　　　图 9-67

9.9.2 绘制轴零件

本例是采用【圆柱体】命令来绘制轴零件。
（1）设置视图。单击【视图】|【三维视图】|【西南等轴测】。
（2）设置【ISOLINES】参数。命令行提示如下：

命令：ISOLINES
输入 ISOLINES 的新值 <4>：16 //输入新的数值

（3）绘制最底面的圆柱。单击【绘图】|【建模】|【圆柱体】，或者单击【建模】工具栏中的【圆柱体】按钮，或者直接在命令行输入 CYLINDER 后回车，AutoCAD 将依次出现如下提示：

命令：_CYLINDER
当前线框密度：ISOLINES=16
指定圆柱体底面的中心点或 [椭圆（E）]<0,0,0>：
指定圆柱体底面的半径或 [直径（D）]：20 //输入底面半径
指定圆柱体高度或 [另一个圆心（C）]：50 //输入圆柱高度

（4）继续利用【圆柱体】命令在底面的上表面绘制圆柱。命令行提示如下：

命令：_CYLINDER
当前线框密度： ISOLINES=16
指定圆柱体底面的中心点或 [椭圆（E）] <0,0,0>:
指定圆柱体底面的半径或 [直径（D）]: 8
指定圆柱体高度或 [另一个圆心（C）]: 15
命令：_CYLINDER
当前线框密度： ISOLINES=16
指定圆柱体底面的中心点或 [椭圆（E）] <0,0,0>:
指定圆柱体底面的半径或 [直径（D）]: 15
指定圆柱体高度或 [另一个圆心（C）]: 40
得到的图形如图 9-68 所示。

（5）利用【消隐】命令隐藏不可见的线条。在命令行提示下输入【HIDE】并回车，得到的图形如图 9-69 所示。

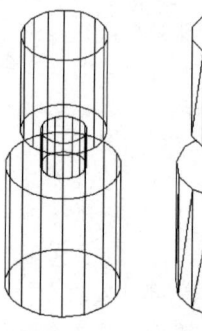
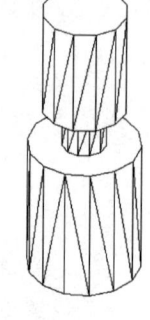

图 9-68　　图 9-69

9.10 本章回顾

进入三维绘图阶段，这是一个挑战，也是令人激动的事情。这部分的主要内容是：创建三维对象、创建表面模型、创建实体模型及通过布尔运算复合实体。

只要认真学习本章内容，三维绘图对你来说不再是可望而不可即的。最后，希望读者朋友们能够举一反三地进行思考。

第 10 章

编辑与着色三维对象

本章主要内容与学习目的

前面讲述了如何绘制三维对象与三维实体，本章继续为读者讲解在三维坐标系中设置视点，编辑三维对象与三维实体，编辑实体的面与边，消隐与着色对象等操作与技巧。

10.1 在三维坐标系中设置视点

在 AutoCAD 2020 中，要创建和观察三维图形，就一定要使用三维坐标系和三维坐标，并且，观察三维对象时的角度不同，所得到的观察效果也将不同。因此，了解并掌握三维坐标系，树立正确的空间观念，是学习整个三维图形绘制的基础。

10.1.1 认识三维坐标系

在第 4 章中，我们已经详细介绍了平面坐标系的使用方法，它的所有变换和使用方法同样适用于三维坐标系。例如，在三维坐标系下，同样可以使用直角坐标或极坐标方法来定义点。此外，在绘制三维图形时，还可使用柱坐标和球坐标来定义点。

（1）柱坐标：柱坐标使用 XY 平面的角和沿 Z 轴的距离来表示（图 10-1），其格式如下：

XYZ 距离< XY 平面角度<和 XY 平面的夹角（绝对坐标）

@XYZ 距离< XY 平面角度<和 XY 平面的夹角（相对坐标）

（2）球坐标：球坐标系具有 3 个参数：点到原点的距离、在 XY 平面上的角度、和 XY 平面的夹角（图 10-2），其格式如下：

XYZ 距离< XY 平面角度<和 XY 平面的夹角（绝对坐标）

@XYZ 距离< XY 平面角度<和 XY 平面的夹角（相对坐标）

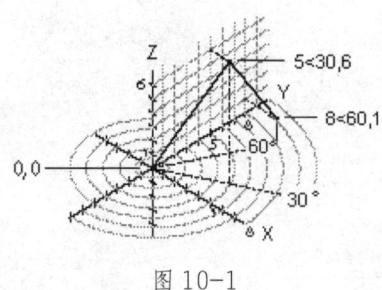

图 10-1

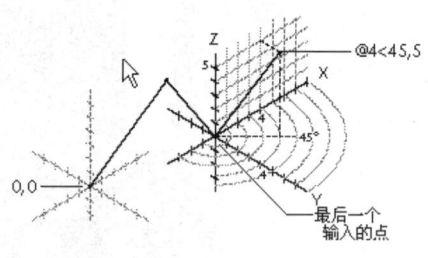

图 10-2

10.1.2 设置视点

视点是指观察图形的方向。例如，绘制正方体时，如果使用平面坐标系，即 Z 轴垂直于屏幕，此时仅能看到物体在 XY 平面上的投影。如果调整视点至当前坐标系的左上方，将看到一个三维物体，如图 10-3 所示。

在 AutoCAD 2020 中，可以使用视点设

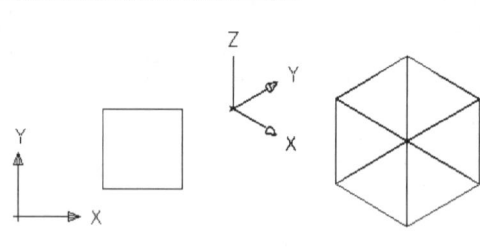

图 10-3

置、视点命令等多种方法来设置视点。

（1）使用【视点预设】对话框：执行【视图】|【三维视图】|【视点预设】命令，打开【视点预设】对话框，在该对话框中可以为当前视口设置视点，如图10-4所示。

对话框中的左图用于设置原点和视点之间的连线在XY平面的投影与X轴正向的夹角；右面的半圆形图用于设置该连线与投影线之间的夹角，用户在图上直接拾取即可。也可以在【X轴】【XY平面】两个文本框内输入相应的角度。

单击【设置为平面视图】按钮，可以将坐标系设置为平面视图。默认情况下，观察角度都是相对于WCS坐标系的，选择【相对于UCS】单选按钮，可相对于UCS坐标系定义角度。

（2）使用【视点】命令设置当前视点：执行【视图】|【三维视图】|【视点】命令，可以为当前视口设置视点。该视点均是相对于WCS坐标系的。这时可通过屏幕上显示的罗盘定义视点，如图10-5所示。

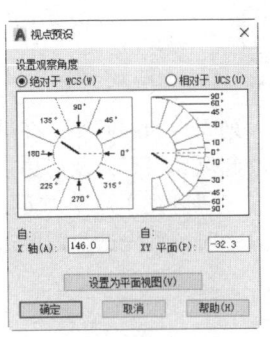

图10-4

图10-5

（3）使用三维动态观察器：执行【视图】|【动态观察】|【自由动态观察】命令，可通过单击和拖动的方式在三维空间动态观察对象，如图10-6所示。

移动光标时，光标的形状也随着改变以指示视图的旋转方向。各种光标图案的意义如下：

⊕：当光标位于观察球中间时，通过单击和拖动自由移动对象。

⊙：当光标位于观察球以外区域时，单击并拖动可使视图绕轴移动。其中，轴被定义为通过观察球中心，且垂直于屏幕。

⊕：当光标移至观察球的左、右小圆中时，单击并拖动可绕通过观察球中心的Y轴旋转视图。

⊖：当光标移至观察球的上、下小圆中时，单击并拖动可绕通过观察球中心的Z轴

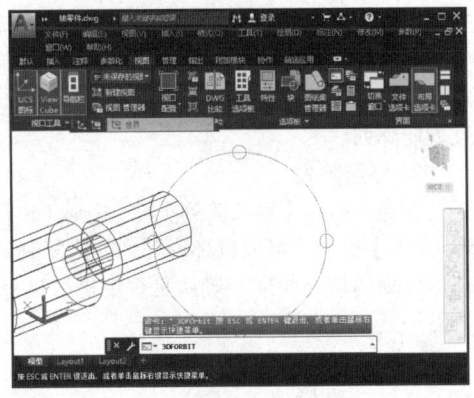

图10-6

旋转视图。

（4）使用平面视图命令生成平面视图执行【视图】|【三维视图】|【平面视图】|【当前UCS】|【世界UCS】或【命名UCS】命令。可以生成相对于当前UCS、WCS或命名坐标系的平面视图，但该命令不能用于图纸空间。

（5）使用三维视图命令生成标准视图：执行【视图】|【三维视图】菜单中的【俯视】【仰视】【左视】【右视】【主视】【后视】【西南等轴测】【东南等轴测】【东北等轴测】和【西北等轴测】子命令，可以从多个方向来观察图形。如俯视、仰视及西南等轴测等。

10.2 编辑三维对象

在AutoCAD 2020中，执行【修改】|【三维操作】命令，可以对三维空间中的对象进行【三维阵列】【三维旋转】以及【对齐】等操作。

10.2.1 三维阵列

在进行矩形阵列时，要指定行数、列数、层数、行间距、列间距和层间距。在进行环形阵列时，要指定阵列的数目、阵列填充的角度、旋转轴的起点和终点以及对象在阵列后，是否绕着阵列中心旋转。执行【修改】|【三维操作】|【三维阵列】命令，可以在三维空间中使用环形阵列或矩形阵列方式复制对象。执行该命令时，首先选择需要进行阵列复制的对象，这时命令行显示如下提示信息：

输入阵列类型[矩形（R）/环形（P）]<矩形>：

1. 矩形阵列

在命令行的【输入阵列类型[矩形（R）/环形（P）]<矩形>：】提示下，选择【矩形（R）】选项，可以以矩形阵列方式复制对象，此时需要依次指定阵列的行数、列数、阵列的层数、行间距、列间距以及层间距。其中，矩形阵列的行、列、层分别沿着当前UCS的X、Y、Z轴的方向；输入某方向的间距值为正值时，表示将沿相应坐标轴的正方向阵列，否则沿反方向阵列。

2. 环形阵列

在命令行的【输入阵列类型[矩形（R）/环形（P）]<矩形>：】提示下，选择【环形（P）】选项，可以以环形阵列方式复制对象，此时需要输入阵列的项目个数，并指定环形阵列的填充角度，确认是否要进行自身旋转，然后指定阵列的中心点以及旋转轴上的另一点，确定旋转轴。

10.2.2 三维镜像与旋转

1. 三维镜像

执行【修改】|【三维操作】|【三维镜像】命令，可以在三维空间中将指定对象相对于某一平面镜像。执行该命令，并选择需要进行镜像的对象，命令行将显示如下提示信息，

要求读者指定镜像面。

指定镜像平面（三点）的第一个点或 [对象（O）/最近的（L）/Z 轴（Z）/视图（V）/XY 平面（XY）/YZ 平面（YZ）/ZX 平面（ZX）/三点（3）] ＜三点＞：

（1）默认情况下，读者可以通过指定 3 点确定镜像面。

（2）【对象（O）】选项：用指定对象所在的平面作为镜像面，可以是圆、圆弧或二维多段线。

（3）【最近的（L）】选项：用上次定义的镜像面作为当前镜像面。

（4）【Z 轴（Z）】选项：通过确定平面上一点和该平面法线上的一点来定义镜像面。

（5）【视图（V）】选项：用与当前视图平面平行的面作为镜像面。

（6）【XY 平面（XY）/YZ 平面（YZ）】/【ZX 平面（ZX）】选项：分别表示用与当前 UCS 的 XY、YZ、ZX 面平行的平面作为镜像面。执行某一选项。

2. 三维旋转

执行【修改】|【三维操作】|【三维旋转】命令，可以使对象绕三维空间中的任意轴（X、Y 或 Z 轴）、视图、对象或两点旋转，其方法与三维镜像图形的方法相似。

10.2.3 对齐位置

执行【修改】|【三维操作】|【对齐】命令，可以对齐对象。对齐对象时需要确定 3 对点，每对点都包括一个源点和一个目的点。其中第一对点定义对象的移动，第二对点定义二维或三维变换和对象的旋转，第三对点定义对象的不明确的三维变换，如图 10-7 所示。

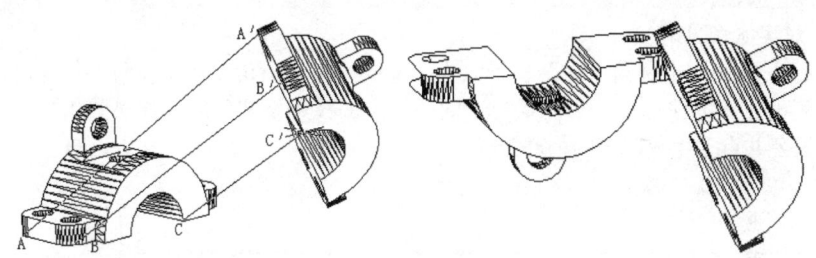

图 10-7

10.3 编辑三维实体

在 AutoCAD 2020 中，读者可以对实体进行【分解】|【圆角】|【倒角】|【剖切】及【切割】等编辑操作。

10.3.1 分解实体

执行【修改】|【分解】命令，可以将实体分解为一系列面域和主体。其中，实体中

的平面被转换为面域，曲面被转化为主体。读者还可以继续使用该命令，将面域和主体分解为组成它们的基本元素，如直线、圆及圆弧等。

例如，要分解如图10-8中左图所示的图形，可执行【修改】|【分解】命令，然后单击该图形，并按Enter键结束命令。此时，可以执行【修改】|【移动】命令移动生成面域或主体，如图10-8中右图所示。

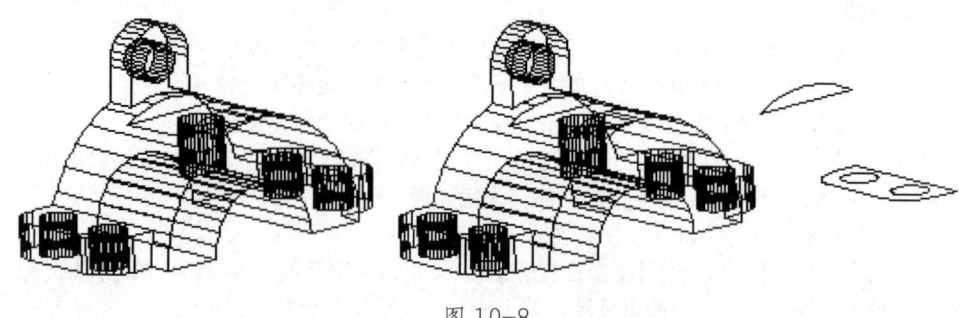

图 10-8

10.3.2 对实体修倒角和圆角

1. 对实体修倒角

执行【修改】|【倒角】命令，可以对实体的棱边修倒角，从而在相邻曲面间生成一个平坦的过渡面。

2. 对实体修圆角

执行【修改】|【圆角】命令，可以为实体的棱边修圆角，从而在两个相邻面之间生成一个圆滑过渡的曲面。在为几条交于同一个点的棱边修圆角时，如果圆角半径相同，则会在该公共点上生成球面的一部分。

10.3.3 剖切实体

执行【修改】|【三维操作】|【剖切】命令，可以使用平面剖切一组实体。

执行该命令，并选择需要剖切的实体对象（可以是一个或多个），这时命令行将显示如下提示信息：

【指定切面上的第一个点，依照 [平面对象（O）/曲面（S）/Z轴（Z）/视图（V）/XY平面（XY）/YZ平面（YZ）/ZX平面（ZX）/三点（3）] <三点>：

由此可见，读者可以以对象、Z轴、视图、XY/YZ/ZX平面或3点来定义剖切面。

10.3.4 创建截面

执行【修改】|【实体编辑】|【分割】命令，可以使用某一平面切割实体，得到实体的截面面域。其方法与剖切实体的方法完全相同，只是生成截面操作对原来的实体没有任何影响而已。

10.4 编辑实体的面与边

在 AutoCAD 2020 中，读者不仅可以使用第 3 章中介绍的编辑命令，对三维实体进行复制、移动、旋转及阵列等编辑操作外，还提供了专门的三维实体编辑命令，使读者能够对三维实体的面、边及体进行编辑。

10.4.1 编辑实体面

在 AutoCAD 2020 中，执行【修改】|【实体编辑】菜单中的子命令，可以对实体面进行拉伸、移动、偏移、删除、旋转、倾斜、着色和复制等操作。

1. 拉伸面

将选定的三维实体上的面沿一条路径或沿指定高度和倾斜角拉伸。拉伸路径可以是直线、圆、圆弧、椭圆、椭圆弧、多段线或样条曲线。在指定倾斜角度或拉伸高度时，其值一定要适当。否则，过大的倾斜角度或拉伸高度会使面到达指定的拉伸高度之前先倾斜成为一点。拉伸面的方法为执行【修改】|【实体编辑】|【拉伸面】命令或在【实体编辑】工具栏中单击【拉伸面】按钮。

例如，要将图 10-9 所示图形中 A 处的面拉伸 10 个单位，可执行【修改】|【实体编辑】|【拉伸面】命令，并单击 A 处所在的面，然后在命令行的提示下输入拉伸高度为 10，结果如图 10-10 所示。

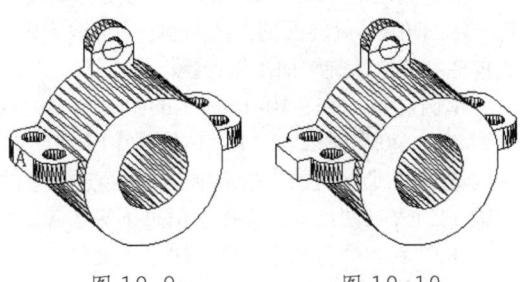

图 10-9　　　　　图 10-10

2. 移动面

将选定的三维实体上的面沿指定的高度或距离移动。如果选择了三维实体的全部面进行移动操作，则三维实体会进行移动。如果只选择了三维实体的部分面进行操作，则未被选择的面会产生缩放效果。移动面的方法为执行【修改】|【实体编辑】|【移动面】命令或在【实体编辑】工具栏中单击【移动面】按钮。

举例说明：将图 10-11 所示球体沿 X 轴方向移动 20 个单位。

（1）执行【修改】|【实体编辑】|【移动面】命令，并单击 A 处所在的面。

（2）在命令行的【指定基点或位移：】提示下，指定基点为（0，0，0）。

（3）在命令行的【指定位称的第二点：】提示下，指定第二点的位置（@20，0），按 Enter 键，则移动结果如图 10-12 所示。

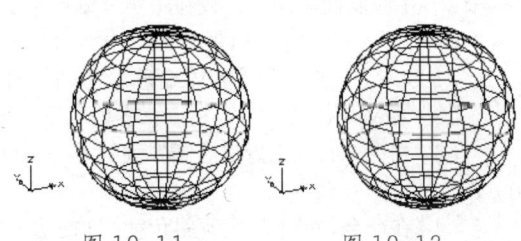

图 10-11　　　　　图 10-12

3. 偏移面

按指定的距离或通过指定的点均匀地偏移面。距离可为负值,表示减小实体尺寸或体积。偏移面的方法为执行【修改】|【实体编辑】|【偏移面】命令或在【实体编辑】工具栏中单击【偏移面】按钮。

偏移面的操作效果如图10-13所示。

图10-13

4. 删除面

将指定的三维实体上的面删除,包括圆角和倒角。偏移面的方法为执行【修改】|【实体编辑】|【删除面】命令或在【实体编辑】工具栏中单击【删除】按钮。

例如,要删除图10-14所示图形中A处的面,可执行【修改】|【实体编辑】|【删除面】命令,并单击A处所在的面,然后按Enter键即可,结果如图10-15所示。

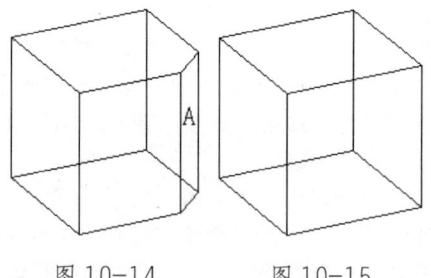

图10-14   图10-15

5. 旋转面

可将选定的三维实体上的面绕指定的轴旋转一定的角度。旋转面的方法为执行【修改】|【实体编辑】|【旋转面】命令或在【实体编辑】工具栏中单击【旋转面】按钮。

举例说明:将图10-16所示的图形中A处的面绕X轴旋转45º。

(1)执行【修改】|【实体编辑】|【旋转面】命令,单击A处所在的面。

(2)在命令行的【指定轴点或 [经过对象的轴(A)/视图(V)/X轴(X)/Y轴(Y)/Z轴(Z)]/<两点>:】提示信息下输入X,指定旋转曲面为X轴。

(3)在命令行的【指定旋转原点<0,0,0>:】提示信息下,指定旋转点为(0,0)。

(4)在命令行的【指定旋转角度或[参照(R)]:】提示信息下,指定旋转角度为45°,然后按Enter键,这时旋转结果如图10-17所示。

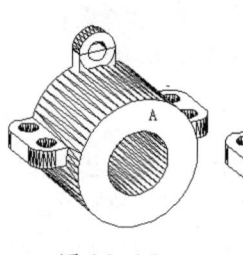 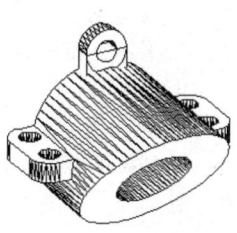

图10-16   图10-17

6. 倾斜面

可将选定的三维实体上的面按一定的角度倾斜。倾斜面的方法为执行【修改】|【实体编辑】|【倾斜面】命令,或在【实体编辑】工具栏中单击【倾斜面】按钮。

举例说明:将图10-10所示图形中A处的面倾斜45°。

(1)执行【修改】|【实体编辑】|【倾斜面】命令,并单击A处所在的面。

(2)在命令行的【指定在点:】提示下,指定基点为(0,0,0)。

(3)在命令行的【指定沿倾斜轴的另一个点:】提示下,指定倾斜轴上的另一点(0,0,10)。

(4)在命令行的【指定倾斜角度:】提示下,指定倾斜角度为45°。然后按Enter键,倾斜结果也将如图 10-17 所示。

7. 着色面

执行【修改】|【实体编辑】|【着色面】命令，或在【实体编辑】工具栏中单击【着色面】按钮，可以对实体上指定的面进行颜色修改。

例如，要着色如图 10-16 所示图形中的各面，可执行【修改】|【实体编辑】|【着色面】命令，并在绘图窗口中选择需要着色的面，然后按 Enter 键打开【选择颜色】对话框，在颜色调色板中选择需要的颜色，如红色，然后单击【确定】按钮即可。当为实体面着色后，可以执行【视图】|【渲染】命令，渲染图形，以观察其着色效果，如图 10-18 所示。

8. 复制面

可将三维实体上的面复制为面域或体。复制面的方法为执行【修改】→【实体编辑】→【复制面】命令，或在【实体编辑】工具栏中单击【复制面】按钮。

例如，要复制如图 10-16 所示的图形圆弧面，可执行【修改】→【实体编辑】→【复制面】命令，并单击需要复制的面，然后指定位移的基点和位移的第二点，并按 Enter 键即可，如图 10-19 所示。

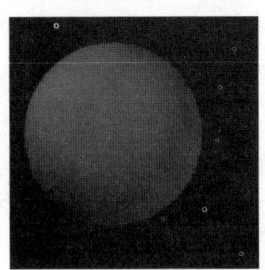 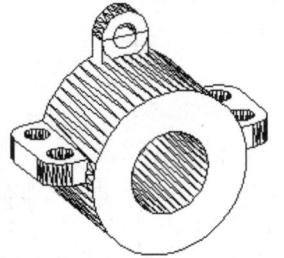

图 10-18　　　　　　　　图 10-19

10.4.2　编辑实体边

在 AutoCAD 2020 中，可以复制独立的边或修改边的颜色。这些边可被复制为直线、圆弧、圆、椭圆或样条曲线。

执行【修改】|【实体编辑】|【着色边】命令，可以着色实体边，其方法与着色实体的方法相同。执行【修改】|【实体编辑】|【复制边】命令，或在【实体编辑】工具栏中单击【复制边】按钮，可以复制三维实体的边，其方法与复制实体面的方法相同。

10.4.3　编辑实体的面与边的其他操作

在 AutoCAD 2020 中，还可以执行【修改】|【实体编辑】命令，对实体进行【压印边】|【清除】|【分割】|【抽壳】与【检查】等操作。

1. 压印边

将一个对象压印在选定的实体上。被压印的对象必须与选定对象的一个或多个面相交。压印操作仅限于下列对象：圆弧、圆、直线、二维和三维多段线、椭圆、样条曲线、

面域、体及三维实体。调用压印命令的方法为执行【修改】|【实体编辑】|【压印边】命令。

2. 清除

可以删除共享边以及那些在边或顶点具有相同表面或曲线定义的顶点。调用【清除】命令的方法为执行【修改】|【实体编辑】|【清除】命令。

举例说明：清除如图10-20所示的长方体（顶面有压印）。

步骤如下：

执行【清除】命令：

　　选择三维实体（读者选择长方体）

完成操作，即得图10-21所示图形。

3. 分割

将一个三维实体分割为几个独立的三维实体；用并集操作可将几个不相连的实体合并为一个实体，而分割实体就是它的反向操作。调用【分割】命令的方法为执行【修改】|【实体编辑】|【分割】命令。

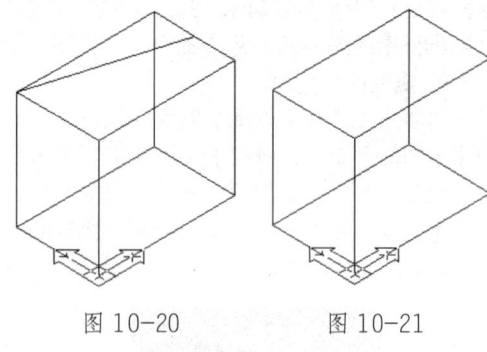

图10-20　　　　　图10-21

4. 抽壳

抽壳使用指定的厚度创建一个空的薄层。可以为所有面指定一个固定的薄层厚度。选择面可将这些面排除在壳外。一个三维实体只能有一个壳。AutoCAD通过将现有的面偏移出原始位置来创建新面。

调用【抽壳】命令的方法为执行【修改】|【实体编辑】|【抽壳】命令。

5. 检查

可以检查实体对象是否为有效的三维实体对象。如果是有效的三维实体，在对它进行修改时不会出现ACIS失败错误的信息。如果不是有效的三维实体，则不能对它进行编辑。调用【检查】命令的方法为执行【修改】|【实体编辑】|【检查】命令。

10.5 消隐与着色对象

1. 消隐对象

削隐只显示可见部分，它隐藏了在当前视口中位于对象之后的其他对象，从而在视觉上产生了前后层次感，增强了显示效果。HIDE命令用于削隐。HIDE命令将把圆、二维填充、多线、宽多段线、三维面、多边形网格和非零厚度对象的拉伸边作为不透明的表面，这些对象将隐藏位于它们之后的对象。如果读者不再需要削隐时，只需执行REGEN命令即可。削隐操作持续的时间取决于图形的复杂程度，图形越复杂，所用的时间越多。

调用【消隐】功能的方法为执行【视图】|【消隐】或使用命令行：HIDE。

举例说明：将图10-22所示的图形进行削隐处理。

步骤如下：

命令行：HIDE

执行了 HIDE 命令后，即可看到削隐后的效果，如图 10-23 所示。

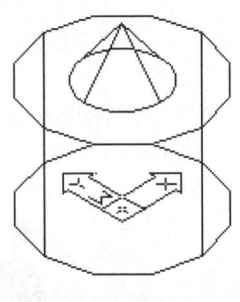
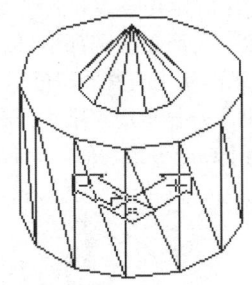

图 10-22　　　　　　　　　图 10-23

2. 着色对象

着色（明暗着色）比削隐处理的立体效果又前进了一步，它可在立体表面涂上单一颜色，还可根据立体面所处方位的不同而表现出对光线折射率的差别，比削隐处理的看起来更具立体感。在 AutoCAD 2020 中，读者可以执行【视图】|【视觉样式】|【真实】命令，来对建模进行着色，如图 10-24 所示。

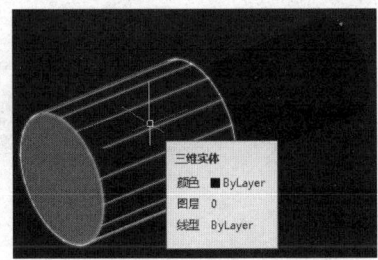

图 10-24

着色对象时，一般使用来自观察者左后方上面的固定环境光。而执行【视图】|【重生成】命令重新生成图像时，并不影响对象的着色效果，而且读者还可以使用通常选择对象的方法，选择并编辑着色的对象。一旦选定了一个已着色的对象，就会在着色层上面显示线框和夹点，如图 10-25 所示，即使在保存图形后再打开该图形，对象的着色效果也不会改变。

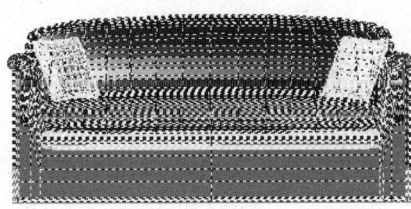
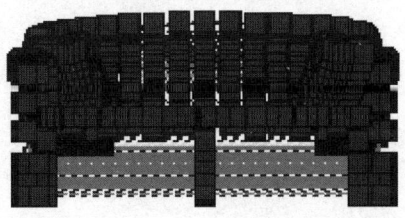

图 10-25

在命令行中输入【VSCURRENT】命令，应注意以下几点：

（1）【二维线框】：显示用直线和曲线表示边界的对象。光栅和 OLE 对象、线型和线宽都是可见的。即使 COMPASS 系统变量设为开，在二维线框视图中也不显示坐标球。

（2）【线框】：显示用直线和曲线表示边界的对象。这时 UCS 为一个着色的三维图标。光栅和 OLE 对象、线型和线宽都不可见。当将 COMPASS 系统变量设为开时可以显示坐标球，并能够显示已使用的材质颜色。

（3）【隐藏】：显示用三维线框表示的对象，同时消隐表示后向面的线。该命令与【视图】|【消隐】命令效果相似，但此时 UCS 为一个着色三维图标，如图 10-26 所示。

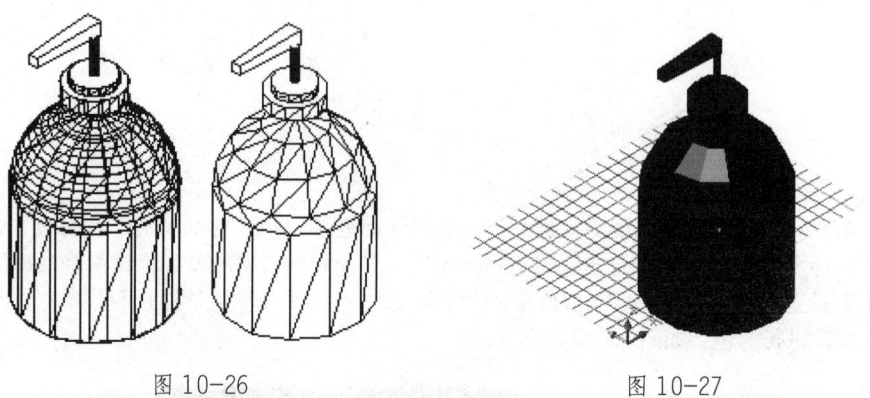

图 10-26　　　　　　　　　　　　图 10-27

10.6 本章回顾

本章主要介绍了三维坐标系、设置视点、编辑三维对象、编辑三维实体和编辑实体的面与边。通过本章内容的学习，对读者在创建三维模型中有很大的帮助，例如不规则的建模，通过一些编辑三维实体命令就可收到满意的效果。

在本章最后还介绍了消隐与着色对象，削隐只显示可见部分，它隐藏了在当前视口中位于对象之后的其他对象，从而在视觉上产生了前后层次感，增强了显示效果。

第 11 章
渲染三维实体

本章主要内容与学习目的

在 AutoCAD 2020 中绘制的实体,是以线框的形式显示的,并不能完全真实地反映出物体的实际模样。AutoCAD 2020 提供了【渲染】命令来对三维实体进行进一步的加工。三维实体经过渲染之后,能够更加真实地反映实际效果,经过渲染后得到的三维实体才是三维绘图的最后目的。

11.1 渲染

11.1.1 渲染概述

作为二维图样的工程图样和建筑图样中，容纳了大量的尺寸信息、形状信息以及材料、结构等信息，还包括一些简单的注解。对于一般人而言，要看懂图纸是比较困难的，只有经过一定训练的人，凭借经验甚至要有一定的想象才能对其了解得比较清楚。实际上，对于一般人来说，如果有一张对象的真实图片，那就再好不过了。一张三维模型的真实图片对于没有经过专门训练的人来讲不仅仅是视觉上的帮助，使他们更容易了解图纸的内容，而且它还能够帮助他们想象和欣赏一个设计，有时还能反映出某个设计的缺陷。这就使得工程图纸和建筑图纸变得更清晰易懂，使一般人更容易接受。

经过着色处理的三维模型的真实图片就是渲染。在没有计算机之前，渲染是通过彩色笔、画刷或油漆喷雾处理完成的，费时费力；现在通过用计算机来实现，使得这一过程变得十分简单容易。AutoCAD本身就具有很好的渲染功能，可以帮助我们进行这方面的工作。

为了进行比较，我们用下面的三张图来进一步说明渲染。如图11-1所示，它们分别是圆锥体曲面模型的线框图（左图）、用【消隐】命令后的图像（中）以及渲染处理后的图像（右）。

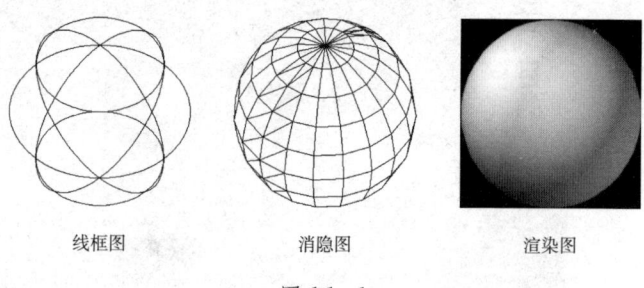

线框图　　　　　消隐图　　　　　渲染图

图 11-1

11.1.2 渲染操作

渲染通常是在AutoCAD图形屏幕上的某一个视点上完成的，当然也可以将渲染定向到一个文件或者一个打印输出设备上。尽管渲染不能在图样空间上进行，但当你在图样空间上，在命令行中调用【Mspace】命令或与此相同功能的命令后，就可以渲染一个浮动视口，然后通过在命令行中调用【Pspace】命令或其等价的命令返回图样空间，此时可以在视口上保留渲染的结果。如果没有设置光源，AutoCAD就用一个指向视点方向的单一平行光源来完成渲染。

渲染的主要工作就是设置光源和材质以及渲染的环境，一般的渲染操作及设置都可以通过如下 3 种方式实现：

- 选择【视图】|【渲染】命令中的子命令，图 11-2 为执行渲染命令的下拉菜单。
- 单击选择【渲染】工具按钮，图 11-3 所示为执行渲染操作的工具栏。
- 在【命令：】提示下，输入 RENDER，然后按空格键或回车键。

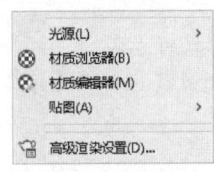

图 11-2

图 11-3

11.2 【渲染】工具栏及菜单选项

11.2.1 【渲染】工具栏

在任何一个工具栏上单击右键，从弹出的快捷菜单中选择【渲染】，即可弹出【渲染】工具栏，如图 11-4 所示。

11.2.2 【渲染】菜单选项

选择【视图】菜单中的【渲染】命令，即可显示出其下一级菜单，如图 11-5 所示。

图 11-4

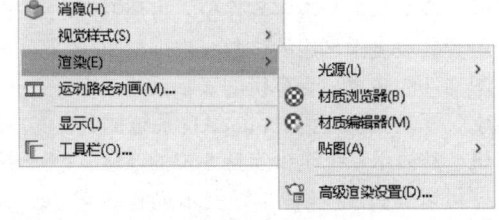

图 11-5

11.2.3 建立三维模型的阴影图

在 AutoCAD 中可以使用【着色模式】命令在当前视口中生成三维模型的着色图像。
激活【着色模式】命令，可以使用以下方法：

- 在【命令：】提示下，输入 SHADEMODE，然后按空格键或回车键。

激活【着色模式】命令后，AutoCAD 提示如下：

命令：_SHADEMODE
当前模式：二维线框
输入选项 [二维线框（2D）/三维线框（3D）三维隐藏（H）/真实（R）/概念（C）/其他（O）]<二维线框>：（输入一个选项）
下面说明上述命令行中各个选项的意义和功能。
- 【二维线框（2D）】选项：使用直线和曲线表示对象的边界。
- 【三维线框（3D）】选项：使用直线和曲线表示对象的边界。此时屏幕显示一个着色的三维用户坐标系图标。

11.3 位图文件概述

AutoCAD 是用位图来表示渲染的，所以你在渲染时实际上是在对位图进行操作，保存的文件也是位图文件。位图文件与计算机屏幕上带颜色的小点即像素有关，它不同于矢量图。AutoCAD 通常使用的矢量图取决于计算机屏幕上的坐标系统和所绘对象的函数关系，而位图只是用一个列表来反映屏幕上的每一个像素是如何着色的。它们好像是足球赛场上许多观众举着有色彩的标牌所做成的一个巨幅图画一样，有时位图叫作光栅图像（Raster Graphics）。

位图文件是使用二进制数字来定义颜色的，这个二进制数字称作位。可用颜色的最大数取决于可用的位数，也即取决于位图文件的格式和计算机的显示系统。实际上，所有可以运行 AutoCAD 系统的计算机，其显示系统至少支持 8 位的像素，有些可以支持 24 位像素，偶尔也有的支持 32 位像素。但实际上你在渲染时通常只要 8 位的位图文件即可。

在 AutoCAD 的位图文件对话框中，颜色用颜色深度（Color Depth）这一术语来表示，根据 8 位、16 位和 24 位颜色输出而选择不同的数值。其中 8 位位图可以处理 256（即 28）种颜色，16 位位图可以处理 65536 种颜色，而 24 位位图可以处理的颜色超过 1600 万种。当一行上许多像素具有相同的一种颜色时，大多数位图文件的格式是用 X 个像素具有 Y 种颜色这一种内部代码来表示，而不是对每一个像素指定一种颜色数，这种特性称为压缩。我们可以利用这一特性来作为某些位图格式保存 AutoCAD 的图像文件。绘图程序是首先采用位图文件的一种计算机程序。由于绘图程序各有千秋，都有各自的文件格式，无法统一，因而没有哪一种文件可以成为位图文件的标准。因此，就有了几十种不同格式的位图文件，分别用不同的后缀来区别。

11.4 渲染操作及基本设置

11.4.1 使用渲染预设管理器

在 AutoCAD 中可以使用【渲染】命令帮助我们对所要渲染的对象进行比较精确的

控制，它包括这个对象将如何进行采样、如何设置阴影、如何确定渲染的最终采集以及对选定区域的明暗处理。若对系统默认的【渲染】效果并不满意，可执行【视图】|【渲染】|【渲染高级设置】命令或在命令提示行输入【RENDERPRESETS】命令，打开【渲染预设管理器】面板进行操作，其面板如图11-6所示。该面板用于控制渲染的所有主设置。

可以使用渲染预设管理器来指定渲染时要使用的主设置。也可以使用功能区上的控件来更改一些常规渲染设置或将命名渲染预设置为当前。

1. 渲染位置

确定渲染器显示渲染图像的位置。

- 窗口：将当前视图渲染到【渲染】窗口。
- 视口：在当前视口中渲染当前视图。
- 面域：在当前视口中渲染指定区域。

2. 渲染大小

指定渲染图像的输出尺寸和分辨率。选择【更多输出设置】以显示【渲染到尺寸输出设置】对话框，并指定自定义输出尺寸，如图11-7所示。

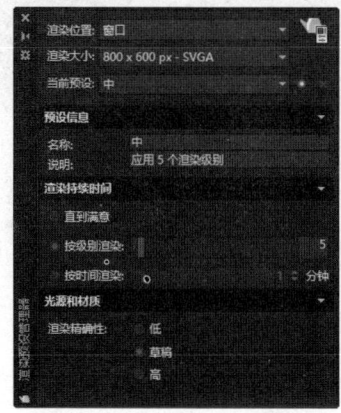

图 11-6

图 11-7

注意： 仅当从【渲染位置】下拉列表中选择【窗口】时，此选项才可用。

3. 渲染

单击管理器右上角的【渲染】按钮，创建三维实体或曲面模型的真实照片级图像或真实着色图像。

4. 当前预设

指定渲染视图或区域时要使用的渲染预设，从最低质量到最高质量列出标准渲染预设，最多可以列出4个自定义渲染预设，而且用户可以查看与设置渲染相关的设置信息，如图11-8所示。

注意： 修改标准渲染预设的设置时会导致创建新的自定义渲染预设。

5. 创建副本

单击【创建副本】按钮，复制选定的渲染预设。将复制的渲染预设名称以及后缀【-CopyN】附加到【当前预设】列表框中，以便为该新的自定义渲染预设创建唯一名称。N 所表示的数字会递增，直到创建唯一名称。如图 11-9 所示。

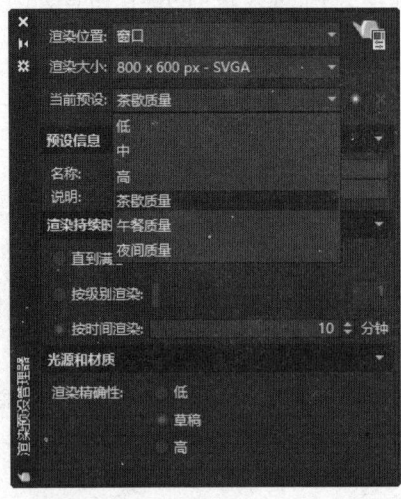

图 11-8

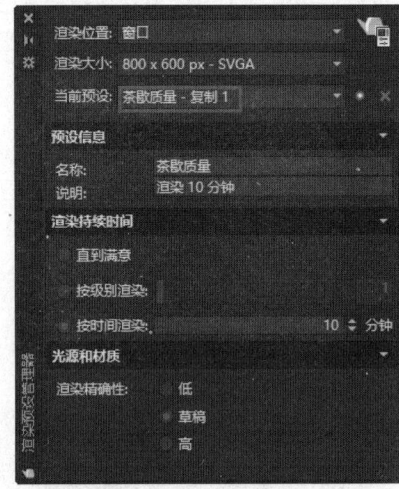

图 11-9

6. 删除

单击【删除】按钮，可从图形的【当前预设】下拉列表中，删除选定的自定义渲染预设。

在删除选定的渲染预设后，将另一个渲染预设设置为当前。

7. 预设信息

显示选定渲染预设的名称和说明。

- 名称：指定选定渲染预设的名称。您可以重命名自定义渲染预设而非标准渲染预设。
- 说明：指定选定渲染预设的说明。

8. 渲染持续时间

控制渲染器为创建最终渲染输出而执行的迭代时间或层级数。增加时间或层级数可提高渲染图像的质量。

- 直到满意为止：渲染将继续，直到取消为止。
- 按级别渲染：指定渲染引擎为创建渲染图像而执行的层级数或迭代数。
- 按时间渲染：指定渲染引擎用于反复细化渲染图像的分钟数。

9. 光源和材质

控制用于渲染图像的光源和材质计算的准确度。

- 低：简化光源模型；最快但最不真实。全局照明、反射和折射处于禁用状态。
- 草稿：基本光源模型；平衡性能和真实感。全局照明处于启用状态，反射和折射处于禁用状态。
- 高：高级光源模型；较慢但更真实。全局照明、反射和折射处于启用状态。

11.4.2 建立光源

1. 点光源

点光源从一个点向外辐射光束,类似于一个白炽灯泡的光源。点光源的光强度可设置成随对象与光源距离的增长而减小。距离光源近的平行光对象比远的对象的光亮度要高,AutoCAD 把它称作为衰减。正因为有衰减的情况,要求对点光源有两个不同的光强度参数设置。一个是光源强度,另一个是光强度减弱的比例——衰减率。

点光源的衰减可以有 3 个比例设置:无衰减、线性衰减和平方衰减。如果没有衰减,即使离光源很远的对象,其亮度也像是近处的光源所照射一样。如果是线性衰减,则对象的光亮度随光源方向与光源的距离增加而线性衰减。

如果衰减设置成平方衰减,光亮度则衰减得更快;如果一个对象的距离是另一个对象距离的两倍,则光亮度减弱到 1/4;如果是四倍距离,则光亮度要降到 1/16。

移动点光源的步骤如下:

(1) 选择光线轮廓或在【模型中的光源】窗口中选择光源。
(2) 选择【位置】夹点。【位置】夹点位于聚光灯的底部和点光源的中心。
(3) 将光源拖动到新位置,然后单击以将其放置在该位置。

> **注意:** 移动时,聚光灯将旋转以保持对准目标。如果要移动光源和目标,请拖动光线轮廓本身,而不是拖动【位置】夹点。

2. 聚光灯

聚光灯光源的光束聚集在一个锥形体中,就像一个反光罩一样,可以向一个特定的方向发光,并且可以控制照明区域的大小。照明区域的大小不仅取决于光束的倾斜角度,还取决于聚光光源与对象表面间的距离。倾斜角度越大,照明区域就越大。在相同倾斜角度下,对象距离光源越远,照明区域也就越大。

新建聚光灯有以下几种方法:

(1) 执行【视图】|【渲染】|【光源】|【新建聚光灯】命令;
(2) 在【光源】工具栏中单击【新建聚光灯】图标;
(3) 在命令行中输入【_SPOTLIGHT】命令。

不论使用上述哪种方法,在命令行中都会提示如下内容:

命令:_SPOTLIGHT
指定源位置 <0,0,0>:
指定目标位置 <0,0,-10>:
输入要更改的选项 [名称(N)/强度(I)/状态(S)/聚光角(H)/照射角(F)/阴影(W)/衰减(A)/颜色(C)/退出(X)]<退出>:

下面介绍各个选项的含义:

· 强度:设定控制亮度的倍数。强度与衰减无关。
· 状态:控制关闭默认光源之后,光源是否发光。
· 阴影:控制光源是否投影。若要显示阴影,必须在应用于当前视口的视觉样式中打开阴影。关闭阴影可以提高性能。

· 颜色：设定发射的光源颜色。

3. 平行光

平行光对应于太阳光，它的作用相当于太阳光照射到地球上的物体一样。光束相互平行，在一个特定的方向，光源强度与距离无关，始终保持一个常值。平行光的光强可以从 0 ~ 1，如果你需要一个比允许光源强度值还要大的平行光，可以在其方向上另加一个指向相同方向的光源，如果不需要这个光源时，可以将光强度设置成0。平行光只有方向性，即使在光源后的对象也能被它照射到。

新建平行光有以下几种方法：

（1）执行【视图】|【渲染】|【光源】|【新建平行光】命令；

（2）在【光源】工具栏中单击【新建平行光】图标；

（3）在命令行中输入【_DISTANTLIGHT】命令。

不论使用上述哪种方法，在命令行中都会提示如下内容：

命令：_DISTANTLIGHT

指定光源来向 <0,0,0> 或 [矢量（V）]: 0,0,0

指定光源去向 <1,1,1>: 1, 1, 1

输入要更改的选项 [名称（N）/强度（I）/状态（S）/阴影（W）/颜色（C）/退出（X）]<退出>：

下面介绍各个选项的含义：

· 名称：指定光源的名称。名称中可以使用大小写字母、数字、空格、连字符（-）和下划线（_）。最大长度为 256 个字符。

· 强度：设置光源的强度或亮度。取值范围为 0.00 到系统支持的最大值。

· 状态：打开和关闭光源。如果图形中未启用光源，则该设置无效。

· 阴影：为平行光投影。

在命令提示行输入 W，得到如下内容：

输入 [关（O）/锐化（S）/已映射柔和（F）]<锐化>：O

关：关闭光源阴影的显示和计算。关闭阴影将提高性能。

鲜明：显示带有鲜明边界的阴影。使用此选项可以提高性能。

柔和：显示带有柔和边界的真实阴影。

· 颜色：控制光源的颜色。

输入真彩色（R,G,B）或 [索引颜色（I）/HSL（H）/配色系统（B）]：

真彩色：指定真彩色。以 R,G,B（红、绿、蓝）格式输入。

索引颜色：指定 ACI（AutoCAD 颜色索引）颜色。

输入颜色名或编号（1-255）：

HSL：指定 HSL（色调、饱和度、亮度）颜色。

输入 HSL 颜色（H,S,L）：

配色系统：从配色系统中指定颜色。

输入配色系统名称：

· 退出：退出命令。

4. 阳光特性

使用以下几种方法可以打开【阳光特性】面板：

第11章 渲染三维实体

（1）执行【视图】|【渲染】|【光源】|【阳光特性】命令；
（2）在【光源】工具栏中单击【阳光特性】按钮；
（3）在命令行中输入【SUNPROPERTIES】命令。

无论使用上述哪种方法，均可以打开【阳光特性】面板，如图11-10所示。
下面将介绍该面板中各个选项的含义：

·【常规】选项卡：设置阳光的基本特性。
状态：打开和关闭阳光。如果未在图形中使用光源，则此设置没有影响。
强度因子：设置阳光的强度或亮度。取值范围为0（无光源）到最大值。数值越大，光源越亮。
颜色：控制光源的颜色。输入颜色名称或编号，或在下拉列表中单击【选择颜色】，打开【选择颜色】对话框，如图11-11所示。

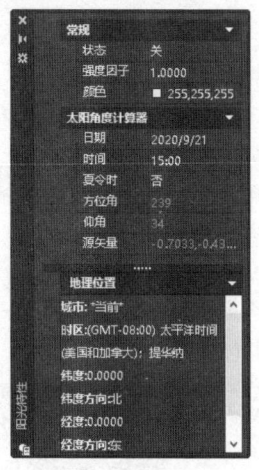

图 11-10

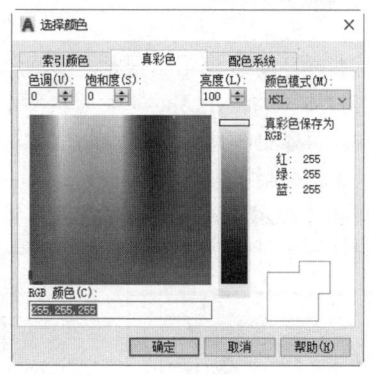

图 11-11

阴影：打开和关闭阳光阴影的显示和计算。关闭阴影可以提高性能。

·【太阳角度计算器】选项：设置阳光的角度。
日期：设置显示当前日期。
时间：设置显示当前时间。
夏令时：设置显示当前夏令时时间。
方位角：显示方位角（阳光沿地平线绕正北方向顺时针的角度）。该设置是只读的。
仰角：显示仰角（阳光垂直于地平线的角度）。最大值为90°或垂直。该设置是只读的。
源矢量：显示源矢量（阳光方向）的坐标。该设置是只读的。

·【地理位置】选项：显示当前地理位置设置。此信息是只读的。如果存储某个城市时未包含纬度和经度，则列表中不会显示该城市。

11.4.3 创建和修改材质

材质由许多特性来定义。可用特性取决于选定的材质类型。

231

用户无法修改 Autodesk 材质库中的材质，但是可以将其用作新材质的基础。材质编辑器提供特性设置，例如光泽度、透明度、高光和纹理。将更改可用的特性设置，具体取决于正在更新的材质类型。通过修改这些特性，可以使对象看起来粗糙或光滑。这些材质属性被保存在图形中的表面特性块中。图形为创建的每一个材质属性保存一个表面特性块。可以利用环境、漫射、镜面和粗糙因素修改材质。

激活【材质】命令，可以使用以下任意一种方法：

- 执行【视图】|【渲染】|【材质编辑器】命令。
- 在【渲染】工具栏中单击【材质编辑器】按钮 。

激活【材质】命令后，AutoCAD 将显示【材质编辑器】面板，如图 11-12 所示。
下面详细介绍【材质编辑器】面板中各个选项的意义。

1.【外观】选项卡

包含用于编辑材质特性的控件。

（1）材质预览

预览选定的材质。

（2）"选项"下拉菜单

提供用于更改缩略图预览的形状和渲染质量的选项，如图 11-13 所示。我们可以编辑现有材质（如果在 Autodesk 材料库中），或使用通用材质。所做的更改将显示在材质预览中。可以更改预览中显示的图像的形状。

（3）显示纹理编辑器

单击【显示纹理编辑器】按钮，将打开【纹理编辑器】对话框，如图 11-14 所示。从该对话框中可以调整图像文件的比例、平铺、偏移和旋转。

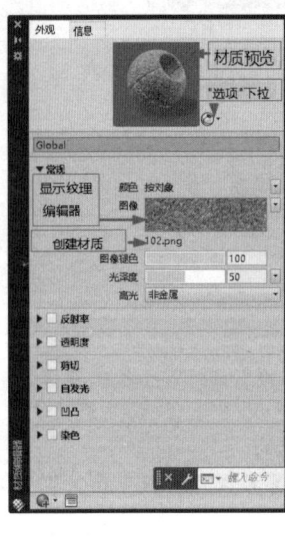
图 11-12

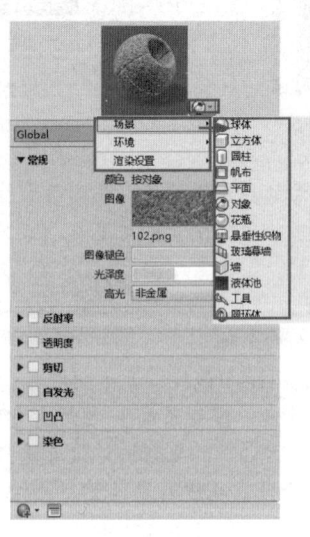
图 11-13

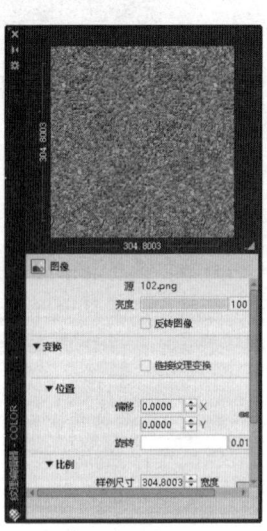
图 11-14

（4）图像

控制材质的基础漫射颜色贴图。漫射颜色是指直射日光或人造光源照射下对象反射的颜色。

可以指定自定义纹理，该纹理可以是图像或程序纹理。

单击图11-12中的图像名称即标示的【创建材质】处，打开【材质编辑器打开文件】对话框，选择材质文件来创建材质，如图11-15所示。

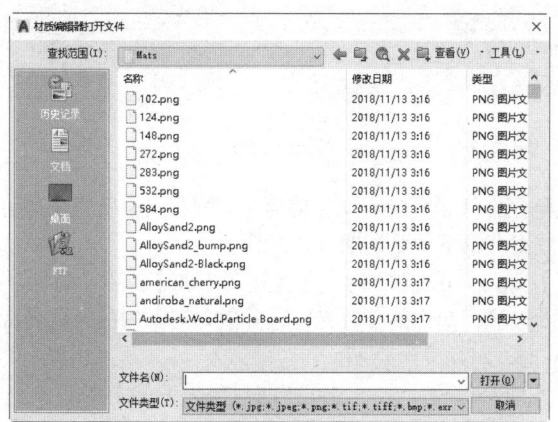

图11-15

以下格式可以用作纹理贴图：

TGA（tga），BMP（bmp,.rle,.dib），PNG（png），JFIF（jpg,.jpeg），TIFF（tif），GIF（gif）和PCX（pcx）

（5）颜色

应用于对象的材质颜色在该对象的不同区域可能会各不相同。例如，如果观察红色球体，它并不显现出统一的红色。远离光源的面显现出的红色比正对光源的面显现出的红色暗。反射高光区域显示最浅的红色。事实上，如果红色球体非常有光泽，其高亮区域可能显现出白色。

可以将特定的颜色指定给材质，或者材质可以继承指定给应用该材质的对象的颜色。

（6）图像淡入度

包括【图像褪色】和【光泽度】，控制基础颜色和漫射图像之间的组合。图像淡入度特性仅在使用图像时才可编辑。

（7）高光

控制用于获取材质的镜面高光的方法。金属设置将根据灯光在对象上的角度发散光线（各向异性）。金属高光是指材质的颜色。非金属高光是指照射在材质上的灯光的颜色。

以下特性可用于创建特定的效果。也有其他可用特性，具体取决于材质的类型。

（8）反射率

反射率模拟在有光泽对象的表面上反射的场景，如图11-16所示。

要使反射率贴图获得较好的渲染效果，材质应有光泽，而且反射图像本身应具有较高的分辨率（至少为512×480像素）。【直接】和【倾斜】参数控制反射的级别以及曲面上镜面高光的强度。

（9）透明度

如图11-17所示。

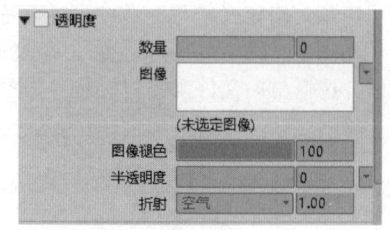

图 11-16　　　　　　　　　　　图 11-17

完全透明的对象允许灯光穿过对象。值为 1.0 时，该材质完全透明；值为 0.0 时，材质完全不透明。在图案背景下预览透明效果最佳。

仅当【透明度】值大于 0（零）时，【半透明】和【折射】特性才会变为可编辑。半透明对象，例如磨砂玻璃，允许部分灯光穿过并散射对象内的某些光线。值为 0.0 时，材质不透明；值为 1.0 时，材质完全透明。

折射值控制在光线穿过材质，并因此扭曲对象另一侧上的对象外观时的折弯度数。例如，折射为 1.0 时，透明对象后面的对象不会失真；折射为 1.5 时，对象将严重失真，就像通过玻璃球看对象一样。

（10）剪切

剪切贴图以使材质部分透明，从而提供基于纹理灰度转换的穿孔效果，如图 11-18 所示。

可以选择图像文件以用于剪切贴图。将浅色区域渲染为不透明，深色区域渲染为透明。

使用透明度以实现磨砂或半透明效果时，反射率将保持不变。剪切区域不反射。

（11）自发光

自发光贴图可以使部分对象呈现出发光效果，如图 11-19 所示。

图 11-18　　　　　　　　　　　图 11-19

例如，若要在不使用光源的情况下模拟霓虹灯，可以将自发光值设定为大于零。没有光线投射到其他对象且自发光对象不接收阴影。

贴图的白色区域渲染为完全自发光。黑色区域不使用自发光进行渲染。灰色区域将渲染为部分自发光，具体取决于灰度值。

过滤器颜色创建在发光的曲面上颜色过滤器的效果。

亮度可使材质模拟在光度控制光源中被照亮的效果。在光度控制单位中，发射光线的多少是选定的值。没有光线投射到其他对象上。

色温可设置自发光的颜色。

（12）凹凸

可以选择图像文件或程序贴图以用于贴图，如图 11-20 所示。

凹凸贴图使对象看起来具有起伏的或不规则的表面。使用凹凸贴图材质渲染对象时，贴图的较浅（较白）区域看起来升高，而较深（较黑）区域看起来降低。如果图像是彩色图像，将使用每种颜色的灰度值。凹凸贴图会显著增加渲染时间，但会增加真实感。

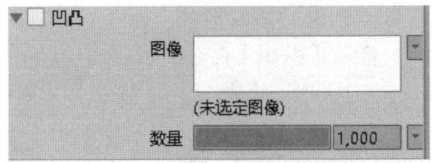

图 11-20

要去除表面的平滑度或创建凸雕外观时，则可以使用凹凸贴图。但是请牢记，凹凸贴图的深度效果是有限的，因为它不影响对象的轮廓且不能自阴影。如果要获得表面中的最大深度，则应使用建模技术。凹凸是由凸出面法向在渲染对象之前创建的模拟。因此，凹凸不显示在凹凸贴图对象的轮廓上。

图 11-21

使用【数量】滑块来调整凹凸的高度。较高的值渲染时凸出得越高，较低的值渲染凸出得越低。灰度图像可生成有效的凹凸贴图。

（13）染色

设置与白色混合的颜色的色调和饱和度值，如图 11-21 所示。

2.【信息】选项卡

包含所有用于编辑和查看材质信息的控件，如图 11-22 所示。

（1）信息

指定材质的常规说明。

- 名称：指定材质名称。
- 说明：提供材质的说明。
- 关键字：提供材质的关键字或标记。关键字用于在材质浏览器中搜索和过滤材质。

（2）关于

显示材质的类型、版本和位置。

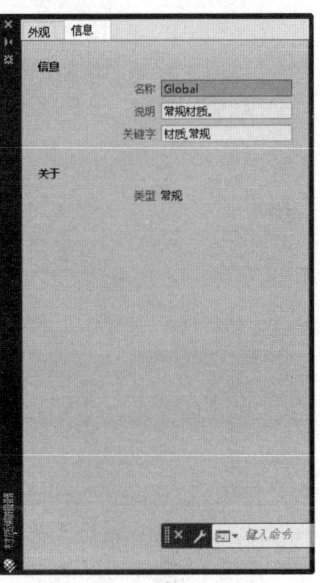

图 11-22

11.4.4 设置贴图

在 AutoCAD 中可以使用【贴图】命令定义材质的贴图方式。由于自身的特性，用于纹理贴图的位图图像是二维图像，但这个图像却经常需要将它附加到三维的对象上。此外，即使与对象有相似的几何形状，位图的比例对被赋对象的比例也不相称。例如，一个方形的位图附到一个长条形的平面。某些情况下，这种几何形状和比例上的不匹配不会带来什么问题，但常常会引起图案映象的严重扭曲。

为了解决这些问题，AutoCAD 提供了一个能够将映象适合于对象几何形状的命令，你可以用它来调节映象的大小、形状、原点和方位。这个命令就是【贴图】（SETUV）。

字母 U 和 V 代表映像的坐标，AutoCAD 用它来确定位图映像的方向和原点。

激活【贴图】命令，可以使用以下任意一种方法：

（1）执行【视图】|【渲染】|【贴图】|【平面贴图】命令；

（2）在【渲染】工具栏中单击【平面贴图】按钮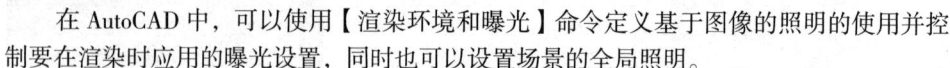；

（3）在命令行中输入【SETUV】命令，然后按空格键或回车键结束。

无论使用上述哪种方法，激活【贴图】命令后，AutoCAD 都将会提示如下内容：

  命令：SETUV

  MATERIALMAP

  选择选项 [长方体（B）/平面（P）/球面（S）/柱面（C）/复制贴图至（Y）/重置贴图（R）]＜长方体＞：

下面将介绍各个选项的含义：

[长方体（B）]：该选项表示为长方体贴图。

[平面（P）]：该选项表示为平面贴图。

[球面（S）]：该选项表示为球面贴图。

[柱面（C）]：该选项表示为柱面贴图。

> **注意**：当使用【移动】|【镜像】|【旋转】|【比例】或其他编辑命令修改对象时，被指定了坐标的对象总是试图保持附着于其上的材质方向。因此，建议即使在默认坐标没有改变位图位置的情况下也要指定贴图坐标。

11.5 设置渲染环境和曝光

在 AutoCAD 中，可以使用【渲染环境和曝光】命令定义基于图像的照明的使用并控制要在渲染时应用的曝光设置，同时也可以设置场景的全局照明。

激活【渲染环境和曝光】命令，可以使用如下方法：

·在命令提示中输入【FOG】命令，然后按空格键或回车键。

AutoCAD 将显示【渲染环境和曝光】面板，如图 11-23 所示。

下面详细介绍【雾化/深度设置】对话框中各个选项的意义。

1. 环境

控制渲染时基于图像照明的使用及设置。

（1）环境（开）。启用基于图像的照明。

（2）基于图像的照明。指定要应用的图像照明贴图。

（3）旋转。指定图像照明贴图的旋转角度。

（4）使用 IBL 图像作为背景。指定的图像照明贴图将影响场景的亮度和背景。

（5）使用自定义背景。指定的图像照明贴图仅影响场景的亮度。可选的自定义背景可以应用到场景中。

单击【背景】以显示【基于图像的照明背景】对话框，并指定自定义的背景，如

图 11-24 所示。

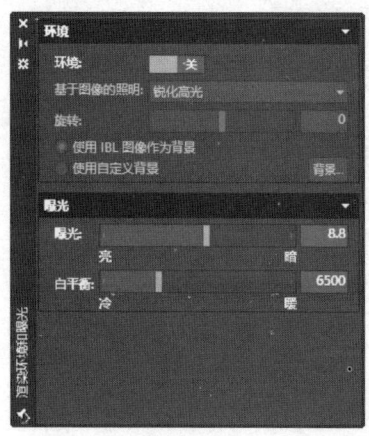

图 11-23

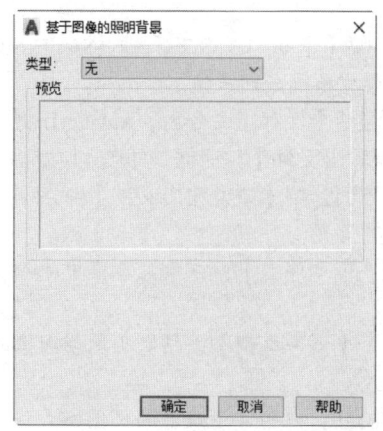

图 11-24

2．曝光

控制渲染时要应用的摄影曝光设置。

（1）曝光（亮度）。设置渲染的全局亮度级别。（EXPVALUE 系统变量）减小该值可使渲染的图像变亮，增加该值可使渲染的图像变暗。

（2）白平衡。设置渲染时全局照明的开尔文色温值。（EXPWHITEBALANCE 系统变量）冷（低温度）值会产生蓝色光，而暖（高温度）值会产生黄色或红色光。

11.6 保存和观察图形

11.6.1 保存图形

在 AutoCAD 中可以使用【保存】命令为用户增加了一个保存渲染到位图文件的附加工具，有了这一命令，就可以用 BMP、TGA 或 TIF 位图文件格式来保存当前视口的图像。该命令将保存在当前视口中所有的内容，包括渲染对象、线框对象和着色后的对象。该命令用一个对话框来指定文件格式和文件名。由于这个对话框比较简单，可以直接使用，此处没有用图例来做进一步的说明。

【REPLAY】命令是一个与【保存】命令相对应的命令，用来在 AutoCAD 图形窗口中显示一个 BMP、TGA 和 TIF 位图文件。不同于用【图像】命令插入的位图文件，这些图像不能被链接到绘图文件上，因而你不可以用任何方式来存取它们，只能够观看它们。使用任何命令都会使屏幕重画而使图像消失。不过，Repaly 命令可以帮助你看看某些位图是什么样的。

激活【保存】命令，可以使用以下任何一种方法：

· 执行【工具】|【显示图像】|【保存】命令。

· 在【命令:】提示下,输入【SAVEIMG】,然后按空格键或回车键。

激活【保存】命令后,AutoCAD 将显示【渲染输出文件】对话框,如图 11-25 所示。

下面介绍【渲染输出文件】对话框中各选项的含义。

· 【文件名】：在该文本框中输入文件名称。

· 【文件类型】：指定已渲染图像的文件格式。

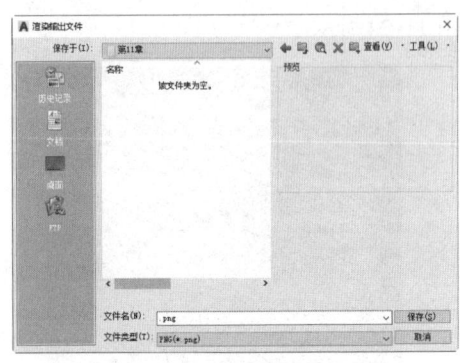

图 11-25

BMP：以独立于设备的位图格式保存。根据操作系统（OS）视频颜色深度设置,图像可以用每像素（bpp）8 位或 32 位保存。

TGA：以压缩或非压缩的 32 位 RGBA TrueVision v2.0 格式保存。TGA 又称为 Targa 格式。根据操作系统（OS）视频颜色深度设置,图像可以用每像素（bpp）8 位或 32 位保存。

TIFF：以压缩或非压缩的 32 位 RGBA 标记图像文件格式保存。根据操作系统（OS）视频颜色深度设置,图像可以用每像素（bpp）8 位或 32 位保存。

PNG：一种无损压缩的位图格式。其设计目的是为了替代 GIF 和 TIFF 文件格式,同时增加一些 GIF 文件格式所不具备的特性。

JPEG：JPEG（Joint Photographic Experts Group）是一种用于静态图像压缩的标准。用于连续色调、多级灰度及彩色 | 单色静态图像的压缩。具有较高压缩比的图形文件（一张 1000KB 的 BMP 文件压缩成 JPEG 格式后可能只有 20~30KB）,在压缩过程中的失真程度很小。目前使用范围广泛,特别是 Internet 网页中。这种有损压缩在牺牲较少细节的情况下用典型的 4 ：1 ~ 10 ：1 的压缩比来存档静态图像。

设置完毕后,单击【保存】按钮可以将渲染图保存。

11.6.2 观察图形

在 AutoCAD 中可使用【显示材质类型】（SHOWMAT）命令完成的功能与在【材质】命令下【材质】对话框中选择按钮所完成的功能相同,它将显示附加到对象上的材质的名字以及附加的方法。该命令可以从命令行输入执行,输入命令后 AutoCAD 提示选择一个对象。

在【命令：】提示下,输入 SHOWMAT,然后按空格键或回车键,激活该命令后,AutoCAD 提示如下：

命令：SHOWMAT

LIST

选择对象：（选择一个对象后,按回车键）

11.7 提高训练——渲染实例

在场景设置过程中,如何定制光源的各种属性是一个难点。光源位置的不合适或光源强度的不合理,都会直接影响到渲染的效果。为此,AutoCAD 提供了一些辅助设置工具,它能够通过用户指定的某些直观参数计算出光源的属性参数。下面将通过实践来学习这些工具的用法。

下面将通过一个简单的建模来对其进行渲染,具体操作步骤如下:

(1)启动 AutoCAD 2020,新建一个文件,并将其转换成为西南等轴测视图。

(2)在工作界面中绘制两个球体并执行 HIDE 命令将其隐藏,如图 11-26 所示。

(3)为这两个球体添加材质。执行【视图】|【渲染】|【材质编辑器】命令,系统弹出【材质编辑器】面板,如图 11-27 所示。在该面板的【常规】选项卡下的【图像】右侧单击空白框,弹出【材质编辑器打开文件】对话框,选中图 11-28 所示的图片。

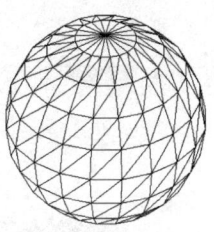
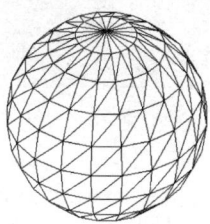

图 11-26

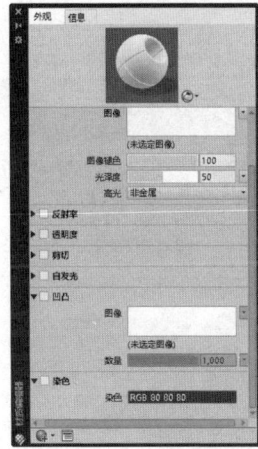

图 11-27

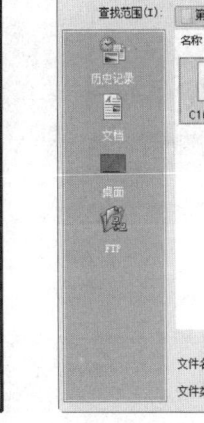

图 11-28

(4)这时单击【打开】按钮,此时图像右侧显示刚打开的图像文件的缩览图和文件名,如图 11-29 所示。

(5)单击【图像】右侧的缩览图按钮,打开【纹理编辑器】对话框。在弹出的对话框中进行如图 11-30 所示的参数设置。

(6)完成设置后关闭该面板,并在【材质编辑器】面板中单击【选择缩略图形状和渲染质量】按钮 ,然后在弹出的下拉菜单中依次选择【场景】|【对象】命令。接着执行【视图】|【渲染】|【高级渲染设置】命令,在打开的【高级渲染设置】面板中单击

239

右上角的【渲染】按钮，渲染后的效果如图11-31所示。

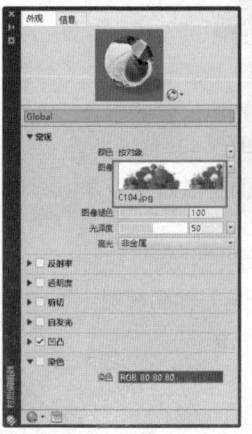

图11-29

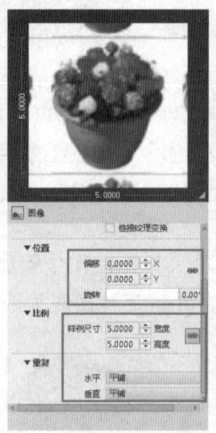

图11-30

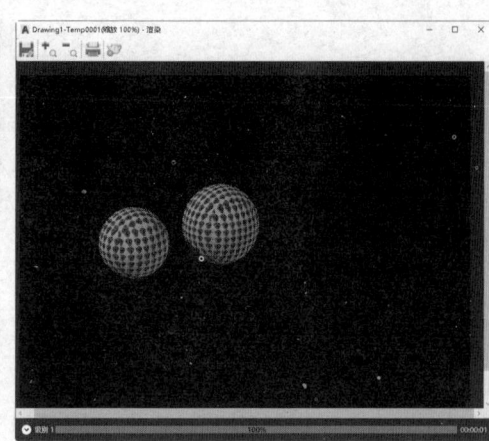

图11-31

（7）在命令提示中输入【Fog】命令，然后按空格键或回车键，打开【渲染环境和曝光】面板，在【渲染】工具栏中单击【渲染环境】按钮，弹出【渲染环境】对话框。开启【环境】开关，然后在该对话框中进行如图11-32所示的参数设置。完成设置后渲染得到的最终效果如图11-33所示。

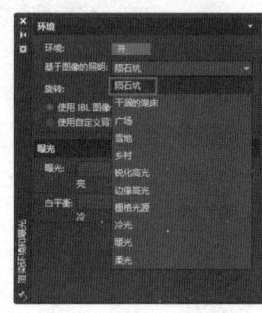

图11-32

图11-33

11.8 本章回顾

在本章的开始为读者朋友们介绍了渲染概述与渲染操作。在屏幕上绘制好实体模型后，物体是以线框的形式显示的，并不能完全真实地显示物体的实际状态。利用AutoCAD 2020提供的【高级渲染设置】面板，可以对三维实体模型进行渲染，包括添加材质、光源及雾化背景等，还可以控制实体的阴影和反射性等，从而生成具有真实感的实体模型。

只要读者细心地阅读本章内容，创作自己满意及工作需要的作品是轻而易举的。当然在实际的学习中，还可能会遇到一些障碍，千万不要被这些小问题吓怕，有问题就会有解决的办法。

第 12 章
图形的输入输出打印与网络管理

本章主要内容与学习目的

在 AutoCAD 2020 中，系统提供了图形输入与输出接口。我们不仅可以将其他应用程序中处理好的数据送给 AutoCAD，以显示其图形，还可以将在 AutoCAD 中绘制的好的图形打印出来，或者把它们的信息传送给其他应用程序。

在绘制图形时，我们可以随时执行【文件】|【打印】命令来打印草图，但在很多情况下，需要在一张图纸中输入图形的多个视图、添加标题块等，这时就要使用图纸空间了。图纸空间是完全模拟图纸页面的一种工具，用于在绘图之前或之后安排图形的输出布局。

本章将讲述图形的输入、输出、打印与网络管理的知识。

12.1 图形的输入输出

AutoCAD 2020 除了可以打开和保存 DWG 格式的图形文件外,还可以导入或导出其他格式的图形。

12.1.1 输入图形

在 AutoCAD 2020 的【插入】工具栏中,单击【输入】按钮将打开【输入文件】对话框,在其中的【文件类型】下拉列表框中,可以看到,系统允许输入【图元文件】|【ACIS】以及【3Dstudio】图形格式的文件,如图 12-1 所示。

在 AutoCAD 2020 的菜单命令中,可以执行【文件】|【输入】命令,也可以执行【插入】|【3D Studio】命令、【插入】|【ACIS 文件】及【插入】|【Windows 图元文件】命令,分别输入上述 3 种格式的图形文件。

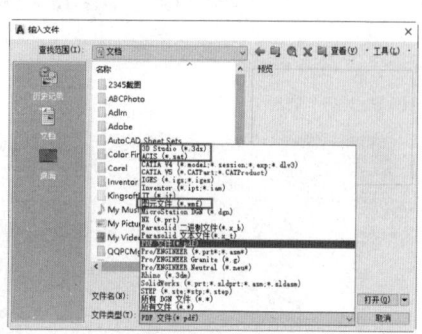

图 12-1

12.1.2 输入与输出 DXF 文件

在 AutoCAD 中,可以把图形保存为 DXF 格式,也可以打开 DXF 格式的文件。DXF 文件是标准的 ASCII 码文本文件,一般由以下 5 个信息段构成。

1. 标题段

标题段存储的是图形的一般信息,由用来确定 AutoCAD 作图状态和的标变量组成,而且大多数变量与 AutoCAD 的系统变量相同。

2. 表段

表段包含以下 8 个列表,每个表中又包含不同数量的表项。

(1)线型表:描述图形中的图层状态、颜色及线型等信息。
(2)层表:描述图形的图层状态、颜色及线型等信息。
(3)字体样式表:描述视图的高度、宽度、中心以及投影方向等信息。
(4)视图表:描述视图的高度、宽度、中心以及投影方向等信息。
(5)我们坐标系列表:描述我们坐标系原点、X 轴和 Y 轴方向等信息。
(6)视口配置表:描述各视口的位置、高宽比、栅格捕捉及栅格显示信息。
(7)尺寸标注字体样式表:描述尺寸标注字体样式及有关标注信息。
(8)登记申请表:该表中的表项用于为应用建立索引。

3. 块段

块段描述图形中的有关信息,例如块名、插入点、所在图层以及块的组成对象等。

4. 实体段
实体段描述图中所有图形对象及块的信息，是 DXF 文件的主要信息段。
5. 结束段
DXF 文件结束段，位于文件的最后两行。

在 AutoCAD 中，可以使用两种方法打开 DXF 格式的文件：一是执行【文件】|【打开】命令，使用【选择文件】对话框打开；二是执行 DXFIN 命令，使用【选择文件】对话框打开。

如果要以 DXF 格式输入图形，可执行【文件】|【保存】命令或【文件】|【另存为】命令，在打开的【图形另存为】对话框的【文件类型】下拉列表框中选择 DXF 格式，然后在对话框上角执行【工具】|【选项】命令，打开【另存为选项】对话框，如图 12-2 所示，在【DXF 选项】选项卡中设置保存格式，如【ASCII】格式或者【二进制】格式。

二进制格式的 DXF 文件包含 ASCII 格式 DXF 文件的全部信息，但它更为紧凑，AutoCAD 对它的读写速度也会有很大的提高。此外，我们可通过此对话框确定是否只将指定的对象以 DXF 格式保存及是否保存微缩预览图像。如果图形以 ASCII 格式保存，还能够设置保存精度。

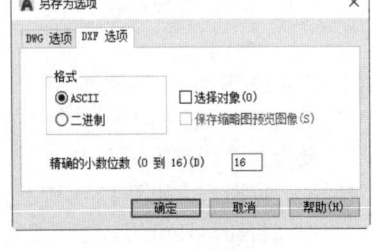

图 12-2

12.1.3 插入 OLE 对象

执行【插入】|【OLE 对象】命令将打开【插入对象】对话框，在该对话框中可以插入对象链接或者嵌入对象，如图 12-3 所示。

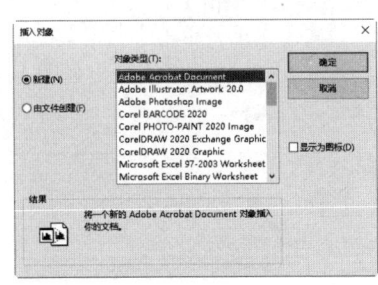

图 12-3

12.1.4 输出图形

执行【文件】|【输出】命令，打开【输出数据】对话框。可以在【保存于】下拉列表框中设置文件输出的路径；在【文件】文本框中输入文件名称；在【文件类型】下拉列表框中，选择文件的输出类型，如【图元文件】|【ACIS】|【平板印刷】|【封装 PS】|【DXX 提取】|【位图】|【3D Studio】及【块】等，如图 12-4 所示。

当设置了文件的输出路径、名称及文件类型后，单击对话框中的【保存】按钮，切换到绘图窗口中，可以选择需要以指定格式保存的对象。

图 12-4

12.2 创建和管理布局

在模型空间中完成图形的设计和绘图工作后，就要准备打印图形。此时，可使用布局功能来创建图形多个视图的布局，以完成图形的输出。当第一次从【模型】标签切换到【布局】标签时，将显示一个默认的单个视口，并显示在当前打印配置下的图纸尺寸和可打印区域，同时打开【页面设置】对话框，在该对话框中可以对打印设置和打印布局进行详细的设置，还可以保存页面设置，然后应用到当前布局或其他布局中。

创建新布局后，就可以在布局中创建浮动视口。视口中的各个视图可以使用不同的打印比例，并能够控制视口中图层的可见性。

12.2.1 设置打印环境

要设置打印环境，可以执行【文件】|【页面设置管理器】命令打开【页面设置管理器】对话框进行操作，如图12-5所示。

设置打印机环境的具体步骤如下：

（1）执行【文件】|【页面设置管理器】命令，打开【页面设置管理器】对话框，在该对话框中单击【新建】按钮。接着在弹出的【新建页面设置】对话框中选择【默认输出设置】选项，单击【确定】按钮。

（2）紧接着系统弹出如图12-6所示的对话框。在【打印机/绘图仪】选项栏中选择打印机名称。

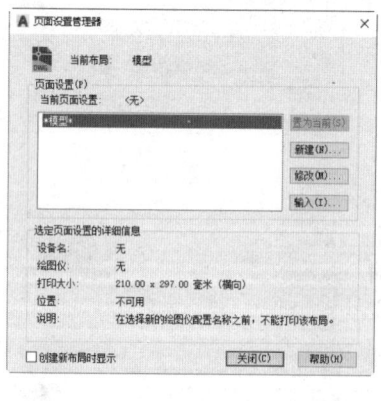
图 12-5

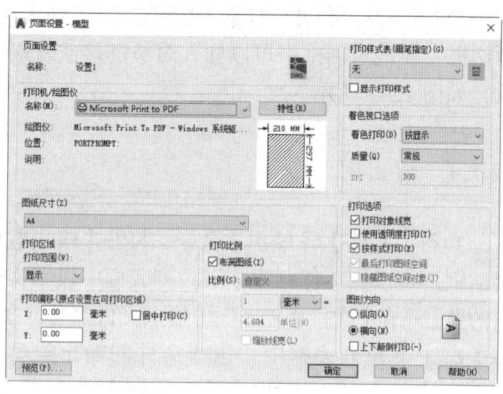
图 12-6

（3）如果要查看或修改打印机的配置信息，可单击【特性】按钮，在【打印机配置编辑器】对话框中进设置。

（4）如果要查看打印样式表应用到布局中的信息，可在【打印样式表】选项区的【名称】下拉列表中选择一个样式表。

12.2.2 保存和命名页面设置

定义了布局的页面设置后，可以将它命名和保存，然后用于当前布局或其他布局。通过建立多个不同的页面设置，就可以以多种不同的方式来打印同一个布局。例如，我们可以以 1：1 的比例在 A 型图纸上打印一个布局，也可以以 1：2 的比例在 B 型图纸上打印同一个布局，以得到不同的输出效果。

12.2.3 输入已保存的页面设置

如果我们已在图形中保存或命名了一些页面设置，则可以将这些页面设置用于其他图形。要将一个已命名的页面设置输入到当前图形，可使用 PSETUPIN 命令。使用此命令后，所输入的页面设置中的相关设置就可用于新图形的布局中。

PSETUPIN 命令可通过命令行来激活。激活 PSETUPIN 命令后，AutoCAD 将显示一个标准的选择文件对话框，通过该对话框，我们选择一个要输入其页面设置的图形文件。

输入已保存的页面设置的具体操作步骤如下：

（1）激活 PSETUPIN 命令。

（2）在【从文件选择页面设置】对话框中，选择其页面设置要输入的图形文件，如图 12-7 所示。

（3）选择图形文件后，显示【输入页面设置】对话框，如图 12-8 所示。

图 12-7

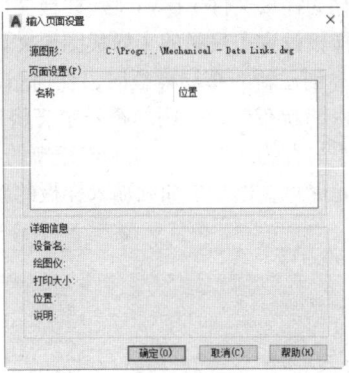
图 12-8

（4）在对话框中选择要输入的页面设置的名称，此时在【位置】栏显示了各页面设置是模弄页面设置还是布局页面设置。

（5）单击【确定】按钮，所选择的页面设置将输入到当前图形文件中，并用于当前图形中的布局。

12.2.4 使用和保存布局样板

布局样板是从 DWG 或 DWT 文件中导入的布局，利用现有的样板中的信息可以创建新的布局。AutoCAD 提供了众多布局样板，以供我们设计新布局环境时使用。根据布局样板创建新布局时，新布局中将使用现有样板中的图纸空间几何图形及其页面设置。这样，将在图纸空间中显示几何图形和视口对象，我们可以决定保留从样板中导入的几何图形，还是删除几何图形。

1. 使用布局样板

AutoCAD 提供的布局样板文件插入到新布局，源图形或源样板文件保存的符号表及块定义信息都将插入到新布局中。但是，如果使用 LAYOUT 命令的【另存为（SA）】选项保存源样板文件，任何未经引用的符号表和块定义信息都不随布局样板一起保存。使用【样板（T）】选项可以在图形中创建新的布局。使用这种方法保存和插入布局样板，可以避免删除不必要的符号表信息。

使用现有的布局样板的操作步骤如下：

（1）执行【插入】|【布局】|【来自样板的布局】命令，打开【从文件选择样板】对话框，并在样板文件列表中选择图形样板文件。

（2）单击【打开】按钮，打开选中的样板文件。

（3）在【插入布局】对话框的列表中选择布局样板，然后单击【确定】按钮即可，如图 12-9 所示。

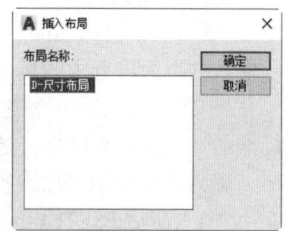

图 12-9

任何图形都可以保存为样板图形，所有的几何图形和布局设置都可保存到 DWT 文件。选择 LAYOUT 命令的【另存为（SA）】选项可以将布局保存为样板文件（DWT）。样板文件保存于【选项】对话框的【文件】选项卡中设定【图形样板设置】目录的【样板图形文件位置】子目录中。

创建新的布局样板时，任何引用的符号定义都将随样板一起保存；如果将这个样板输入到新布局，引用的符号定义将被输入为布局设置的一部分。建议使用 LAYOUT 命令的【另存为（SA）】选项创建新的布局样板，此时，没有使用的符号表定义将不随文件一起保存，也不添加到输入样板的新布局中。

2. 保存布局样板

保存样板文件的操作步骤如下：

（1）执行 LAYOUT 命令。

（2）在命令行的提示下，输入 SA，保存当前布局样板。在提示要保存的布局名时，输入相应的名称。

（3）在【创建图形文件】对话框中输入要保存的图形样板文件名称，如图 12-10 所示。

（4）在【文件类型】中选择【图形样板 *.dwt】选项。

（5）单击【保存】按钮保存文件。

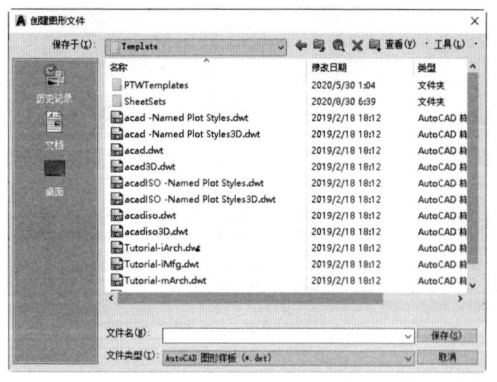

图 12-10

12.2.5 使用布局向导创建布局

执行【工具】|【向导】|【创建布局】命令，可以使用【创建布局】向导，指定打印设备、确定相应的图纸尺寸和图形的打印方向、选择布局中使用的标题栏或确定视口设置。

下面来举例说明这个问题。

举例说明：使用布局向导为图 12-11 所示的图形创建布局。

（1）执行【工具】|【向导】|【创建布局】命令，打开【创建布局 – 开始】对话框，并在【输入新布局的名称】文本框中，输入新创建的布局的名称，如图 12-12 所示。

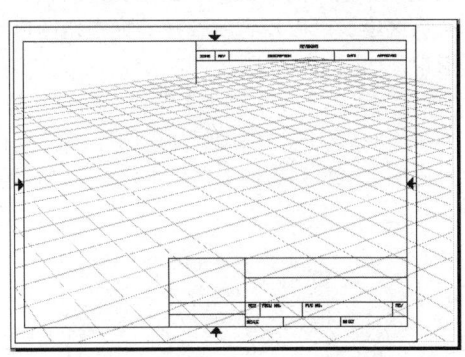

图 12-11

（2）单击【下一步】按钮，在打开的【创建布局 – 打印机】对话框中，选择当前配置的打印机，如图 12-13 所示。

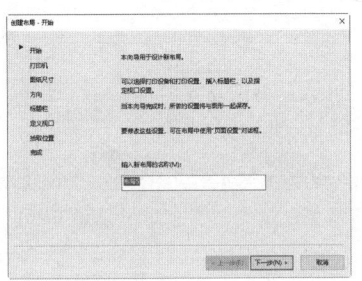

图 12-12

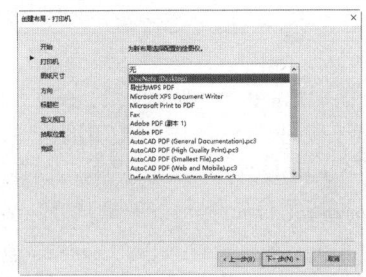

图 12-13

（3）单击【下一步】按钮，在打开的【创建布局 – 图纸尺寸】对话框中，选择打印图纸的大小并选择所用的单位。图形单位可以是毫米、英寸或像素。这里选择绘图单位为毫米，纸张大小为 A4。如图 12-14 所示。

（4）单击【下一步】按钮，在打开的【创建布局 – 方向】对话框中，设置打印的方向，可以是横向打印，也可以是纵向打印，这里选中【横向】单选按钮。如图 12-15 所示。

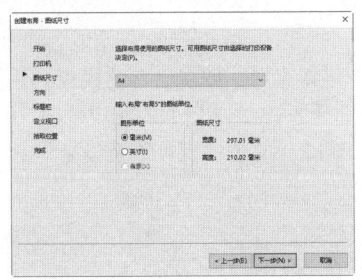

图 12-14

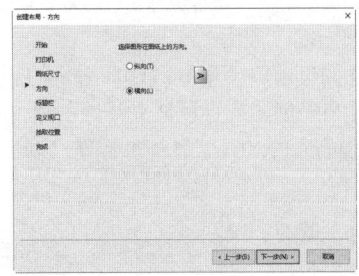

图 12-15

（5）单击【下一步】按钮，在打开的【创建布局 – 标题栏】对话框中，选择图纸的边框和标题栏的样式。对话框右边的预览框中给出了所选样式的预览图像。在【类型】选项区中，可以指定所选择的标题栏图形文件是作为块还是作为外部对照插入到当前图形中。如图 12-16 所示。

（6）单击【下一步】按钮，在打开的【创建布局 – 定义视口】对话框中指定新创建的布局的默认视口的设置和比例等。在【视口设置】选项区中选择【单个】单选按钮，在【视口比例】下拉列表框中选择【1：1】选项。如图 12-17 所示。

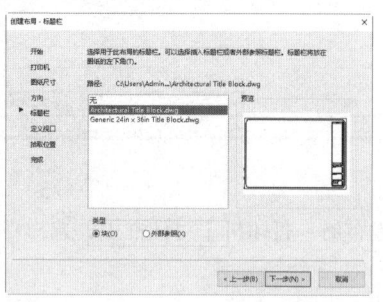

图 12-16

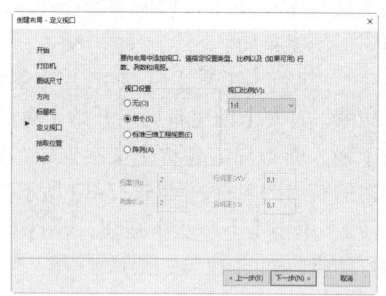

图 12-17

（7）单击【下一步】按钮，在打开的【创建布局 – 拾取位置】对话框中，可单击【选择位置】按钮，以指定视口配置的位置，如图 12-18 所示。

（8）单击【下一步】按钮，在打开的【创建布局 – 完成】对话框中，单击【完成】按钮，完成新布局及默认的视口创建。如图 12-19 所示。

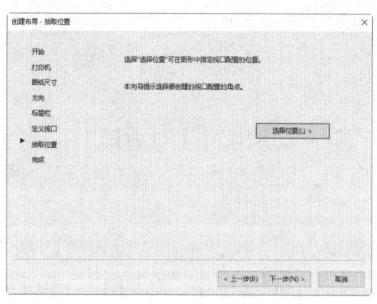

图 12-18

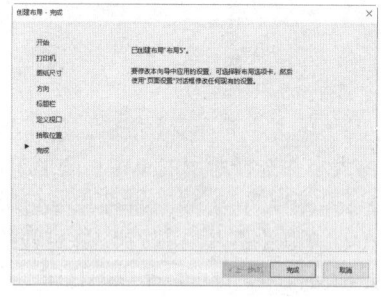

图 12-19

我们也可以使用 LAYOUT 命令，以多种方式创建新布局，如从已有的模板开始创建、从已有布局创建或直接从头开始创建。这些方式分别是 LAYOUT 命令的相应选项。另外，我们还可用 LAYOUT 命令来管理已创建的布局，如删除、改名、保存以及设置等。

12.2.6 管理布局

右击布局标签，使用弹出的快捷菜单中的适当命令，如图 12-20 所示，通过这些命令可以删除、新建、重命名、移动或复制布局。

默认情况下，单击某个布局选项卡时系统将自动显示【页面设置】对话框，供我们设置页面布局。如果以后要修改页面布局，可从图 12-20 所示的快捷菜单中选择【页面设置管理器】命令。通过修改布局的页面设置，将图形按不同比例打印到不同尺寸的图纸中。

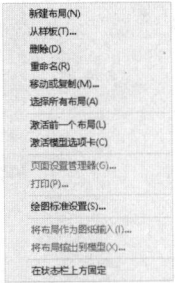

图 12-20

12.3 打印图形

创建完图形之后，通常要打印到图纸上，也可以是生成一份电子图纸，以便从互联网上访问。打印的图形可以包含图形的单一视图，或者更为复杂的视图排列。根据不同的需要，可以打印一个或多个视口，或设置选项以决定打印的内容和图像在图纸上的布置。

12.3.1 打印预览

在打印输出图形之前，可以预览输出结果，检查设置是否正确，例如图形是否都在有效输出区域内等。预览输出结果的方法如下：

（1）在功能区的【输出】选项卡中单击【预览】按钮。

（2）执行【文件】|【打印预览】命令。

（3）在命令提示行中输入命令【PREVIEW】。AutoCAD 将按照当前的页面设置、绘图设备设置及绘图样式表等在屏幕上绘制最终要输出的图纸，如图 12-21 所示。

在预览窗口中，光标变成了带有加号和减号的放大镜状，向上拖动光标可以放大图像，向下拖动光标可以缩小图像。要结束全部的预览操作，可直接按 Esc 键。

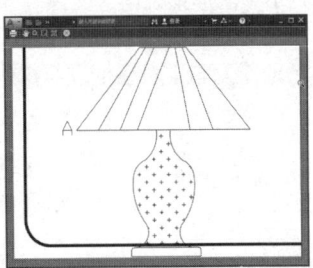

图 12-21

12.3.2 绘制输出

在 AutoCAD 2020 中，执行【文件】|【打印】命令，使用打开的【打印】对话框可以打印图形，如图 12-22 所示。

其中：

（1）【打印范围】选项用于指定输出哪些布局或视图，以及设置输出的份数；

（2）【打印到文件】选项区域用于设置是否将打印结果输出到文件，如果是，则还需设置文件的位置。

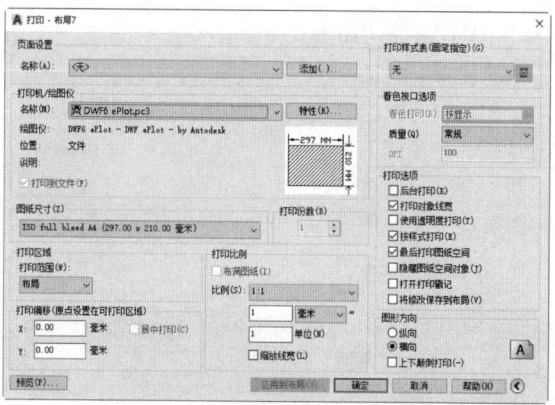

图 12-22

12.4 发布图纸

在 AutoCAD 2020 中,可以将用于发布的图纸(可对其进行组合、重排序、重命名、复制和保存)指定为多页图形集,发布为 DWF、DWFx 或 PDF 文件,也可以将其发送到页面设置中命名的绘图仪,以供硬拷贝输出或用作打印文件。可以将此图纸列表另存为 DSD(图形集说明)文件。保存的图形集可以替换或添加到现有列表中以进行发布。

可以在命令行输入 PUBLISH 命令或执行【文件】|【发布】命令,打开如图 12-23 所示的【发布】对话框进行操作。

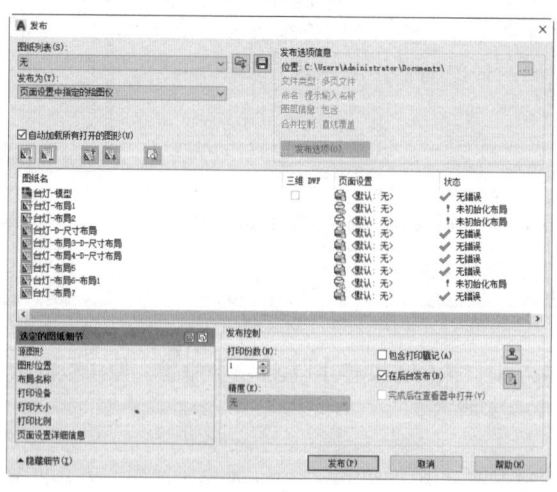

图 12-23

1. 图纸列表

显示当前图形集（DSD）或批处理打印（BP3）文件。

2. 图纸按钮列表

【添加图纸列表】按钮：显示【选择图形】对话框（标准文件选择对话框），从中可以选择要添加到图形列表的图形。将从这些图纸文件中提取布局名，并在图纸列表中为每个布局和模型添加一张图纸。图纸的初始名称由基础图形名和布局名（或单词 Model）组成，中间用虚线（-）隔开。

【删除图纸】按钮：从图纸列表中删除选定的图纸。

【上移图纸】按钮：将列表中的选定图纸上移一个位置。

【下移图纸】按钮：将列表中的选定图纸下移一个位置。

【保存图纸列表】按钮：显示【列表另存为】对话框（标准文件选择对话框），从中可以将当前图纸列表保存为 DSD 文件。DSD 文件用于说明这些图形文件列表以及其中的选定布局列表。

【预览】按钮：按执行 PREVIEW 命令时在图纸上打印的方式显示图形。要退出打印预览并返回【发布】对话框，请按 ESC 键，然后按 ENTER 键，或单击鼠标右键，然后单击快捷菜单上的【退出】。

3. 发布为

定义发布图纸列表的方式。可以发布为多页 DWF、DWFx 或 PDF 文件（电子图形集），也可以发布到页面设置中指定的绘图仪（图纸图形集或打印文件集）。

页面设置中指定的绘图仪：表明将使用页面设置中为每张图纸指定的输出设备。

DWF、DWFx 和 PDF：选择输出文件格式：DWF、DWFx 或 PDF。

4. 要发布的图纸

包含要发布的图纸的列表。单击页面设置列可更改图纸的设置。使用快捷菜单可添加图纸或对列表进行其他更改，如图 12-24 所示。

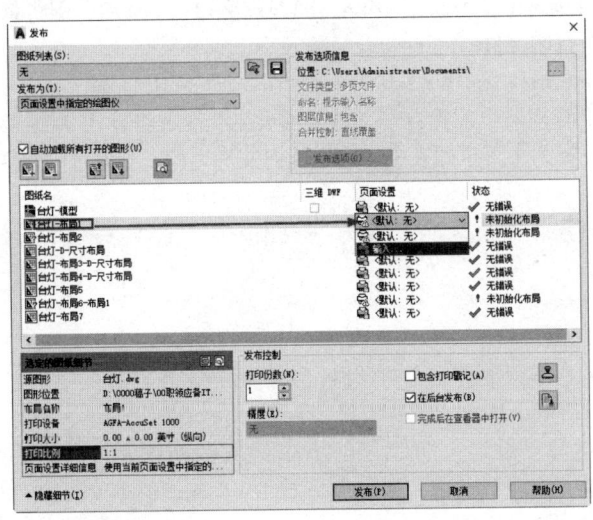

图 12-24

5. 图纸名

由用虚线（-）连接的图形名和布局名组成。如果选中了【添加图纸时包含模型选项卡】，则只包括【模型选项卡】。可以通过在快捷菜单上单击【复制所选图纸】复制图纸。可以通过在快捷菜单上单击【重命名图纸】更改【图纸名】中显示的名称。单个 DWF、DWFx 或 PDF 文件中必须具有唯一的图纸名。快捷菜单还提供了从列表中删除所有图纸的选项。

6. 页面设置／三维 DWF

显示图纸的命名页面设置。可以通过单击页面设置名称，然后从列表中选择另一个页面设置来更改页面设置。只有【模型】选项卡页面设置可以应用于【模型】选项卡图纸，只有图纸空间页面设置可以应用于图纸空间布局。在【输入用于发布的页面设置】对话框（标准文件选择对话框）中选择【输入】，从另一个 DWG 文件中输入页面设置。

可以选择将模型空间图纸的页面设置设定为【三维 DWF】或【三维 DWFx】。【三维 DWF】选项对于图纸列表中的布局项不可用。

> **注意：** 三维 DWF 和 三维 DWFx 文件在 AutoCAD LT 中不可用。

7. 显示详细信息

显示或隐藏【选定的图纸信息】和【选定的页面设置信息】区域。

8. 选定的图纸细节

显示选定页面设置的以下有关信息：打印设备、打印尺寸、打印比例和详细信息等。

9. 发布控制

显示当前选定的发布选项的摘要。

打印份数：指定要发布的物理副本数量。要发布多个副本，必须为每张图纸定义页面设置，并且在【发布到】下的下拉列表中，选择【页面设置中指定的绘图仪】选项。

如果页面设置选择了【发布到 DWF、DWFx 或 PDF】选项，则将忽略此选项中设置的数字并创建单个打印文件。

精度：为以下领域优化 DWF、DWFx 和 PDF 文件的 DPI：制造业、建筑或土木工程。也可以在精度预设管理器中配置自定义精度预设。此设置将替代 .PC3 驱动程序中的 DPI 设置。如果在【发布为】下拉列表中未选中任何文件类型，则此选项将灰显。

> **注意：** 精度替代不会应用于输出为三维 DWF 文件的模型图纸。（不适用于 AutoCAD LT）

10. 包含打印戳记

在每个图形的指定角放置一个打印戳记并将戳记记录在文件中。打印戳记数据可以在【打印戳记】对话框中指定。

虽然该复选框对于设定为进行三维 DWF 发布的图纸保持活动状态，但是，即使选中该复选框，也不会将打印戳记添加到三维 DWF 或三维 DWFx 文件中。（不适用于 AutoCAD LT）

11. 打印戳记设置

显示【打印戳记】对话框，从中可以指定要应用于打印戳记的信息，例如图形名称和打印比例。

12. 在后台发布

切换选定图纸的后台发布。

还可以在【选项】对话框（OPTIONS 命令）的【打印和发布】选项卡中设置发布背景，即选择后台处理选项组中的【发布】复选框。

13. 以反转次序将图纸发送到绘图仪

如果选定此选项，可将图纸按默认顺序的逆序发送到绘图仪。仅当选定了【页面设置中指定的绘图仪】选项时，此选项才可用。

14. 完成后在查看器中打开

发布完成后，将在查看器应用程序中打开 DWF、DWFx 或 PDF 文件。

15. 发布

开始发布操作。根据在【发布为】区域和【发布选项】对话框中选定的选项，创建一个或多个单页 DWF、DWFx 或 PDF 文件，或一个多页 DWF、DWFx 或 PDF 文件，或打印到设备或文件。

要显示已发布图形集的信息（包括错误信息和警告），请单击状态栏右侧状态托盘中的【可以打印/发布详细信息报告】图标。单击此图标将显示【打印和发布详细信息】对话框，其中提供了已完成的打印和发布作业的信息。这些信息也保存在【打印和发布】日志文件中。此图标的快捷菜单还包括用于查看最新发布的 DWF、DWFx 或 PDF 文件的选项。

12.5 Internet 链接

12.5.1 启动 Internet 浏览器

在 AutoCAD 2020 中开始使用 Internet 特征之前，必须将微软的 Internet 浏览器的某些内容装入计算机中。

Internet 的其他应用包括：FTP、Gopher 和 Usenet。AutoCAD 允许用几种方式同 Internet 相连，并且能在 AutoCAD 中运行 Web 浏览器。通过用 AutoCAD 生成的 DWF 文件 Drawing Web Format 的缩写，可以在网页上浏览二维图形。AutoCAD 还能打开和插入 Internet 上的图形，并且可以将图形保存到 Internet 上。

【浏览 Web】命令用于在 AutoCAD 中启动 Web 浏览器。默认情况下，【浏览 Web】命令使用在计算机 Windows 操作系统中注册的 Web 浏览器程序，AutoCAD 提示输入 URLURL 意味着站点地址，如 http：//www.autodesk.com，【浏览 Web】命令还能应用在脚本文件、工具栏或菜单栏中，并且 AutoLISP 程序也能自动访问 Internet。

> **注意：** 前缀 http：// 不一定需要。现在大部分的 Web 浏览器都可以在路径中自动加上前缀，这可以省掉一些键盘操作。

可以使用以下任意一种方法，激活【浏览 Web】命令：

· 在命令行中输入 BROWSER。

· 单击【Web】工具栏中的【浏览 Web】命令图标，如图 12-25 所示。

图 12-25

命令：BROWSER

输入网址（URL） <http://www.autodesk.com>： //按回车键或指定一个 Web 站点的 URL

如果按回车键，则 AutoCAD 将会自动启动系统中默认的 Web 浏览器并打开 AutoDesk 公司的主页，如图 12-26 所示。如果用户在提示中输入一个其他的网站地址，则 AutoCAD 启动浏览器后将直接定位到所输入的网址。

【INETLOCATION】系统变量保存了 AutoCAD 启动浏览器后所使用的 Internet 网址，可以在命令中修改。为改变在 AutoCAD 中启动浏览器时的默认网页，可以改变【INETLOCATION】系统变量的设置。该变量保存【浏览】命令调用的 URL 和【浏览 Web】对话框。改变方法如下：

图 12-26

命令：INETLOCATION

输入 INETLOCATION 的新值 <http://www.autodesk.com>：http://www.sohu.com/

上面的命令就是将 AutoCAD 的默认网站改为 http://www.autodesk.com.cn/ 中文网站。如果再次单击【浏览 Web】按钮，AutoCAD 将启动浏览器并打开 http://www.sina.com/ 网站，如图 12-27 所示。

图 12-27

12.5.2 利用 Internet 打开和保存图形

无论何时，只要从 Internet/Intranet 上打开一个图形文件，它首先要被下载到你的计算机中，然后再在 AutoCAD 的绘图区域中打开。使用 AutoCAD 2020，可以从 Internet 或 Intranet 上打开或保存图形文件。还可以把存储在 Internet/Intranet 中的外部参照图形附着到系统本地存储的图形中。接下来，就能够编辑这个图形并且保存它，可以将它保存在本地系统或将它存到你拥有适当的访问权限的 Internet/Intranet 上。

1. 打开图形

在 AutoCAD 中可以使用【打开】命令从 Internet/Intranet 上打开一个 AutoCAD 图形。

可以使用以下任意一种方法，激活【打开】命令：

第12章　图形的输入输出打印与网络管理

・在命令行中输入 OPEN。

・单击【文件】|【打开】。

激活该命令后，则会打开【选择文件】对话框，如图 12-28 所示。

・为了从 Internet 或自己公司的企业网中打开一个图形，可使用【打开】命令。注意位于【选择文件】对话框中右上角的【搜索 Web】按钮。它是为使用 Internet 而特殊设计的，打开网页窗口如图 12-29 所示。

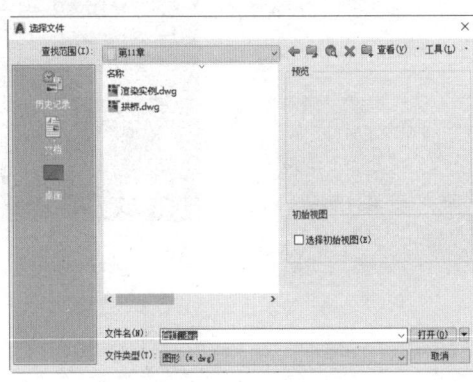

图 12-28

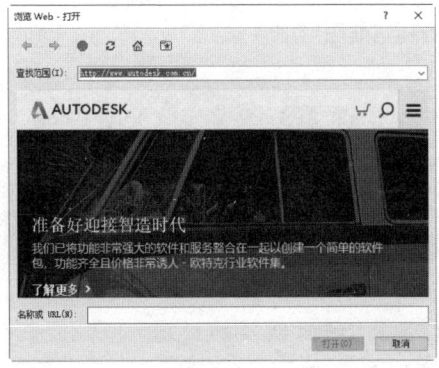

图 12-29

2. 存储图形

如果从 Internet 中利用插入命令向图形中插入一个默认的 DrawingX.Dwg 图形，系统会要求先将该图形保存在本地计算机的硬盘中。当在 AutoCAD 中完成了图形编辑后，可采用【保存】命令将其保存到 Internet 的文件服务器中。在 AutoCAD 中可以使用【另存为】/【保存】命令用于把一个 AutoCAD 的图形存储在 Internet 或 Intranet 上。

可以使用以下任意一种方法，激活【另存为】/【保存】命令：

・在命令行中输入 SAVE_AS/ SAVE。

・单击【文件】|【另存为】或【保存】。

激活该命令后，则会打开【图形另存为】对话框，如图 12-30 所示。

在文件文本框中输入要保存文件的 URL，然后单击【保存】按钮，这样就在指定的 Internet 或 Intranet 位置保存了图形。

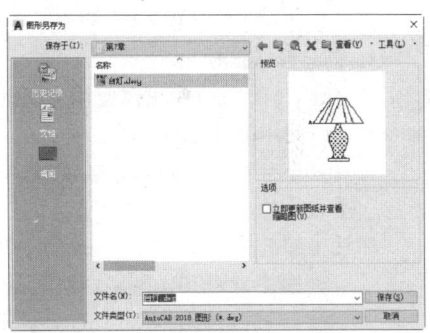

图 12-30

注意： 一定要指定一个传输协议和文件的扩展名（如 DWG 或 DWT）。可以单击【搜索 Web】按钮打开【浏览 Web- 打开】对话框。这样，就能找到所要保存的文件在 Internet 上的位置了。另外，只能通过 FTP 协议将所要保存的图形文件传送到指定的 Internet 位置。

3. 图形的外部参照

在 AutoCAD 中可以使用【外部参照】命令把外部参照附着到在 Internet 或 Intranet 上的图形中。

单击【插入】|【外部参照】，激活【外部参照】命令后，AutoCAD 2020 会打开如图 12-31 所示的面板。

在文件栏中输入要打开文件的 URL，然后按【打开】按钮，这样就将 Internet/Intranet 指定位置的图形作为外部参照文件附着到当前图形中了。

> **注意：** 一定要在 URL 中指定一个传输协议，如 ftp：// 或 http：//，也可以单击【搜索 Web】按钮打开【浏览 Web-打开】对话框。这样，就能找到文件所在 Internet 上的位置了。

图 12-31

12.5.3 超级链接的应用

在 AutoCAD 2020 中允许对图中的任意对象增加超链。一个对象只能有一个超链，而一个超链可以加到多个选择的对象上。AutoCAD 2020 可以生成超级链接以转到相关联的文件。

超级链接提供一种简单而有效的方法使 AutoCAD 图形和其他各种文件迅速联系在一起。在 AutoCAD 图形中还可以创建绝对和相对超级链接。

绝对超级链接存储文件位置的完整路径。相对超级链接存储文件位置的不完整路径，这个路径是相对于默认的 URL 或用系统变量【HYPERLINKBASE】指定的目录的路径。

1. 创建超级链接

在 AutoCAD 2020 中可以使用【超链接】命令编辑、插入超级链接。激活【超链接】命令，可以使用以下任意一种方法：

- 在命令行中输入 HYPERLINKBASE。
- 单击【插入】|【超链接】。

激活【超链接】命令后，AutoCAD 提示如下：

命令：HYPERLINKBASE

输入 HYPERLINKBASE 的新值，或输入 . 表示无 <" ">：

AutoCAD 将显示【插入超链接】对话框，如图 12-32 所示。

下面详细介绍该对话框中各选项的意义。

（1）【显示文字】。该文本框用于设置超级链接的帮助说明。将光标移到插入超级链接的对象时，除了光标变为连接图表外，下面还显示该说明文字。

（2）【键入文件或 Web 页名称】。输入文件或 Web 页名称超级链接所指向的文件或者 URL。它可以是存储在本地磁盘、网络驱动器或者互联网上的文件，也可以是互联网地址。用户可以从其下方的列表框中选择，也可以单击【文件】|【Web 页】或【目标

按钮，从弹出的对话框中选择。如果单击【目标】按钮，则会打开【选择文档中现有的位置】对话框，如图12-33所示。从该对话框中选择一个链接的目标。

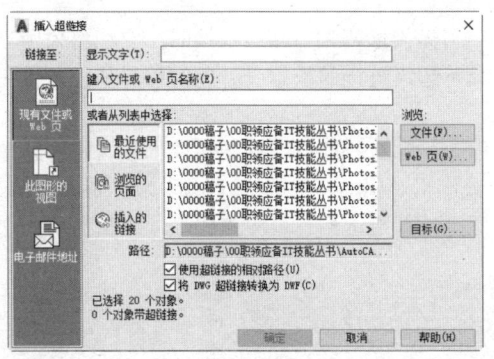

图12-32

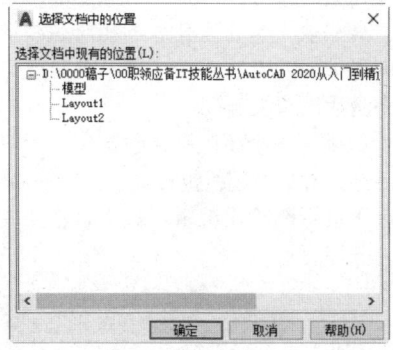

图12-33

2. 快捷菜单

选择插入有超级链接的对象并右击图形区域中任何位置，将显示出【超链接】快捷菜单，如图12-34所示，使用该菜单可以打开、复制、修改对象的超级链接。

如果选择【打开】菜单项则会打开已插入的超级链接。如果需要将该超级链接复制到其他对象上，可以选择【复制超链接】菜单项，然后从下拉菜单中选择【粘贴超链接】菜单项，AutoCAD会提示用户选择目标对象，选择后按回车键结束，则超级链接将复制到该对象中。

如果选择【超链接】中的【添加到收藏夹】菜单项，可以将超级链接的目标添加到收藏夹中。用户如果需要修改该超级链接，则可以选择【编辑超链接】菜单项，此时，AutoCAD会弹出【选择此图形的视图】对话框，如图12-35所示。在该对话框中可以为超级链接指定新的目标位置，或单击【删除链接】按钮删除该超级链接。

图12-34

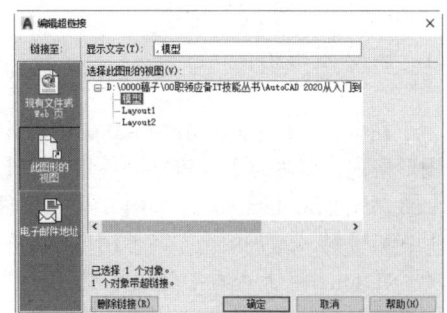

图12-35

3. 块中的超级链接

要将一个超级链接附着到一个块参照上，只要把光标放置在被插入的块上，AutoCAD就将提供光标反馈提示。

为了激活这个超级链接，首先选择这个块参照，单击右键从快捷菜单中选择启动超级链接的子菜单，然后激活与当前所选择的块元素相关联的超级链接。AutoCAD 2020允许将超级链接附着到块上，包括块中的嵌套块。

如果块中包含有任意的相对超级链接，当插入这些相对超级链接时，它们将采用当前图形的相对基准路径。若一个对象包括具有超级链接的块定义，此时可以从任何块参照中激活该超级链接。

如果将一个超级链接附着到一个块参照上，那么就要选择是激活块的超级链接还是激活选定对象的超级链接。为了在块内删除或编辑对象的超级链接，必须先将块参照分解，然后再进行删除或编辑。对于附着到块参照上的超级链接，可直接删除或编辑而不用先将它分解。

> **注意：** 当超级链接是附着到一个已含有超级链接对象的块参照上时，这个块的光标反馈提示将仅仅显示出该块的超级链接。而对象超级链接如前所述能通过超级链接子菜单访问。

4. 外部的超级链接

放置在图形中的超级链接也可以从 AutoCAD 外面使用。当图形以 DWF 格式输出时，Web 浏览器调用这些超级链接。为了使读者更清楚地了解这个过程，下面将分步阐述。

（1）在 AutoCAD 中打开一个图形。

（2）使用【超链接】命令，在图形中给对象附着超级链接。若要将超级链接附着在一个区域，使用【超链接】命令的【区域】选项。

（3）使用【打印】命令中的【DWF ePlo（XPS Compatible）.pc3】绘图仪配置，以 DWF 格式输出图形。

（4）将 DWF 文件拷贝到网站中。

（5）使用【浏览】命令启动 Web 浏览器。

（6）单击超级链接点，查看 DWF 文件。

12.5.4 网页图形格式

为了在 Internet 上显示 AutoCAD 的图形，Autodesk 公司创建了一种新的图形格式：Web 图形格式，缩写为【.DWF】。一般地，【.DWF】文件已经被压缩，其大小只有源文件的 1/8。因此，在 Internet 上传输【.DWF】文件时间就会缩短，因为源图形并没有被显示，所以【.DWF】格式更加安全。其他用户也就无法修改原始的【.DWG】文件。

为了在 Internet 上查看【.DWF】文件，浏览器需要安装一个插入模块。插入模块是一种软件的延伸，此插入模块使浏览器能处理多种文件格式。【.DWF】的插入模块可以在 Autodesk 公司的网站上找到，它是免费的。

1. 使用【打印】生成 DWF 文件

AutoCAD 2020 的【电子打印】ePlot 特性可以创建 DWF 文件，可通过 Internet 浏览器和 Autodesk WHIP!4.0 插入模块打开、查看和打印它。

WHIP! 4.0 插入模块支持实时平移和缩放功能及控制图层、命名视图和嵌入超级链接

第 12 章 图形的输入输出打印与网络管理

的显示。有了 ePlot，可以指定一系列的设置，如物理笔配置、旋转和图纸尺寸，所有这些设置都将影响 DWF 文件的打印外观。通过【ePlot】，也能建立 DWF 文件，它可以具有渲染图像和在 Layout 选项卡中显示多层视图的功能。

AutoCAD 2020 提供了两种可用来创建 DWF 文件的预配置的 ePlot_ PC3 打印机设置文件格式 ePlot.pc3 和 classic.pc3。

- ePlot.pc3 配置文件生成具有白色背景和图纸边界的 DWF 文件。
- classic.pc3 配置文件创建与 AutoCAD 2020 的 DWF 类似的 DWF。输出文件以黑色图形背景创建。如果需要，也可以创建额外的打印机配置来生成 DWF 文件。

可以使用以下任意一种方法，激活【打印】命令：

- 在命令行中输入 PLOT。
- 单击【文件】|【打印】。
- 在【快速访问工具栏】选择【打印】命令图标

激活【打印】命令后，AutoCAD 将显示【打印】对话框，如图 12-36 所示。

在【打印设备】选项卡中打印配置中的【名称】列表框中选择 DWF ePlo（XPS Compatible）.pc3 选项，来创建一个 DWF 文件。在【名称】文本框打印文件区中指定一个文件的名称。将布局设置做必要的修改，如图纸尺寸和图纸单位、图形方向、打印区域、打印比例、打印偏移和打印选项等，然后单击【确定】按钮，这样、一个 DWF 文件就建立好了。

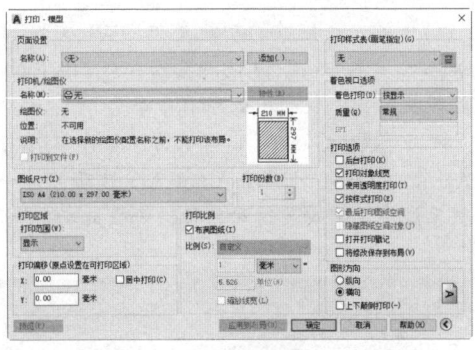

图 12-36

2. 查看 DWF 文件

AutoCAD 本身并不能显示 DWF 文件。为了查看一个 DWF 文件，需要一个 Web 浏览器，此浏览器要有一个特殊的、能正确解释文件的插入模块。Autodesk 公司已经把它们的 DWF 插入模块命名为 WHIP!。一般地，Whip! 插入模块都有以下功能：

- 在浏览器中查看 AutoCAD 创建的 DWF 文件。
- 嵌入超级链接可以显示其他的文档和文件。
- 文件压缩使得 DWF 文件在 Web 浏览器中显现的速度比同等的 DWG 文件的速度要快。
- DWF 文件可单独或是同整个网页一起打印。
- 能查看 AutoCAD 2020 创建的 ePlot。
- 允许从网站上拖放一个 DWG 文件到 AutoCAD 中作为新的图形或块。
- 查看指定百分比或像素的 DWF 文件；在一个指定的浏览器框架中查看 DWF 文件；查看存储于 DWF 文件中的命名视图；并且能用 XY 坐标指定一个视图。
- 实时平移和缩放。
- 图层控制：在 DWF 中开/关图层。
- ActiveX 自动化：在 WHIP! 中使用 Visual Basic、VBA 和 VBScript。

- 将DWF文件的信息传给CGI脚本。
- 在DWF文件中支持光栅图像。
- 打印：全DWF或HTML页输出的能力。
- 超级链接显示，使浏览相关联的图形更简单。
- 支持ASCII格式的DWF：可查看用ASCII所写成的DWF。

对于Internet Explorer的用户来讲，DWF插入模块是一种ActiveX控件。Explorer的自动下载特性，能够在第一次访问具有DWF文件的网页时自动安装这个控件。

3. 拖放

DWF插入模块用于完成一些拖放功能。

- 拖放就是用鼠标将对象从一个应用程序拖动到另一个应用程序的过程。按下Ctrl键把一个DWF文件从浏览器中拖到AutoCAD中。上面讲过AutoCAD不能将DWF件转换成DWG图形格式。所以这种形式的拖放只能在DWF文件的子目录中存在DWG源文件时使用。
- 另一个拖放的功能是把DWF文件从Windows资源管理器（或文件管理器）拖到Web浏览器中去。这使浏览器加载DWF插入模块并显示DWF文件。一旦文件被显示，就能执行前一节列出的所有命令。
- 最后，还可以将DWF文件从Windows资源管理器（或文件管理器）拖到AutoCAD中去。这使AutoCAD启动另外一个能查看DWF文件的程序。如果你的计算机系统中没有安装这种软件，那么此功能无法实现。

12.6 本章回顾

本章讲述了图形的输入、输出、打印与网络管理的知识，内容包括图形的输入输出、创建和管理布局，打印图形、发布图纸以及Internet链接的相关操作、图形的网络管理。通过本章的学习，应了解图形的输入输出与打印的方法，并能够在AutoCAD 2020中输入图形文件，或将AutoCAD图形文件以图纸的形式打印出来。